明日医院·大设计师系列

# 经纬织筑

城市语境下医疗建筑设计的冲突与融合

主编 张远平

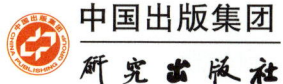

图书在版编目（CIP）数据

　　经纬织筑：城市语境下医疗建筑设计的冲突与融合 / 张远平主编． -- 北京：研究出版社，2019.12
　　ISBN 978-7-5199-0745-7

　　Ⅰ．①经… Ⅱ．①张… Ⅲ．①医院-建筑设计-研究-中国 Ⅳ．①TU246.1

　　中国版本图书馆CIP数据核字(2019)第188521号

出 品 人：赵卜慧
责任编辑：陈侠仁

## 经纬织筑：城市语境下医疗建筑设计的冲突与融合
JINGWEIZHIZHU CHENGSHI YUJING XIA YILIAOJIANZHU SHEJI DE CHONGTU YU RONGHE

| | |
|---|---|
| 作　　　者： | 张远平　主编 |
| 出版发行： | 研究出版社 |
| 地　　　址： | 北京市朝阳区安定门外安华里504号A座(100011) |
| 电　　　话： | 010-64217619　64217612（发行中心） |
| 网　　　址： | www.yanjiuchubanshe.com |
| 经　　　销： | 新华书店 |
| 印　　　刷： | 北京华邦印刷有限公司 |
| 版　　　次： | 2019 年12月第1版　2019年12月第1次印刷 |
| 开　　　本： | 787毫米×1092毫米　1/16 |
| 印　　　张： | 16.5 |
| 字　　　数： | 220千 |
| 书　　　号： | ISBN 978-7-5199-0745-7 |
| 定　　　价： | 218.00元 |

版权所有，翻印必究；未经许可，不得转载。

# 《经纬织筑：城市语境下医疗建筑设计的冲突与融合》
# 编辑委员会

**主　编**

张远平

**参编人员**（按姓氏笔画排序）

| 王龙波 | 王光华 | 王诗旭 | 王剑虎 | 王　亮 | 王　琪 | 王　蜜 | 白　蓓 |
| 朱宏炜 | 任小双 | 任佃霄 | 刘梦豪 | 刘顺芝 | 李伟平 | 李常虹 | 李海默 |
| 吴小宾 | 吴　帆 | 邱雁玲 | 何　沅 | 张旭东 | 张晓芹 | 张梦媛 | 张胜阳 |
| 罗臣佑 | 罗　昱 | 官　东 | 夏志伟 | 徐　亮 | 凌　静 | 唐　可 | 唐　伟 |
| 黄一夫 | 黄雨蓓 | 黄勇飞 | 庹　量 | 崔馨月 | 彭圣杰 | 彭志桢 | 谢沁耘 |
| 蔡琳玲 | 滕　庆 | 欧阳文麟 |


图书策划：北京筑医台文化有限公司

编委会秘书：梁菊　郑永亮

**鸣谢**（排序不分先后）

四川大学华西第二医院

四川大学华西医院

德阳市人民医院

中国贵州茅台酒厂（集团）有限责任公司

四川省肿瘤医院

西昌市人民医院

四川省人民医院

成都市温江区人民医院

成都天府新区投资集团有限公司

中建三局集团有限公司

中建钢构有限公司

成都金态合投资有限公司

武汉禾一建筑装饰工程有限公司

圣橡树有限公司

# 只要平凡

我们的城市正处于超乎寻常的突变中：膨胀的边界，更迭的产业，陌生的形态。城市正在用一种猝不及防的方式闯入我们既兴奋又沮丧的生活。交通、构架、环境、生态……借助科技提升的熠熠发光的城市表象与一直未能消除的城市危机以暂时和谐的方式蛰伏存在。欣欣向荣的冲突与小心翼翼的融合或许是我们面对城市时永恒的主题和挑战。

医疗建筑作为城市的特殊建筑类型，这种冲突带来的割裂感更加强烈，设计者需要做的是不厌其烦的缝补和融合。安全、人性、智慧、绿色、可持续发展……是城市的愿景也是医院的愿景，无论是现在还是明日。

在这纷繁复杂的左冲右突中，我们一直试图寻找某种逻辑，可因循应对现实的桎梏。"经纬织筑方法论"是在无数次挫败、茫然、困顿之后的自我救助吧。希望我们长满荆棘的来路能给从事医院设计的建筑师一点点启示。

受邀编著这本书，自觉惶恐。书中呈现的思想、方法、技术、成果，是近十年中国建筑西南设计研究院专业化团队静心笃行的点滴积累，也是我们对长期给予支持的师长、同事、业主、朋友的致敬、感谢与回馈。

一群平凡的人，做了平凡的事。无须自诩建筑师的名号，只想握紧手中的平凡。

从此岸到彼岸存在空间和时间，我们因此而困惑，我们因此而渴望，我们因此而坚守。

明日医院，希望更美好！

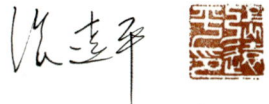

二零一九年十月

---

**张远平**

中国建筑西南设计研究院有限公司院副总建筑师
中国建筑西南设计研究院有限公司院医疗健康建筑设计研究中心主任、总建筑师
国家一级注册建筑师
中国建筑学会建筑分会人居环境专业委员会委员
中国建筑学会专家库专家
中国医疗建筑设计师联盟副主席
《医养环境设计》杂志编委
《中国医院建筑与装备》杂志编委
全国医院规划设计方案评审评价专家委员会首批专家
首届"中国十佳医院建筑设计师"获得者

# CONTENTS 目录

## 第一章　医疗建筑的发展沿革

- 2　第一节　医疗建筑的"源"与"流"
- 4　第二节　医疗技术与医疗空间
- 5　第三节　医疗理念与医疗需求

## 第二章　与城市共生的未来医疗建筑发展趋势

- 8　第一节　医疗形式的多样化
- 11　第二节　与城市功能的进一步融合
- 12　第三节　交通一体化概念
- 16　第四节　人性化的更多需求
- 18　第五节　可持续发展的前瞻性
- 20　第六节　地域文化和品牌文化的诉求

## 第三章　未来医院的技术发展趋势和应对

- 24　第一节　智慧医院
- 26　第二节　绿色医院
- 31　第三节　医疗建筑 BIM 应用
- 36　第四节　大型医疗设备发展趋势及其应对

## 第四章　"经纬织筑"医疗建筑设计方法论

- 56　第一节　蜀锦工艺与医疗建筑设计
- 62　第二节　"经"：符合公共行为心理特征的建筑空间构想和创意
- 78　第三节　"纬"：以医疗工艺为依据的建筑师全面技术控制
- 87　第四节　基于技术标准的全过程造价控制

## 第五章　创作与思考

- 98　● 四川大学华西第二医院锦江院区：医疗建筑全过程设计及建造应对的完整"样本"
- 126　● 四川大学华西天府医院：看得见云朵、听得到花开的人性化绿色医院
- 150　● 德阳市人民医院城北医院：水平集约化的"第五代医学中心"
- 172　● 贵州茅台医院：城市山地地形中的大型综合医院建筑设计
- 190　● 四川省肿瘤诊疗中心：基于 MDT 模式的肿瘤医院设计
- 206　● 西昌市人民医院：高烈度地区的全钢结构高层医院技术集成
- 224　● 四川省人民医院温江院区·成都市温江区人民医院：既有建筑的改造策略

**参考文献**

# 第一章　　医疗建筑的发展沿革

医院是帮助人们恢复机能、挽救生命的场所，作为人类文明的产物，它也反映了生产方式、社会思想、文化行为等深层意识形态。随着时代的发展，医疗建筑受到了社会、经济、科学、文化的巨大影响，并且与医疗技术和医学模式的演进密切相关，每一种医学模式的产生，必然形成与之相适应的医疗建筑模式。

在医学的发展过程中，随着医学模式的变化，医疗建筑经历了几个世纪的沧桑历程，从寺庙、教堂和民居发展到分散式医院、集约化医院等，或许将逐步演化成集医、教、健、研、养及其他功能为一体的城市医疗综合体和属性特定的专科医院这两种平行存在的模式。

## 第一节　医疗建筑的"源"与"流"

西方古代的医疗建筑与宗教有着密切的联系，古希腊的神庙、中世纪的教堂都作为医疗活动的载体存在过。在中世纪，收容院、济贫救助协会或某种传染病隔离所等设施更多的作用是隔离、监护而非治疗（如图 1-1-1）。它们没有完整定性的医院建筑形态，而近现代医疗建筑的发展则可追溯到 19 世纪初南丁格尔分散式布局，此时的医院功能也由单纯监护逐渐转向积极治疗。英国护士福劳伦斯·南丁格尔开创的护理学提出将病床放置在有护士集中监护的长条形开敞病房中，为防止感染，建筑的形式大多采用分科分枝并以廊道连接（如图 1-1-2）。

经历工业革命之后，由于医学技术的高速发展，医疗建筑逐渐向集中与半集中布局演变，形成庞大的建筑群体。20 世纪初，医院功能构成的完善以及急剧增长的医疗卫生要求，加之对控制院内交叉感染的了解和消毒技术的发展，使得人们不再对集中式的医院过度恐惧，同时，建筑领域的新材料、新技术（高层结构体系、空调设备、电梯及传输工具）促使医院建筑突破南丁格尔式水平低层连廊的方式，向复合形态及高空发展（如图 1-1-3）。

现代主义建筑思潮的机器美学思想强调医疗建筑应该如机器般高效率和流程化,其合理的内部空间和功能流线至今仍然是医疗建筑沿承的设计原则,但是历经数十年的发展后,人们逐渐意识到将医院仅仅看作"治疗疾病的机器"存在着诸多弊端,在重视疾病治疗和医疗技术的同时忽略了患者的心理需求。越来越多的医疗建筑开始引入自然通风与采光,重视病房空间的家居化设计,在科学严谨的治疗空间中融入人性化关怀细节。从医疗建筑的起源与发展历程之中可以发现,设计必须寻求与自然的和谐发展,并探索合理、人性化的可持续发展之路。

图 1-1-1

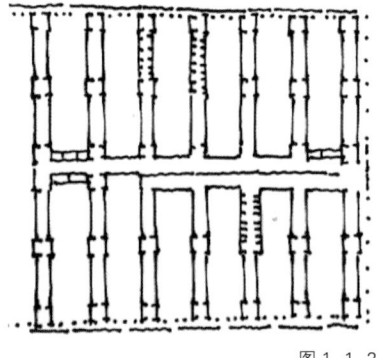

图 1-1-2

图 1-1-1 在教堂中接受"护理"的病人
来源:根据全健儿《近现代医疗建筑的发展初探》重绘

图 1-1-2 早期南丁格尔分散式医院
来源:根据黄锡璆 A Methodology for Hospital Design in CHINA Today 重绘

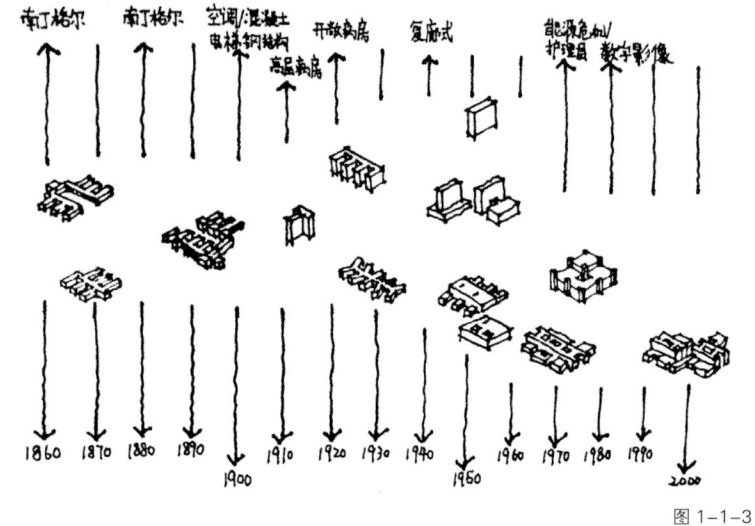

图 1-1-3 鲁汶大学戴尔路提出对 18 世纪以来近代欧洲医院形态演进发展图
来源：根据鲁汶大学戴尔路教授图表重绘

## 第二节 医疗技术与医疗空间

欧洲工业革命推动科学技术的迅猛发展，医疗技术在此段时期的进步亦是过去几千年所无法比拟的，直至 20 世纪现代主义思潮盛行期间，传统的医疗建筑空间布局已经远远无法满足医学发展的需要。

从巴斯德发现细菌到麻醉剂的发明运用，再到李斯特发明灭菌术使精细周密的外科手术取代了粗糙原始的手术；从初期的 X 光、普通生化检验设施到现代的 CT、超声、核医学、MRI、PET-CT、TOMO 刀、质子、重离子等医技检查治疗设备，再到生物洁净空调技术的发展，不同的技术需要新的空间承载其功能，医院中便产生了层流净化手术室、重症监护室、放射科、化学检验实验空间、内窥镜中心等空间。这些诊疗空间在专业上又有细分，例如，根据重症监护不同专业的特殊要求形成了外科重症监护室（SICU）、心脏重症监护室（CCU）、急诊重症监护室（EICU）、儿科重症监护室（PICU）、新生儿重症监护室（NICU）。设备的更新周期越来越短，医疗专业细分的特殊要求，对建筑空间的需求也越来越大。同时后勤供应体系与医疗功能之间物流传输系统的应用，信息化、智能化的深度应用，也直接带来了空间利用场景的变化。医疗建筑作为容纳医学活动的场所，每一阶段空间形式的变化都与当时的医学技术水平、社会性质等密切相关。

作为一种功能复杂的建筑类型，现代医疗建筑在空间布局上经历了多种形态：从古典建筑而来的大厅式空间模式、反映现代城市特征的高层塔式建筑模式、反映灵活布局和开放发展观念的枝状空间形态，以及尊崇技术发展的巨型板块空间、巨构化建筑、未来主义畅想等。这些建筑形式无一不从医院的实际使用情况出发，思考、解决问题，在当时的社会及城市背景下有其存在的价值，但它们无论从使用功能角度或空间形式角度来看都各有利弊，亦受当时建筑思潮以及技术手段的局限。如今，医疗建筑的组成构架及构成内容不断变化，医院建筑必须具备可持续发展及灵活适应性，这有待于当代建筑师进一步改进、创新、探索，以适应新发展的可能性。

## 第三节　医疗理念与医疗需求

社会条件是不断变化发展的，人们对医疗建筑的要求也在不断提高，建筑设计的思想和方法都面临适应性的问题，需要随着时代的进步而发展。从医疗理念的发展历程来看，从"技术至上"向"人本主义"的转变，也是从"生物医学"理念向"整体医学"理念的转变。医疗建筑从理性空间向情理兼容的空间演进，也促进了医疗建筑向艺术化、庭院化、家庭化方向的发展，从管理及服务的人性化出发，实现尊重患者的个性化需求。

当代建筑技术的快速发展，为医疗建筑拓宽了设计的领域，通过各种技术手段的运用，能使人本主义思想与医学空间的结合更为完美，而医疗建筑的可持续发展则是高强度建设之后必须要思考的问题。由于土地资源不可再生的特性，加上经济、生态、环保等各种因素，医疗建筑在方案策划阶段就必须以可持续发展的原则为指导，使设计能够在相当长的时间内充分应对未知的发展变化。

中国正经历着人口老龄化发展趋势，医疗建筑设计的出发点也因此由之前的注重重症治疗，逐渐向注重医疗保健过渡。初级阶段的医疗措施更多地结合了社会活动、休闲娱乐，甚至商业活动，人们从中获取健康信息及护理服务；再由社区医院应对急救护理与康复护理到多层次医院的医疗网络体系，从不同层次满足社会大众的医疗需求。如图 1-3-1 所示，当代医疗建筑的设计越来越将着眼点放在构建和谐的医患关系之上,建筑师需要对医疗建筑的所有使用者及其相互关系予以同等的关注,力求从总体到细节再到氛围的营造,都体现出医疗建筑各方面的和谐共生。

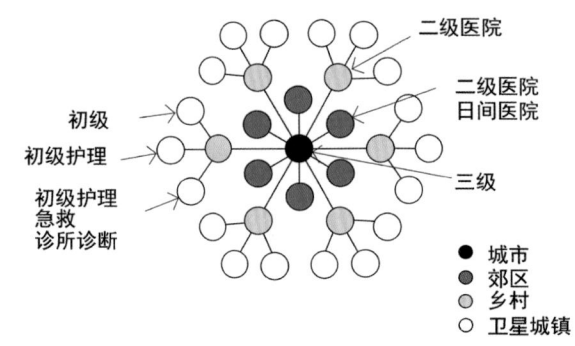

图 1-3-1

图 1-3-1　多层次医疗网络
来源:《Hospital and Healthcare Facility Design》

# 第二章　　与城市共生的未来医疗建筑发展趋势

## 第一节 医疗形式的多样化

### 一、发展概述

正如生物多样化的发展过程,由单细胞到多细胞的演变,细胞不断分化形成不同的组织器官,基因隔离产生不同的物种,不同的物种形成不同的生态等,医疗形式的发展,也经历了一个由缓慢到剧烈的过程。

现代生物医学技术的迅猛发展,促使医疗模式缓慢而单一的发展进程也随之改变,医疗形式呈现出更加多元化的态势。人们对医疗认知的不断深入,对医疗的自我意识及需求不断加强,也成了医疗形式多样化的一个原动力。

多种医疗形式的并存甚至融合,已经成为一种人们所共知的态势,并且随着更多、更新的医疗形式出现,这种态势将变成一种趋势、一种必然。

### 二、新兴医疗模式

城市的规模不断扩大,人口越发密集,城市用地尤其是老城区的用地十分局促,但社会人口仍主要集中在中心城区,这样就存在一种矛盾,即不断扩大的医疗需求与不断缩紧的医疗用地之间的矛盾。医院朝着越来越集约化的方向发展。

伴随医疗建筑体量的增大,医院本身的医疗效率却不可避免地降低,人性化应对也出现许多不可调和的矛盾。为了应对这些矛盾,新的医疗模式不断产生,"院中院"、"MDT模式"(如图2-1-1)、"医疗联盟"、"卓越中心"、"第五代医院"等概念相继出现。这些模式或将院内重点科室规模化和特色化,或将医疗科室整合梳理形成诊疗中心,或将区域内多级医院及医疗机构纵向联合。城市多样性需要更多的医疗模式与之相互融合,医疗与城市之间如何和谐共生,还有许多需要探索的地方。

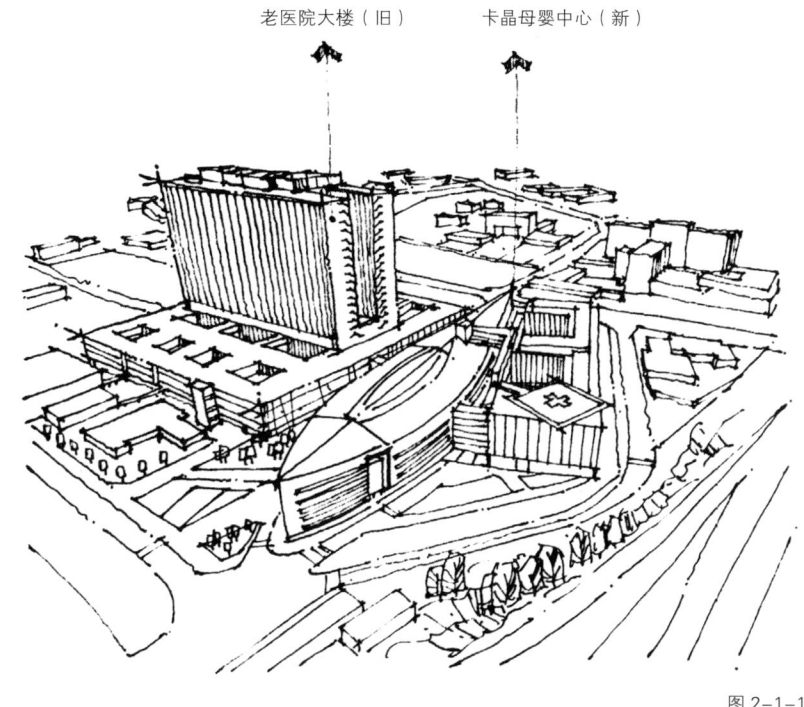

图 2-1-1

图 2-1-1　MDT 模式医院——卡昂医院母婴中心，新（MDT 模式）与旧（集约化模式）的对话
来源：笔者自绘

### 三、医疗观念的改变

传统的医疗观念是基于一种"有病就医，无病不医，小病小医，大病大医"的思想观念。如今，人们的思想正发生变化，预防医学的成熟，健康知识的普及，医疗产业的完善，使得传统的"治病"观逐渐向着"治未病"观转变。

快节奏的生活方式，不规律的作息，高强度的工作等，人们似乎从来没有像现在这样迸发出对健康的渴望：渴望着自我的健康管理，渴望亚健康状态的调节，渴望完善的医疗服务。除了传统医院逐渐开展相关业务外，"健康城""医疗商场""健康管理中心""养生机构"等针对性的医疗形式应运而生，包含了健康管理服务、医疗咨询、中医调理以及其他的医疗配套产业。

未来的医疗机构将更加注重医疗服务体系的完善，医疗产业将越来越成熟，泛医疗的"大健康"产业更多地把人的体验感及舒适感纳入医疗活动中来（如图 2-1-2）。

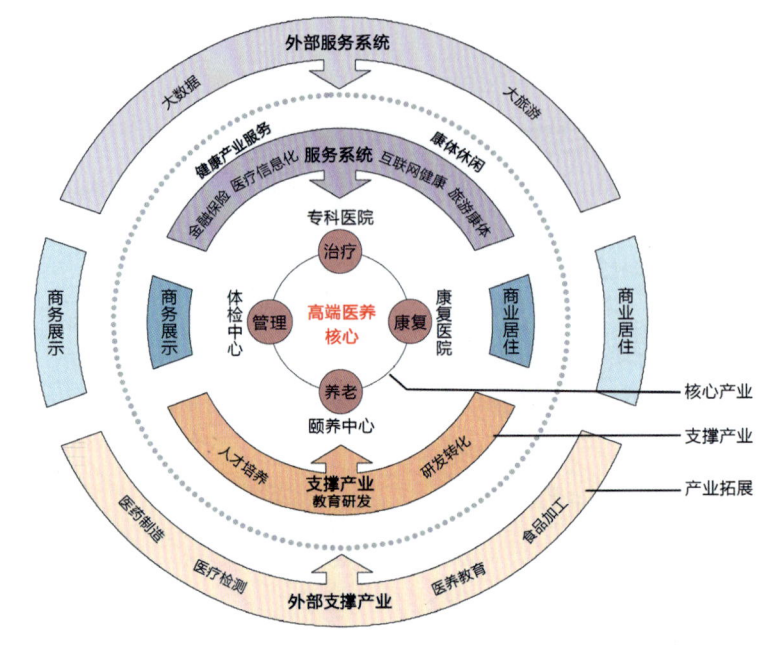

图 2-1-2

图 2-1-2　大健康产业示意
来源：《从产业链角度分析健康城规划设计策略与实践》

## 四、对既有建筑的改造将成为趋势

对于城市本身而言，一方面规模不断扩张，持续产生新的建筑物；另一方面城市内部也在不断地进行自我更新。许多老旧建筑或因建筑本身因素，或因承载的功能已无法满足城市对其的需求，亟须通过改造焕发新的生命。

在医疗用地越来越紧张的情况下，把原有的医院进行合理改造，或将非医疗建筑改造为医疗建筑，是一种非常有效的手段。在未来，"医改医"或"非改医"将会越来越普遍。

## 五、新技术发展对医疗的影响

互联网、物联网、大数据、生物技术以及3D打印技术在过去数年间突飞猛进，在医疗产业中的运用也越来越多。

未来的医院，信息化、互联网、立体沉浸式的远程VR体验，以大数据为基础的自我诊断都将成为可能；物联网快速配送药品，3D打印人造器官移植将成为常态；医疗活动更多地在医院外进行，线上诊断，线下治疗；线上医院与线下医院相结合，标准化、拼装式的多功能诊疗设备针对不同病种可随意组合，这些在将来都有可能实现。

## 第二节 与城市功能的进一步融合

中国的城市化进程正在大踏步向前迈进，城市人口规模不断壮大，各种城市问题也随之而来，交通、教育、医疗等各种资源的匮乏与不平衡分布，正在加剧城市板块的冲突与割裂。其中，医疗资源作为城市中最重要的资源之一，扮演着举足轻重的角色。

医疗建筑的体量不断增大，对人流的会聚作用越来越强，对周边的城市交通、城市环境及城市规划都是很大的挑战。未来城市的医院如何解决好建筑与城市间的关系？医疗建筑与城市功能的进一步融合，更加模糊化的医疗边界，是大势所趋。

### 一、医院交通与城市区域交通体系的整合

交通系统是医院等大型公共建筑的命脉，合理的交通规划对于降低其对城市公共交通的影响，保证医院的正常运转，提升医院本身的品质、形象和竞争力具有十分重要的作用。

医疗建筑的交通流线较为复杂，不仅要充分考虑人流、车流、物流的分流，还要考虑急诊、门诊、体检、探视、后勤、污物等功能流线的合理组织。面对如此复杂的系统，需要充分考虑城市区域交通系统的接驳、道路等级、城市车流来向及车流量、不同类型车流到达医院的特点等，结合医院本身的需求，合理选择交通组织形式。

在考虑交通组织合理化的同时，也要将交通的人性化纳入设计中，如无障碍交通、人性化标识系统、无风雨步行系统等。

### 二、建筑与城市环境的共生

城市作为一个复杂的、多变的有机体，具有多样的自然环境、人文环境与建筑风貌，由于地域文化与民风民俗的不同，又有着不同的地域特色。建筑在城市中生长变化，建筑改变城市，城市亦影响建筑，二者是密不可分的共生关系。利用恰当的建筑语汇，呼应城市的地域、人文、自然环境，也是建筑与城市融合的一种体现。

## 三、开放的社区友好型医院

医院建筑具有一定的特殊性，医院会聚的人群主要是非健康人群，这也是造成医院与城市存在割裂感的一大原因。

但是随着现代医疗体系的不断完善以及现代医院设计的人性化和安全性不断增强，医院急需寻找一个出口，打破自身与城市环境的明显界限，将自身公共资源与城市公共资源融合、共享。通过建设空中连廊系统与周围的建筑发生联系、营造舒适的环境吸引周围的居民前往、开展社区健康教育及登门护理服务等手段，提高与周围社区的互动性与融合性，打造环境宜人、可持续发展的社区友好型绿色医院，是未来重要的发展方向（社区友好型医院如图 2-2-1、图 2-2-2 所示）。

## 四、未来关键词——融合

现阶段的医院发展是"由散到聚"的过程，将来的趋势可能是"由聚到散"，只不过这种"散"，是一种融合的态势，通过网络信息，将医院的部分医疗功能打散、融合到社区之中，社区医院成为医疗的主要形式之一，社区的医疗布点承载诊断功能，医院本身只承载医技检查与治疗功能，二者通过网络信息系统快速互联。信息将成为城市与医院之间的"神经元"，使二者融合为一体。

# 第三节 交通一体化概念

## 一、医疗建筑对城市交通的"无间隔"容纳

将"空港式立体交通""下沉式交通广场"等概念引入医疗建筑当中，合理利用地形高差或人工地坪在不同标高组织立体化交通体系，实现医疗综合体与地铁、公交、私家车等多种到院流线的无缝对接，以"无间隔"思维解决医院复杂的人车交汇矛盾。

### 1 公共交通和医院公共建筑立体接驳

采用立体交通组织，实现人车分流。例如医院的主出入口，承担主要交通集散，在医院前广场设置地下交通层，提供公交停靠和出租车上下客排队空间，地面层则设计为行人专用的花园式广场。公交、出租车乘客下车后，可乘扶梯到达地面层进入门诊大厅，也可通过人行通道直接到达急诊急救区（如图 2-3-1）。分层落客系统使得病患及医护人员在地下各层、半地下层、首层均有落客区，可通过电梯和自动扶梯到达各层。

城市与城际轨道交通的快速发展，大型医疗建筑与其立体接驳将成为常

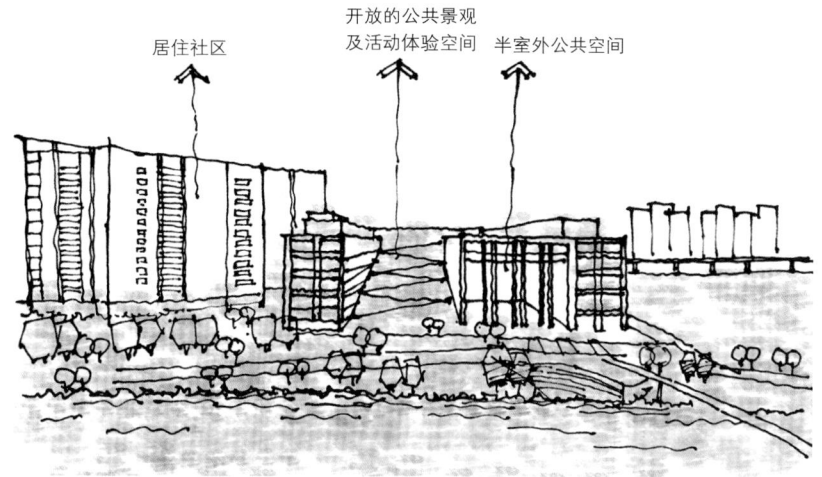

居住社区　开放的公共景观及活动体验空间　半室外公共空间

图 2-2-1

图 2-2-2

图 2-2-1　医院与社区的融合——新加坡某医院
来源：笔者自绘

图 2-2-2　医院的开放公共空间
来源：笔者自绘

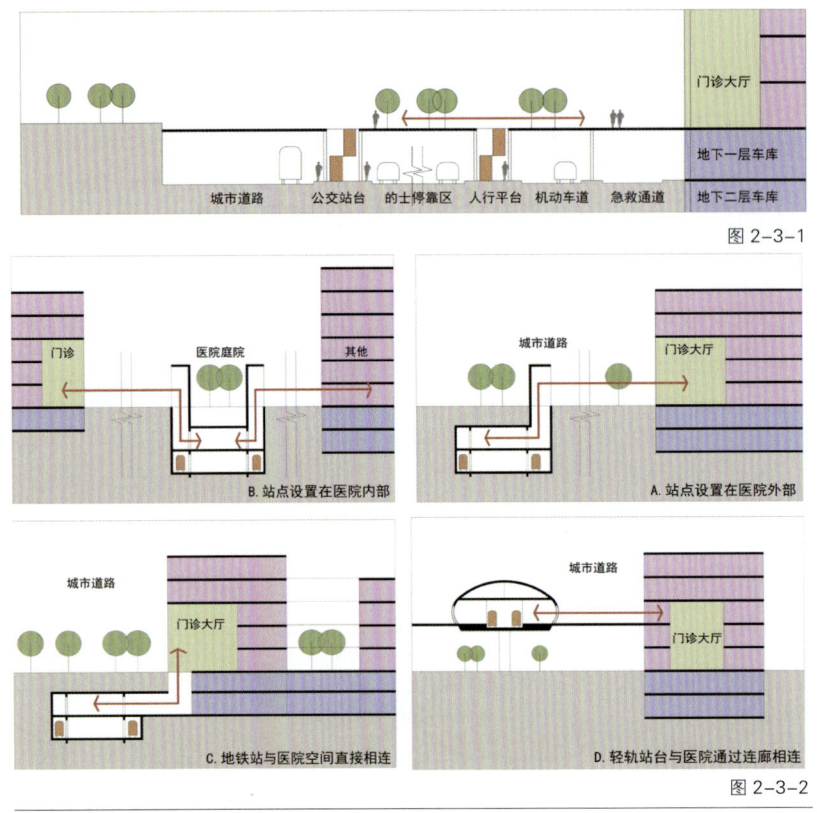

图 2-3-1　综合医院主入口人车分流剖面示意
来源：笔者自绘

图 2-3-2　医院与轨道交通接驳的形式
来源：笔者自绘

态。国内外医院与轨道交通接驳有四种形式，最理想的方式是地铁站与医院建筑直接相接（如图 2-3-2）。

**2 私家车停靠压力的分散**

私家车在医院对外交通中也非常重要。随着城市用地日益紧张，地面停车的发展空间越来越小，地下停车和立体式停车将成为主要停车方式；而私家车数量剧增，增设医院停车位不能从根本上解决停车难的问题，需从多方面入手。在医院内，机械停车预留，在有限空间内设置尽可能充裕的停车数量；在医院外，打造医院与周边城市功能一体化，采用周边建设公共停车场来分散医院内的压力。

## 二、医疗建筑融入城市交通环境

医院交通和周边社区城市环境一体化考虑，不仅可有效利用医院的公共资源为周边社区提供服务，而且能融合社区人群和医院人群。例如，2015年开始运营的新加坡黄廷芳综合医院，融入裕廊东地铁站周边的TOD[①]综合开发。新加坡黄廷芳综合医院（如图2-3-3）地铁站周边是由大型购物中心、零售商业、仓储工厂店等组成的多层次的商业体，由图书馆、医院（黄廷芳综合医院）、职业培训学校组成的公共建筑以及商务办公楼、酒店等。医院采取了空中连廊的形式与周边商业区连通，在与社区融合方面取得了显著的效果。建筑群邻近地铁，方便患者就医。以垂直空间分层人流，二层的公共走廊与交通枢纽、商业和医院公共商业区无缝连接，使地铁周边的商业流线不被打断，为行动不便的病患及年长的患者提供从地铁站同层通往医院公共区域和药房的安全捷径；也方便周围几个商场的健康人群到医院二层公共空间选购健康产品和享用健康美食。

城市交通的未来将会更完善，以需求为主导，提供更广泛共享的服务。高密度、多用途的城市环境，便捷人性的公共交通是城市未来的发展趋势。医疗建筑是城市大生态系统的重要组成部分，医疗建筑的规划和设计者需要充分认知大生态系统的变化，做好应对挑战的技术准备。

图 2-3-3
图 2-3-3　新加坡黄廷芳综合医院周边 TOD 综合开发
来源：笔者自绘

---

① TOD（Transit-Oriented-Development）是"以公共交通为导向"的开发模式。这个概念由新城市主义代表人物彼得·卡尔索尔普提出，是为了解决"二战"后美国城市的无限制蔓延而采取的一种以公共交通为中枢、综合发展的步行化城区。其中公共交通主要是地铁、轻轨等轨道交通及巴士干线，然后以公交站点为中心、以400m～800m(5～10分钟步行路程)为半径建立集工作、商业、文化、教育、居住等功能为一体的城区。

## 第四节　人性化的更多需求

### 一、医疗空间的人性化提升

**1 实现最优化的医疗流程**

最大的人性化目标是实现最优化的流程和最完善的体系，快捷的抢救体系、围绕医技布置的诊疗体系、高效的后勤联动体系、明晰的标识体系、合理的竖向交通体系、完善的无障碍体系、高标准的厕卫体系等。上述体系是医院设计者必须普遍思考和应对的技术要素。未来医院还有更多的人性化要求。

**2 重视医疗后勤人员的人性化设计**

在大型现代医院中，后勤工作在确保医疗质量和保障安全方面至关重要，医院的后勤工作人员每天都要从事大量烦琐的工作，相比医疗行政人员而言，他们是更容易被忽略的群体。为他们提供足够的休息空间、更衣空间，减轻他们的疲劳感，提高他们的工作效率是设计者必须重视的要点。此外，设备更新不能影响日常诊疗，医院的设备管道维修应充分考虑预留空间，用于更换和维护，以提高医院运行的应对能力。

根据医疗功能的要求，在合适的位置设置更多的储藏空间，使医务人员可以便捷地取用物品和工具，方便他们的工作；还要为医护人员提供安静、不受干扰的工作环境和空间。

**3 关爱特殊人群的人性化设计**

在室内有高差的地方设置残疾人坡道和升降梯，以便身体障碍者单独行动也能畅通无阻；电梯应足够大，可安放轮椅，且在较低处设置盲文按钮（如图2-4-1），每层到达时开关门应语音提示；在盥洗室设计中，洗手池设计成不同高度，方便儿童和坐在轮椅上的病人，也可采用感应式、脚踏出水式水龙头，避免不同人群手上细菌交叉感染。产科在病区、病房的装饰及色调选择上，应尽量贴合家庭模式，给人以温馨舒适的感觉。关注儿童的心理需求，通过增加儿科公共空间装饰，设计儿童乐园，增加童趣（如图2-4-2）。在医疗人文理念引导下，构建患儿成长支持人文服务体系；通过医疗游戏化概念，消除儿童对医院的恐惧。如心脑血管科老年患者较多，应注重紧急呼叫装置的设计，方便患者在出现突发状况时及时呼叫医护人员。

## 二、非医疗空间氛围的营造

生理舒适感是产生心理愉悦感的前提,令人产生舒适愉悦的知觉有很多,在医疗建筑中主要有视觉、听觉、嗅觉和触觉等。通过丰富的景观层次,选取舒适温和的材料,营造积极的色彩氛围,为患者的心理带来有益的引导。同时避免因景观设计不足和材料选择不当造成的碰撞擦伤等安全隐患。

为了达到理想的医疗效果,医院建筑除了为病人提供全面的医疗服务,考虑病人的生理因素外,还必须注意建设影响病人心理感受的环境质量,在非医疗空间体现人文关怀。根据现有条件,在保证高效卫生的前提下把家庭的生活气息引入医院,以满足患者的精神需求。将生活设施融入医院建筑设计的内容里,同时综合运用美学、心理学和行为学的研究成果进行医院内的环境设计,为患者营造出浓厚的生活气氛,促进正常人际交往(如图2-4-3、图2-4-4)。

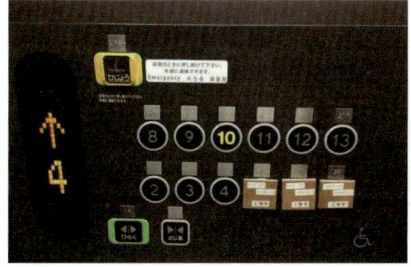
图 2-4-1

图 2-4-2

图 2-4-1　电梯盲文按钮
来源:笔者自摄

图 2-4-2　四川大学华西第二医院锦江院区中庭
来源:笔者自摄

图 2-4-3

图 2-4-4

图 2-4-3　贵州茅台医院的多层次景观
来源:中国建筑西南设计研究院有限公司

图 2-4-4　华西天府医院的多层次景观
来源:中国建筑西南设计研究院有限公司

## 第五节　可持续发展的前瞻性

当前，我国的医疗行业正处在飞速发展的阶段，技术的革新和人性化的需求冲击和改变着越来越不适的"陋医环境"，以往"机械工厂"式的医院早已不符合时代的要求。

随着我国经济的快速发展，人民生活水平的显著提高，健康理念的不断转变，医疗服务模式逐渐从治疗型转变为预防、保健、康复的复合型；先进的医学设备和医疗技术也使医疗服务逐渐向着网络化、数字化方向发展；再者，人们对医疗服务舒适度的要求也在不断提高，突发性疫情的频次越来越高，传统刚性、固定的空间难以应对像"非典"这样的突发情况。

这些变化都使得医疗流程对建筑的空间、功能和面积分配及使用形式提出新的要求，而医疗建筑的建设远远跟不上这种变化。医疗建筑建设成本巨大，为了使医疗建筑尽可能适应这种变化的需求，节约不必要的改造重建成本，更好地提高服务品质，医疗建筑应当具有前瞻性，将弹性空间设计思维和可适应性发展策略应用到设计当中，从而确保医疗建筑空间的使用性能跟上时代进步的步伐和不断发展的医患需求。

采用可适应性发展策略，使医疗建筑成为一个可自由扩展的活体。比如运用网格式的模块设计方法（如图 2-5-1），使其能不断生长，以满足不断增长的医患需求以及不断更新的医疗技术；在功能设计时，不能单纯地从满足现有需求的功能主义角度出发，而应合理运用弹性设计方式。比如采用单元式拼联发展模式或双内廊的弹性化布局模式（如图 2-5-2），从而大大增强医疗建筑的可变性与灵活性，提升医疗空间的适应能力，应对未来的功能调整、技术革新和突发疫情。在管线布置时，也不能仅考虑当前需求，还需要预留一定的管线空间，为之后的空间改造留有余地。比如在医疗建筑中采用设备间层，利用桁架的结构空间让医疗建筑内部的各类设备、管道能自由灵活地布置，提高医疗建筑空间的灵活性，便于未来改造工程的设计与实施；或者在设计时考虑弹性双系统，同时预留机械通风和自然通风，使建筑空间

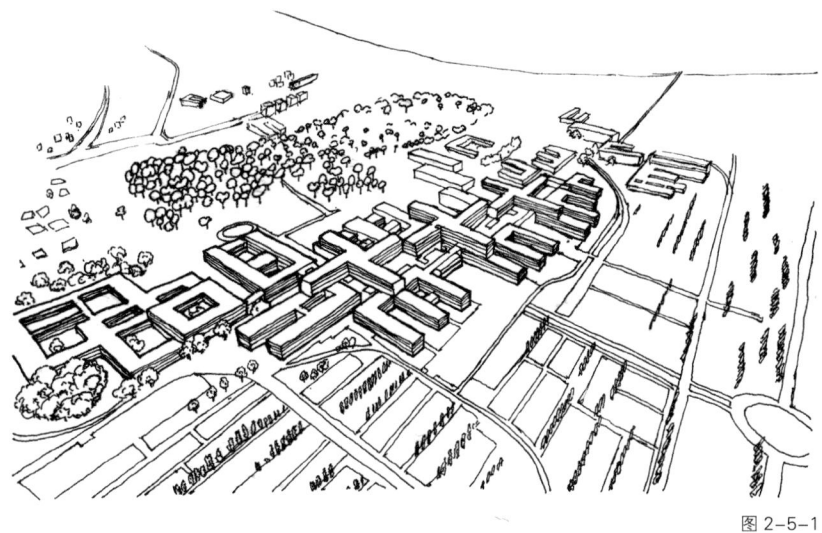

图 2-5-1　不断生长的医院建筑
来源：笔者自绘

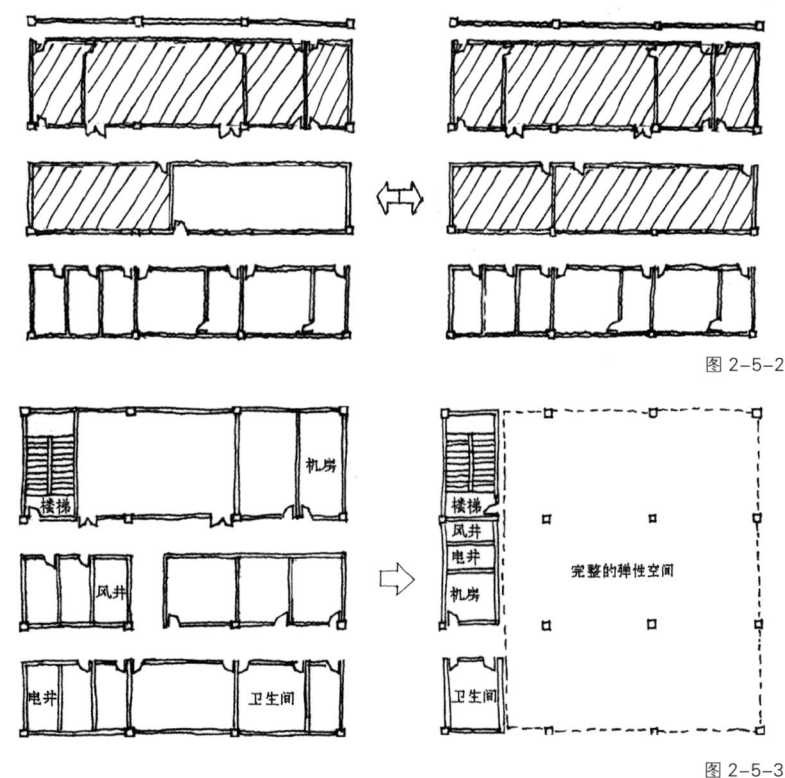

图 2-5-2　双内廊的弹性化布局模式示意
来源：笔者自绘

图 2-5-3　将刚性区域集中布置，使弹性区域最大化
来源：笔者自绘

能更好地应对突发疫情或功能变化，保护医患群体安全。在布置诸如疏散楼梯、设备机房、井道、卫生间这样的刚性房间时，将其集约地布置在一起，能使弹性空间最大化，使可用空间的可变性加大，从而达到弹性设计的目的（如图2-5-3）。

总之，在医疗建筑中运用弹性设计和可适应性发展策略，可以使医疗建筑更好地满足现在和未来的需求，更好地服务于患者，提高投资效益。在医院设计中合理地运用可持续发展理念和弹性设计思维，使医疗建筑保持可持续发展的前瞻性，应当成为建筑设计者和医疗从业人员的共识。

## 第六节　地域文化和品牌文化的诉求

伴随着经济全球化，本土文化不断受到外来文化的侵蚀，地域建筑特色在逐渐消失，这使得我国的传统文化和建筑的地域特色成为人们关注的话题。包括医院在内的大型公共建筑，自然而然地肩负起回应地域文化的使命。同时，随着社会的发展进步，人们不再满足于一个仅仅是冷漠救人的"机械工厂"，而希望看到一个人性化、生态化、智能化的富有情感的医疗建筑，所以医院的长远发展除了要有有口皆碑的医疗水平外，还要有适合自己的品牌文化，让医院不再如同冰冷的金属，而像一棵充满活力的大树，在让患者身心感到更放松的同时增加医护人员认同感，让医护人员更好地感受到职业的高尚使命。

### 一、地域文化诉求

建筑在历史的发展中由于不同地域的气候和文化差异，形成了许多具有地域特色的建筑形式。这些建筑形式不仅仅是对当地气候的应对，也成了当地文化的象征。

对于医疗建筑，在过去很长一段时间里，人们只关注其对医疗功能的应对，而医院的建筑形式、空间感受和整体形象仅仅是对功能和经济的简单应对。在中国医疗改革建设中，大量医院建设出现千篇一律的现象，这不但让人们感到审美疲劳，也使其和周围的城市环境显得格格不入，形成了文化上的割裂。

这样的局面显然不能满足当下以及未来人们对建筑形象和地域文化的追求。医疗建筑对地域文化的回应，也应当成为建筑设计者和医院决策者所关注的重点。医疗建筑应对地域文化诉求不仅可以将一些代表当地地域文化的建筑形式合理运用到形象设计中，也可以在整体上采用符合当地城市风貌的色彩、外立面材料等，还可以做一些应对当地气候环境的设计来反映地域特色；等等。这些具有地域文化的设计能让患者感到亲近，减少患者心理的不适。

## 二、品牌文化诉求

中国有许多"老字号"医院，这些医院不仅见证了中国现代医学的发展，传承着属于自己的精神和文化，还承载着地域的文化、城市的历史。这些医院的原有老建筑具有很高的文化价值，是城市的物质文化遗产（如图2-6-1、图2-6-2、图2-6-3）。

但是，现在很多新的医院却缺乏自己的品牌文化，各个医院显得千篇一律，让人感到冷漠、疏远。医院作为一个特定的工作机构，其品牌文化应该是医院管理者、员工及设计者关注和重视的方面之一。一个好的品牌文化，不仅能增强医护人员对工作的认可，增加凝聚力；还能让患者感受到人文关怀，提高医院形象，有利于医院未来的发展。

医院的品牌文化需要从管理、服务、室内外建筑环境空间等多个方面塑造，而建筑形象无疑是非常直观的，无论是医疗建筑的外部形象还是医疗空间的内部设计，都能很直接地体现医院的气质和文化。此外，标识设计、景观空间也是医院品牌文化的重要载体。

图 2-6-1

图 2-6-1　四川华西医院
来源：笔者自绘

图 2-6-2

图 2-6-3

图 2-6-2  湘雅医院
来源：笔者自绘

图 2-6-3  北京协和医院
来源：笔者自绘

# 第三章　未来医院的技术发展趋势和应对

## 第一节 智慧医院

### 一、智慧医院的机遇和挑战

我国公共资源不平衡的现状，特别是城乡医疗资源的巨大差异，加剧了人们就医选择的不平衡状态：城市三甲医院人满为患，乡镇医院门可罗雀。随着当前医疗领域数字化进程不断向纵深方向推进并逐渐向智慧医疗阶段迈进，这种现状有望通过科技手段得到改善。当前，各大医院智慧医疗的建设大多还停留在对医院大楼内相关弱电子系统的建设或升级改造的阶段，由于缺乏结合医院诊疗模式、病患就医服务体验、后勤保障体系等方面的对应性整体规划，建成后存在严重的"信息孤岛"，最终导致大多数医院的智能化建设出现"建设—升级"交替循环的尴尬局面。

未来的智慧医院到底要怎样建设？我国正处于"互联网+"全面应用的启动期，它已经渗透进人们生活的方方面面，变得难以分割，作为民众最为关心的民生问题之一，智慧医疗的建设显得格外紧迫。智慧医院的建设目标根据其服务保障对象的诉求确定，大致可分为三类。

第一类是面向医务人员的"智慧医疗"，其建设目标是辅助提高医生和护士日常诊疗、手术和护理等医疗工作的效率。

第二类是面向患者的"智慧服务"，其建设目标是帮助患者简化就医过程中烦琐的流程，提高患者的就医效率和就医体验。

第三类是面向医院后勤管理者的"智慧管理"，其建设目标是帮助后勤管理者有效地监测全院各项业务的运转状态，提升管理效率和应对能力。

### 二、智慧医院的建设内容和发展趋势

以"智慧医院"为关键词在网络上进行信息检索，可以发现：智能支付、智能问诊、"刷脸"就医、智能影像诊断、人工智能医生等技术手段层出不穷，而这些技术手段过于零散，大多是对某一种现象的技术应对，缺乏对未来智能化医院统一的整体规划和实施流程。面向未来的智慧医院到底应该包含哪些前沿技术呢？以下技术应用将是未来智慧医院的发展趋势。

**1 5G无线网络技术在智慧医院的应用**

5G是先进的无线通信技术，具有高速率、低延时的特点，是"人人互联"到"万物互联"的跨时代通信技术。5G无线网络技术在智慧医院的应用将会出现井喷式的发展，其中远程医疗协同、医疗物联网、远程手术等可能是未来智慧医院的"必选项"。5G时代下的远程医疗技术，将更好地惠及分级诊疗，真正改变城乡医疗资源分布不均衡的问题，实现大中城市三甲

医院优质的医疗资源与乡镇医疗机构实时共享。同时，知名三甲医院可依靠 5G 通信技术，实现多院区协同医疗，医疗信息实时的互联互通，在远程会诊、远程教育等领域发挥作用，改善在 4G 时代网络传输速率不够、信息传输的延时较长而使音视频无法同步，可靠性差等问题，使远程指导更加精准可靠。利用医疗物联网技术强化人和人、人和物、物和物之间的连接，实现院内医疗信息和医院管理信息的互通，消除医院、医生和患者之间的信息障碍，真正实现"万物互联"。

基于可穿戴设备的病患实时体征监测等应用，将大大提升护理的即时性、可靠性、准确性；基于物联网的大型设备数据实时采集分析，将给医院管理者的决策提供更精准的信息支撑。在不久的将来，基于 5G 无线通信技术下的远程手术机器人将被大量应用于常规手术、血管介入手术、骨科手术等，针对不同疾病种类的机器人将会是减轻医生高强度手术工作压力的法宝。在未来，医学专家可以通过远程操作一条手术机械臂、在前端内窥镜、B 超等医疗设备的相互配合下，实时而精准地完成手术。当然，这一切应用的前提，都将是基于高速率、低延时的 5G 无线通信技术。除此之外，基于 5G 医护救援设备的远程救援、基于 5G 医疗设备的远程医用数据传输等技术也将被广泛应用。

## 2 AI 人工智能在智慧医院的应用

随着科技的快速发展，AI 人工智能技术的产物也将在诊疗领域得到广泛应用。医疗导诊机器人、医疗巡房机器人、医疗物流机器人等基于 AI 人工智能的医疗辅助机器人大量出现，它们分工协作，共同提高医院诊疗效率。医疗导诊机器人可以利用语音识别和自然语言处理技术，快速而精准地针对患者的病症与预先录入的标准医学知识库进行对比识别，从而完成患者自诊、导诊、咨询等相关服务，提高患者初诊效率。医疗巡房机器人可根据医护人员预先规划的线路进行自动巡房，对住院病患血压、脉搏等健康数据进行采集，提醒患者按时服药，并将患者现场的音视频信号实时反馈给医护人员。医疗物流机器人可将药品、耗材等医用品进行运送，严格遵循医生、护士、药剂师下达的运送指令，与医院气动物流传输系统、轨道式物流传输系统等共同建立起医院内部从上到下的立体配送体系。基于 AI 人工智能的图形语音系统能够解决医护人员烦琐的文字输入工作；基于 AI 人工智能的大数据分析系统能够在大量烦琐的数据中筛选出医护人员最需要的准确数据。

在未来医院的建设机制中，智慧医院将是建设的核心理念。而随着科技的不断进步，相信在未来还会出现各种辅助医院高效运转的前沿科技，进一步提升医疗安全、效率和人性化。未来的智慧医院将围绕"以人为本"的核心需求，关注安全、效率及人文，走向更加人性化的发展路径。

## 第二节  绿色医院

绿色建筑发展至今已由最初的以降低资源与环境的压力、减少建筑能源消耗，实现可持续发展为目的，逐步向如何积极地影响使用者为重点进行扩展。这一设计理念赋予了建筑"以人为本"的新属性，同时国家也提出了"健康中国"的战略要求，可以预见：提升建筑的人性化和健康要素将会成为未来绿色建筑发展的新趋势。医疗建筑作为城市建设中关系着居民生命健康的重要基础设施，更需要对患者和医护工作者的身心健康给予特别关注。那么这一概念在未来医院建设中将会遇到什么问题呢？该如何将健康从设计层面融入医疗建筑之中呢？该如何平衡医疗建筑中人性化与能耗之间可能存在的冲突呢？这些都是需要进一步探究和解决的问题。

从过去几年的研究中不难发现，我国绿色医疗建筑的发展目前还存在诸多问题和阻碍（如表3-2-1）。

表3-2-1  中国绿色医疗建筑存在的部分问题

| | |
|---|---|
| 经济方面 | 建筑节能会增加一定成本，并且投资回收期长 |
| | 能源消耗事实上在医疗建筑的运营成本中只占一小部分 |
| 技术方面 | 缺少成熟可靠的技术和实践经验来指导实现医疗建筑节能最大化 |
| | 对既有建筑的能耗改进施工会对日常工作生活造成很大的负面影响 |
| 政策方面 | 没有强制性的条文明确指出对医疗建筑的节能和绿色建筑要求 |
| | 对医疗建筑的节能改造或绿色建筑评价没有额外经济激励措施 |

来源：译自《中国公立医院和医疗机构的能效建设：障碍和驱动因素》

从设计者的角度来看，我国当前仍缺少因地制宜的绿色医院设计标准作为参考，同时，为数不多的绿色医院案例也让设计师很难选择最合适的节能技术应用于新的医疗建筑之中。站在投资者的立场，因为当下还没有针对绿色医院的经济激励政策，额外的节能措施也会较大程度地增加投资成本，所以大多趋向以公共建筑绿色评价作为医院建设的应对流程。作为患者希望医疗设施能够提供更便捷有效的服务，作为医务工作者也同样希望医疗环境能够更安全洁净。而今，即便在北京也有大约50%的市政医院是1990年以前在没有大力推动绿色建筑的背景下修建的，这也昭示着绿色医疗建筑在我国还有相当大的发展空间。另外，人们平均每日至少70%的时间在室内度过，建筑室内环境的质量对人体健康的影响不言而喻。观察研究表明，建筑使用者会因为通风、化学污染物及采光等室内环境质量的改善而提高生产力和效率，减少如"病态建筑综合征（Sick Building

Symptoms, SBS)"、哮喘等疾病的发生，在医疗建筑中甚至会因此降低死亡率[1]。可以说，推动医疗建筑的健康性发展以及加强绿色医院中的人性化设计将成为建设未来医院的关键要素。

想要切实地在医疗建筑中体现健康和人性化要素，首先需要完善和优化当下的绿色医疗建筑标准和评价体系。2014年国家住建部颁布《绿色建筑评价标准》（以下简称《标准》）并于2015年实施，2015年底至2016年《绿色医院建筑评价标准》（以下简称《医院标准》）随之颁布实施。总体来看，两部标准的大部分条文对应一致，《医院标准》中对容积率、外围护结构、噪声控制等参数限值提出了更高的要求，并且增加了对额外休憩空间、色彩运用等人性化措施的要求。另外，从评价指标权重的对比中可以看出（如表3-2-2），《医院标准》在节能与室内环境质量两方面对设计者提出了更高的要求。随着绿色建筑的进一步发展，2019年国家颁布并实施了新的《标准》，其中更是对健康、便利、宜居等"以人为本"的指标作出了明确规定（如表3-2-3）。可以预见的是，新的《医院标准》也会在不久的将来颁布实施，并且也将对人性化和健康提出更多的要求，这恰恰也是业界人士和社会公众对未来绿色医院的期冀。

表3-2-2 绿色建筑与绿色医院建筑国家标准各类评价指标的权重对比[2]

|  | 节地与室外环境/场地优化与土地利用 | 节能与能源利用 | 节水与水资源利用 | 节材与材料资源利用 | 室内环境质量 |
| --- | --- | --- | --- | --- | --- |
| 《绿色建筑评价标准》（2014年版） | 0.16 | 0.28 | 0.18 | 0.19 | 0.19 |
| 《绿色医院建筑评价标准》（2015年版） | 0.15 | 0.3 | 0.15 | 0.15 | 0.25 |

来源：《绿色建筑评价标准（GB/T 50378-2014）》

《绿色医院建筑评价标准（GB/T 51153-2015）》

表3-2-3 2019《绿色建筑评价标准》预评价分值

| 控制项 | 评分项 | | | | | |
| --- | --- | --- | --- | --- | --- | --- |
|  | 安全耐久 | 健康舒适 | 生活便利 | 资源节约 | 环境宜居 | 提高与创新 |
| 预评总分 400 | 100 | 100 | 70 | 200 | 100 | 100 |

来源：《绿色建筑评价标准(GB/T 50378-2019)》

---

[1] MacNaughton P, Cao X, Buonocore J, et al.《绿色建筑行动中节能、减排和健康的共同利益》. Journal of Exposure Science & Environmental Epidemiology, 2018, 28(4): 307.
[2] 本表仅为设计阶段的权重对比，其中《绿色建筑评价标准》为公共建筑权重。

然而，新《标准》在当下也存在一些隐忧。2014年版《标准》中，绿色建筑评价分为设计与运行两个阶段，设计阶段除了对施工管理、运营管理两类指标进行预评价以外，对其他指标可直接进行评价，最终可获得绿色建筑设计评价星级；而新《标准》规定在工程竣工之前，设计者只能进行预评价，这将导致绿色建筑评价的周期大大延长，可以料想到未来短时间内，绿色建筑评价项目的增加可能也会因此暂缓。但从长远来看，将绿色建筑评价推后至工程竣工甚至运营阶段，不仅会提高绿色建筑设计质量，约束绿色建筑技术的实施，也能十分清晰地让使用者了解到绿色建筑技术对建筑带来的积极效益，从而促进绿色建筑的发展，这也同样是绿色建筑发展至今必然进行的选择。如果新《医院标准》能够顺利颁布并得到政策的有力推动，那么决策者和设计者在熟悉新《标准》的运行模式和规律之后，也将能够有条不紊地进行未来绿色医院的建设。

未来的医疗建筑不仅需要满足绿色建筑的要求，也将面临新的挑战——人类健康与建筑的关系（如图3-2-1）。健康建筑这一概念不仅需要在医疗建筑的设计中考虑其本身对使用者健康的影响，还对社会、经济等宏观环境提出了人性化的要求。同时，健康建筑也逐渐成为国际化趋势，将成为未来绿色建筑的进一步拓展和重要补充。事实上，我国在2017年就已经发布了具有普适性且涵盖生理、心理和社会三方面要素的《健康建筑评价标准》（以下简称《健康标准》），这也是美国Delos公司于2014年发布WELL健康建筑评价标准之后，我国根据国情和地域环境推出的标准体系。

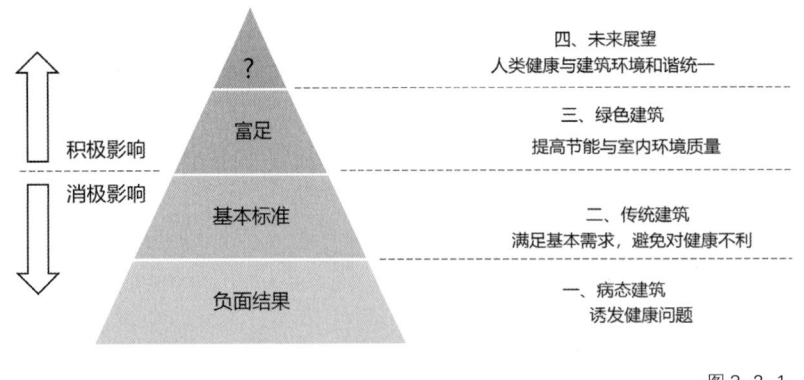

图3-2-1

图3-2-1　建筑健康金字塔
来源：译自《绿色建筑使用者的健康和福祉：未来的趋势》

自《健康标准》颁布至今,全国范围内利用该标准体系设计评价的建筑项目寥寥无几,这又是什么原因造成的呢?首先从《健康标准》与 WELL 的对比来看,我国健康建筑评价标准主要通过规范性指标保障健康而不是同 WELL 一样鼓励建筑工程项目以灵活的方式来满足可接受的量化阈值[①],这让建筑工程项目在本来需要满足绿色建筑标准的基础上又增加了评价难度和工作量。其次,《健康标准》与原《标准》和《医院标准》一样都能够在设计阶段拿到设计评价星级认证,这让设计工作更倾向于建筑方案的优化而不够重视健康建筑技术措施真正落地实施。另外,目前建筑工程项目的参与者并没有普遍意识到健康的建筑环境能够给人们的生活和工作带来怎样的影响。所以,对未来的绿色建筑以及健康建筑、绿色医院的建设提出以下建议,供读者参考。

(1)国外的相关建筑标准和医院建筑标准(如 WELL、LEED HC、BREEAM HC 等)具有一定的先进性,决策者、设计者应适当借鉴其中的优点同时结合我国的实情进行改进,并应对建筑工程项目从规划设计到运营维护的各个阶段进行健康性评估。

(2)关注建筑使用者的心理健康。我国绿色医院建筑评价标准以及健康建筑评价标准在量化指标和规范的基础上,应更加注重引导使用者的健康行为从而形成健康的生活习惯,将健康理念融入人们的日常生活和行为方式中。

(3)关注建筑使用者的生理健康。在相关评价标准体系和政策条文中应明确建筑室内环境与人体各大生理系统的联系,让建筑的设计者、使用者清晰地明白该标准的实施能够对人体的生理健康带来哪些益处,以及如果未达标可能造成的不利后果。

(4)加强人性化的关怀。就医疗建筑而言,在运行过程中可定期邀请患者以及医务工作者参加问卷调查,内容包括:自身对建筑室内环境质量的直观感受、医疗设施的完善、疗愈水平的简单评估等,然后通过问卷分析及与相似建筑的比较制定改进措施并反馈给使用者。

那么,当未来医疗建筑在考虑健康和人性化的同时,又是否能够兼顾绿色建筑对其提出的节能减排等要求呢?如今人们生活水平的提高对医疗建筑的服务品质和安全性同样也提出了更高的要求,为此势必将消耗更多的资金和自然资源。从研究中可以发现,大型医疗建筑在运行过程中每年每平方米的能源消耗可达到 150kW·h,大约是普通公共建筑的 1.6 倍。通过目前的供暖通风与空气调节手段(如可调式温控器)、人工照明控制措施(如照度和时间限制)以及提高围护结构的热工性能等,仅能够减少医疗建筑 5%[②]左右的能源消耗。另外,迄今为止绝大部分的建筑工程项目中,运营阶段的

---

① 杨娇,张群,成辉,梁锐. 美国 WELL 建筑标准与中国健康建筑评价标准比较分析 [J]. 建筑科学,2018,34(08):112-117、155.
② García-Sanz-Calcedo J, Al-Kassir A, Yusaf T. 经济与环境对医疗建筑节能的影响 [J]. Applied Sciences, 2018, 8(3): 440.

$CO_2$ 排放量平均可达到建筑全生命周期内 $CO_2$ 排放量总和的 65% 以上。所以医疗建筑的节能设计还有相当大的空间去深化研究，探索更适合医疗建筑这类特殊公共建筑的节能减排措施。可以预见的是，医疗建筑的绿色发展因为对健康和诊疗的品质要求将在未来市场中持续保持竞争力，并且需要绿色医院设计的从业者对医疗建筑与可持续发展的要求和冲突进行深入的评判和权衡。因此，对未来的绿色医院节能设计提出以下建议，供读者参考。

（1）医疗建筑的设计，应在不影响服务品质和使用者健康的前提下，因地制宜地考虑使用可再生能源和被动式节能措施（如太阳能、自然通风、自然采光等）。

（2）通过设置一系列参考指标对既有的医疗建筑定期进行能源消耗评估分析与审计，为今后的节能设计提供实践经验与数据资料。

（3）基于循证设计（evidence-based design，EBD）强化医疗建筑的可持续发展（如图 3-2-2）。详细来说是基于建筑环境对健康、安全和经济结果不利的影响因素和切实可靠的证据进行不同程度的分析对比并制定出合理决策的过程。这一理念通过医疗建筑全生命周期中所有参与者的诉求、交流和配合，以结果为导向去执行、控制和改进设计过程以及运行管理。

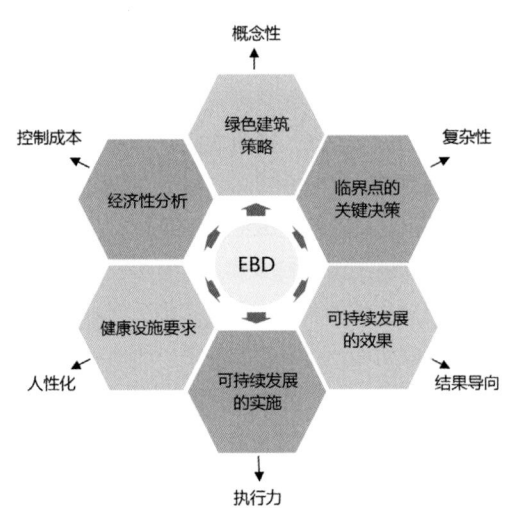

图 3-2-2

图 3-2-2　EBD 加速医疗建筑可持续发展的机制
来源：译自《可持续发展的医疗设计：环境、经济、社会的可持续发展性中存在的机遇和挑战》

## 第三节 医疗建筑 BIM 应用

随着医学技术的日新月异,医疗建筑设计的复杂性和混乱程度有增无减,单一的技术手段难以适应医疗建筑设计的专业化发展,常规的二维设计工具与工作模式已经很难满足各专业对协同设计的要求,从设计到施工不可避免地出现设备管线交叉相撞,以致造成大量返工、材料浪费和工期延误。

为此,借助建筑信息模型(Building Information Modeling,BIM)技术将大量工作进行阶段前置,可帮助项目落地实施,进而获得对设计质量和成本的更好控制。

### 一、医疗建筑 BIM 设计的痛点分析

站在行业角度进行分析,不难看出实施 BIM 设计的核心痛点在于两个方面(如图 3-3-1)。

- 设计院采用 BIM 设计的源动力——生产和产品;
- 业主方采用 BIM 设计的价值点——效益和周期。

为此,可通过 BIM 理论、BIM 软件和 BIM 项目三个维度来对其进行分析。

BIM 项目:美国陆军工程总部曾指出,在当前情形下不是所有项目都适合做 BIM 设计,而目前国内的 BIM 项目多以行政手段为导向。同时,BIM 全生命周期涉及产业链上的所有相关专业,需要多方的支持与配合,真正意义上满足条件的 BIM 项目屈指可数。

BIM 软件:相较当下使用较为宽泛的软件,BIM 软件门槛较高,本土化进程缓慢,与之匹配的行业标准也迟迟未能落地,导致 BIM 软件在实际工程应用过程中举步维艰。

BIM 理论:BIM 不仅是一种技术,更是一种思维方式,必须对 BIM 具有完善的理论基础和充分认识。当前从业人员以及行业,多以技术应用为导向来推行和评价 BIM 应用,缺少对 BIM 理论的追本溯源,游离于圈外。

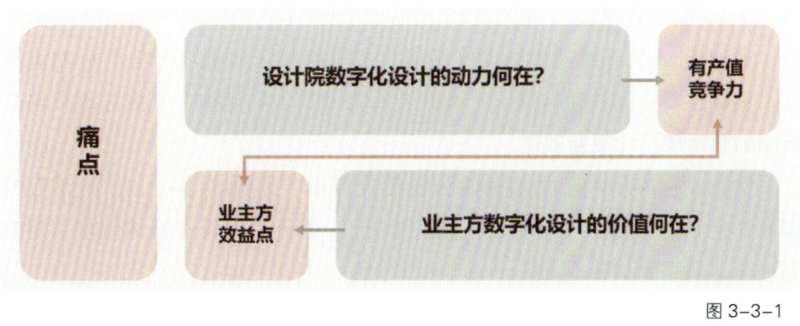

图 3-3-1

图 3-3-1 BIM 使用方诉求分析
来源:笔者自绘

## 二、支撑医院后期运营的 BIM 技术

BIM 技术的应用不能局限于建设阶段，根据美国国家 BIM 标准委员会的资料，一个建筑全生命周期 75% 的成本发生在运营阶段（使用阶段），而建设阶段（设计、施工）的成本只占 25%。

### 1 追本溯源——支撑运维的 BIM 价值回报

支撑医院后期运营的 BIM 模型数据在整个医疗建筑生命周期中延续和获得更高的附加值（如图 3-3-2），它带给业主的主要价值回报是：更好的空间和能耗管理，精益化的维修保养管理，更高的建筑绩效表现以及更长的设施寿命。对于国内业主来说，采用 BIM 方式进行建设所遇到的最大挑战是：较高的 BIM 实施费用，而回报率不确定。支撑后期运营的 BIM 解决方案能够发挥 BIM 模型在运营期间的效益，因而也将显著提升业主实施 BIM 的价值回报。

### 2 以终启始——支撑运维的 BIM 技术路线

传统面向医院运营需求的模式是先设计好房子，到使用阶段再考虑添加应用，而支持运维的 BIM 专项设计，更聚焦于医院管理者和使用者的需求，以终启始，提取 BIM 应用价值，优化 BIM 技术措施，匹配系统选择，确定设计目标，指导 BIM 专项设计（如图 3-3-3）。

首先，在前期设计阶段，有的放矢地进行轻量化设计，可以很好地规避当前项目周期紧、技术障碍大的问题。

其次，在施工建造阶段，结合物联网配置智能化设施。

最后，通过 API 数据接口实现 BIM 模型与医院数据库模块之间信息流的自动交互。

### 3 刻画入微——支撑运维的 BIM 应用探索

BIM 运维管理涵盖了医疗建筑使用过程中所涉及的物业管理系统、资源管理系统、ERP 系统等，而所有离散的控制系统、执行系统和决策系统都被整合在同一个平台上——建筑信息模型。

（1）空间管理。

通过 BIM 的三维特性结合空间信息提取系统可以合理分配医疗功能空间，追踪当前空间的使用情况，确保空间资源最大利用率，支撑各医疗科室空间的灵活使用和更新改造。

例如，在四川大学华西医院医技楼项目中（如图 3-3-4），利用 BIM 技术将空间信息提取与管理应用于建筑设计，帮助设计师在极端限制下对空间进行信息提取和精准把控。

第三章 未来医院的技术发展趋势和应对 | 33

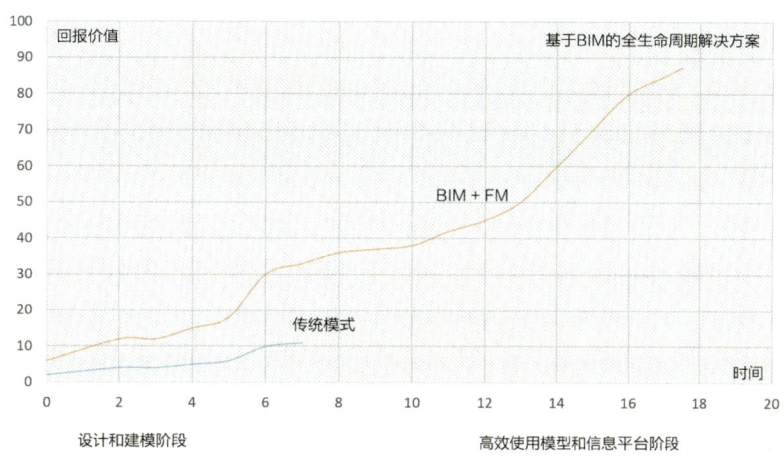

图 3-3-2

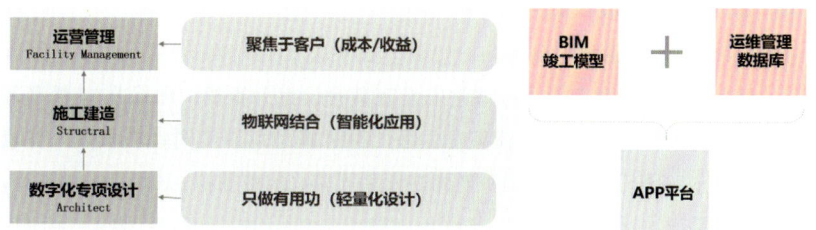

图 3-3-3

| | Floor | Space Usage | Total Area | Average A | Average Area | Count | Color |
|---|---|---|---|---|---|---|---|
| 2 | | | | | | | |
| 3 | 地下二层 | Accessible WC Comp | 4.62 | 4.62 | 4.62 | 1 | |
| 4 | 地下二层 | Bathroom | 63.98 | 63.98 | 8 | 8 | |
| 5 | 地下二层 | Circulation | 406.92 | 406.92 | 81.38 | 5 | |
| 6 | 地下二层 | Elevator | 32.58 | 32.58 | 8.14 | 4 | |
| 7 | 地下二层 | Office | 8.4 | 8.4 | 8.4 | 1 | |
| 8 | 地下二层 | Space Group | 23.7 | 23.7 | 5.93 | 4 | |
| 9 | 地下二层 | Storage | 41.24 | 41.24 | 5.89 | 7 | |
| 10 | 地下二层 | Technical | 439.06 | 439.06 | 24.39 | 18 | |
| 11 | 地下二层 | WC | 39.76 | 39.76 | 13.25 | 3 | |
| 12 | 地下二层夹层 | Circulation | 334.22 | 334.22 | 167.11 | 2 | |
| 13 | 地下二层夹层 | Elevator | 24.07 | 24.07 | 8.02 | 3 | |
| 14 | 地下二层夹层 | Space Group | 133.14 | 133.14 | 66.57 | 2 | |
| 15 | 地下二层夹层 | Storage | 236.52 | 236.52 | 47.3 | 5 | |
| 16 | 地下二层夹层 | WC | 5.99 | 5.99 | 5.99 | 1 | |
| 17 | 地下一层 | Accessible WC Comp | 4.62 | 4.62 | 4.62 | 1 | |
| 18 | 地下一层 | Bathroom | 37.98 | 37.98 | 6.33 | 6 | |
| 19 | 地下一层 | Circulation | 413.22 | 413.22 | 82.64 | 5 | |
| 20 | 地下一层 | Elevator | 32.61 | 32.61 | 8.15 | 4 | |
| 21 | 地下一层 | Office | 10.34 | 10.34 | 10.34 | 1 | |
| 22 | 地下一层 | Space Group | 15.25 | 15.25 | 15.25 | 1 | |
| 23 | 地下一层 | Special | 11.07 | 11.07 | 11.07 | 1 | |
| 24 | 地下一层 | Storage | 98.21 | 98.21 | 10.91 | 9 | |
| 25 | 地下一层 | Technical | 401.06 | 401.06 | 33.42 | 12 | |

图 3-3-4

图 3-3-2 BIM 运维管理的价值曲线
来源：笔者自绘

图 3-3-3 BIM 技术与建筑全生命周期的联系
来源：笔者自绘

图 3-3-4 华西医技楼项目的空间管理模型
来源：中国建筑西南设计研究院有限公司

（2）图模一体化管理。

利用BIM承载的信息结合运维管理系统可以对冗杂的医疗设备进行定位和数据记录。对一些重要设施做跟踪维护工作的历史记录，以便对设备的适用状态提前作出判断（如图3-3-5）。合理制订维护计划，分配专人专项维护工作，以降低设备使用过程中突发状况的维修风险的次数，进而降低总体维护成本。此外，在三维环境下，提高了维护人员对于设备的维护效率。

（3）协助能源管理。

搭建BIM计算模板和数据联动模型，通过提取空间功能、面积、净空信息，系统化测算人均冷热负荷、室内灯具等设备需求、使用系数、维护体系措施。设定完成计算BIM模型避免了重复建模能耗分析的成本。对医疗建筑能耗的情况实现动态监测，通过这些分析模拟，最终确定、修改系统参数甚至系统改造升级，以提高整个建筑的性能（如图3-3-6）。例如，全楼空调净化系统管理、能耗监控、能耗优化、环境可持续评估等。

（4）灾害应急模拟分析。

使用者的特殊性使得医疗建筑安全疏散设计尤为重要，利用BIM模型及相应灾害分析模拟软件，当灾害发生后，BIM模型可以实时提供救援人员紧急状况点的完整信息，提供消防电梯的使用可能、疏散模拟、疏散引导，等等，有效增强突发状况的应对能力。

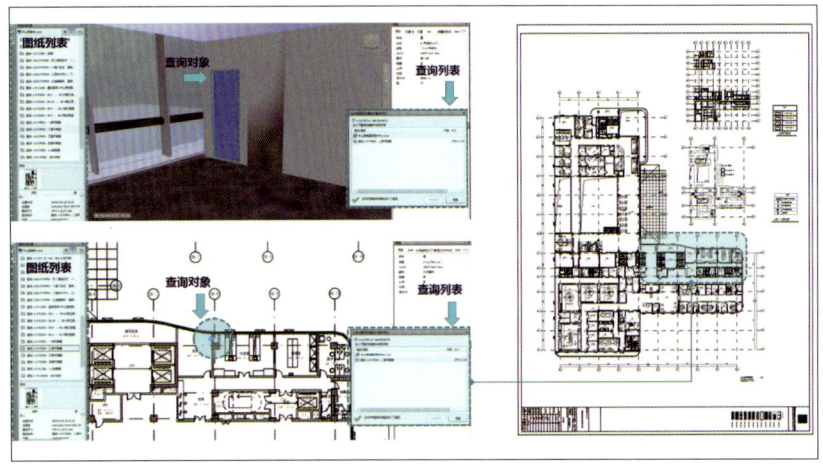

图 3-3-5

图 3-3-5　中山大学附属第一（南沙）医院项目的图模联动
来源：中国建筑西南设计研究院有限公司

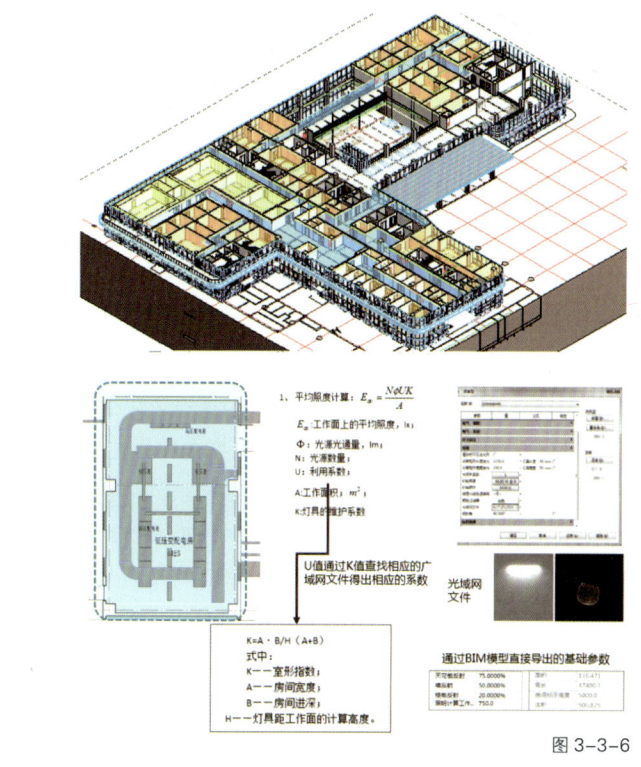

图 3-3-6

图 3-3-6　中山大学附属第一（南沙）医院项目提取 BIM 模型信息优化照明方案
来源：中国建筑西南设计研究院有限公司

例如在华西医技楼项目中，设计人员采用模仿人群行为模式的算法进行火灾疏散模拟，优化建筑流线，以建筑全生命周期视角把控设计。

（5）设施及资产管理。

高完成度的 BIM 模型包含的大量建筑信息能够被顺利导入现有的资产管理系统，这对于医院管理而言，大大减少了系统初始化在数据准备方面的时间及人力投入。此外，通过 BIM 结合 RFID 的资产标签芯片使设施定位及相关参数信息一目了然，实现高效率、精细化管理。

## 三、小结

当前国内医疗建筑行业面向实际项目的 BIM 实践应从运维入手，这种思路体现在实施 BIM 的根本出发点就是为了解决运维过程中的某一具体问题，以 BIM 交付的目的和交付物的用途为目标，控制切实可行的 BIM 实施深度，选择适合自身的 BIM 软件，制订恰如其分的 BIM 解决方案，进而建立支撑后期运维管理的 BIM 运维管理体系。

BIM 的更高层面应用在于运维管理，BIM 的真正原动力也在于运维管理。

## 第四节 大型医疗设备发展趋势及其应对

自大型综合医疗设备出现并普遍使用之后，诊断模式从依照"望、闻、问、切"传统经验的感性诊断，逐渐转变为以客观数值为支撑的现代精确诊断。临床医学对生物医学、工程医学的依赖度不断提高，大型医疗设备日趋复杂、体积巨大或场地要求严苛，相应医疗流程环环相扣、不可随意穿插。尤其是影像设备、核医学设备、各类加速器等设备，对周边的辐射影响或特殊磁场要求，不同程度地促使常规的医院功能空间产生异化变迁。这些大物件"伸手"向建筑索要空间的同时，还要求整体医疗布局为它提供合理的一级医疗流程位置，才能使大型设备功能最大化。如果设计不当，需要修改或返工，将导致资源的巨大浪费甚至难以弥补的技术硬伤。因此，医院管理者与建筑师不仅需要准确理解现有大型医疗设备的场地要求，还要对其发展趋势有所预判，为医疗设备的远期发展留有弹性空间，这样的设计才是可持续的，才能适应未来的发展。

### 一、大型医疗设备的界定及部分前沿设备

大型医疗设备前期投资巨大，场地要求严苛，管理方式严格，直接关系到医疗服务质量、医疗费用及公众健康权益。为了避免资金浪费，合理控制运行成本，我国以财政投入资金的数额高低作为一项技术是否属于大型医疗设备的界定依据，并由国家或地方的卫生主管部门统一审批配置，避免出现大型设备重复配置或各地医疗资源分布不均的情况。根据设备的市值高低，大型医疗设备可分为甲、乙两类。甲类设备的投资最高、技术难度最大，由国家卫生健康委员会审批配置；乙类设备次之，由省级卫生行政部门审批配置。

近年来，我国经济发展迅速，医疗水平大幅提升，大型医疗设备的界定线也随之水涨船高。2005年版《大型医用设备配置与使用管理办法》将价值500万元人民币以上的设备纳入了大型医疗设备管理范围；2018年国家卫生健康委员会《大型医用设备配置许可管理目录》将其提升为1000万元人民币，甲类大型设备价格更是攀升至3000万元。2018年版本的目录中，简化了原目录中已经大量普及的部分设施设备，引入并突出了此前国内较少应用的前沿医疗设备。这在很大程度上简化了行政管理部门的审批事项，同时为一线医疗机构提供了更大的技术资源自主空间。

从表3-4-1中可以看到十几年来大型医疗设备更新发展的痕迹，CT、MRI等一些曾经被界定为高精尖的仪器已大面积普及；脑磁图、SPE-CT等设备已经被降级或取消，划为常规的大型设备，可由医疗机构根据自身情况配置；质子治疗系统、PET/MR、高端放射治疗系统等先进设备的部分被强调，

新兴的重离子治疗系统也被纳入了 2018 年的设备目录。社会经济水平提升后，公众健康管理的期望也在提升，要求医疗机构提供与经济水平相匹配的优质医疗服务。结合现代大型医疗设备的发展情况，可以预见 PET/CT、手术机器人等先进设备的应用将在各级医院更加广泛，而质子治疗、TOMO 刀等现阶段国内使用较少的高端设备也将逐渐增多。下面对这部分较为少见的大型设备作简要介绍。

表 3-4-1　大型医疗设备目录 2018 年版与 2005 年版内容比较

|  | 《大型医用设备配置与使用管理办法》（2005 年版，含追加 3 批设备清单） | 《大型医用设备配置许可管理目录》（2018 年版） |
| --- | --- | --- |
| 甲类大型医用设备 | 1. X 线 – 正电子发射型电子计算机断层扫描仪（PET-CT，包括正电子发射型断层仪，即 PET）<br>2. 伽玛射线立体定位治疗系统（γ 刀）<br>3. 医用电子回旋加速治疗系统 (MM50)<br>4. 质子治疗系统<br>5. 其他未列入管理品目、区域内首次配置的单价在 500 万元以上的医用设备<br>6. X 线立体定向放射治疗系统（Cyber knife）<br>7. 螺旋断层放射治疗系统（Tomo Therapy）<br>8. 306 道脑磁图<br>9. 内窥镜手术控制系统（da Vnici S）<br>10. 正电子发射磁共振成像系统（PET-MR，含一体式与分体式两类）<br>11. TrueBeam/TrueBeam STX 型医用直线加速器<br>12. Axesse 型医用直线加速器 | 1. 重离子放射治疗系统<br>2. 质子放射治疗系统<br>3. 正电子发射型磁共振成像系统（英文简称 PET/MR）<br>4. 高端放射治疗设备，是指集合多模态影像、人工智能、复杂动态调强、高精度大剂量率等精确放疗的放射治疗设备，目前包括 X 线立体定向放射治疗系统（Cyber knife）、螺旋断层放射治疗系统（TOMO）HD 和 HDA 两个型号、Edge 和 Versa HD 等直线加速器<br>5. 首次配置单台（套）价格在 3000 万元人民币（或 400 万美元）及以上的大型医疗器械 |
| 乙类大型医用设备 | 1. X 线电子计算机断层扫描装置 (CT)<br>2. 医用磁共振成像设备 (MRI)<br>3. 800 毫安以上数字减影血管造影 X 线机（DSA）<br>4. 单光子发射型电子计算机断层扫描仪（SPECT）<br>5. 医用电子直线加速器 (LA) | 1. X 线正电子发射断层扫描仪（PET/CT，含 PET）<br>2. 内窥镜手术器械控制系统（手术机器人）<br>3. 64 排及以上 X 线计算机断层扫描仪（64 排及以上 CT）<br>4. 1.5T 及以上磁共振成像系统（1.5T 及以上 MR）<br>5. 直线加速器（含 X 刀，不包括列入甲类管理目录的放射治疗设备）<br>6. 伽玛射线立体定向放射治疗系统（包括用于头部、体部和全身）<br>7. 首次配置的单台（套）价格在 1000 万元~3000 万元人民币大型医疗器械 |

来源：中华人民共和国国家卫生健康委员会

## 1 质子/重离子治疗系统

质子/重离子治疗是放射线治疗的一种，被视为现阶段放疗技术的顶尖治疗手段。其原理为高能粒子进入人体后，在到达肿瘤病灶前射线能量释放不多，一旦到达肿瘤病灶处，射线能量会突然释放形成一个尖锐的剂量峰，我们称之为布拉格峰（Bragg Peak），在这一区域准确杀伤癌变细胞，而后方正常组织几乎不会受到放射损伤；通过调制能量展宽布拉格峰，可以使布拉格峰精确地覆盖肿瘤区域，同时对周边正常组织的伤害降低到最小。这项技术被学界形象地比喻为放疗技术中的"定向爆破"，大大减少了传统放疗技术中"杀敌一千、自损八百"的放疗副作用（如图3-4-1）。

质子与重离子治疗均属于利用布拉格峰效应的粒子治疗，两者区别在于粒子的种类不同。前者为氢原子剥去电子后带有的正电粒子，后者常采用碳、氖等原子量较大的原子核或离子。从目前使用情况来看，质子应用更为主流广泛，安全保障高。2003年，日本HIMAC与德国GSI在一次重离子实验中，发现碳离子的生物效应较质子更加优秀，对癌变细胞的杀伤性更大，但仍然存在一些固有缺点，如拖尾效应与分裂效应都可能影响治疗效果，更现实的问题是总体投资较质子治疗高出2-3倍，同时也缺乏足够数量的实际案例证明治愈率比质子治疗更高，因此目前的临床应用相对较少，但在未来重离子治疗很可能是质子治疗的有力竞争者。

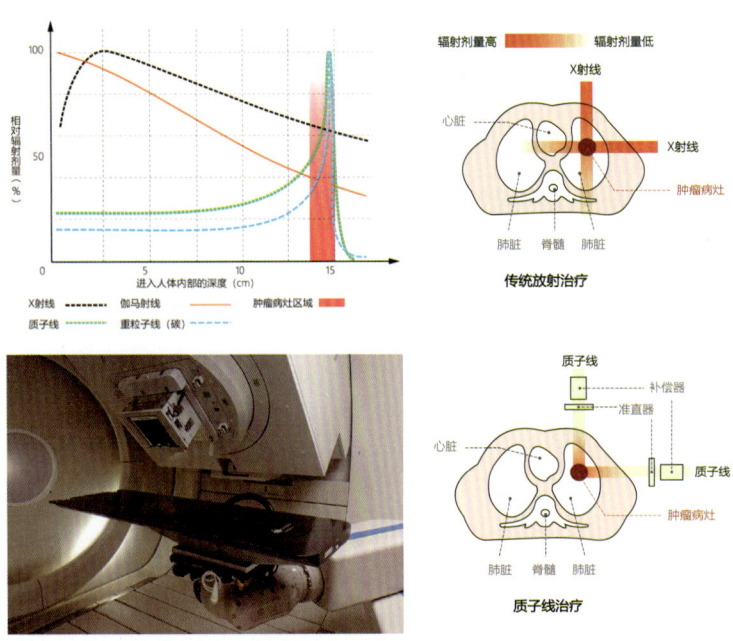

图3-4-1

图3-4-1 布拉格峰效应示意及质子治疗室实景
来源：重绘自 *Proton beam therapy in Japan: current and future status*；
笔者自摄于台湾长庚医院质子暨放射治疗中心

## 2 TOMO 刀

TOMO 刀全称"螺旋断层放射治疗系统",属于放射治疗设备与 CT 影像设备的复合大型设备。TOMO 把直线加速器安装在 CT 滑环机架(与诊断 CT 使用相同的技术)上,窄扇形射线照射野环绕机架中心做 360°的连续旋转照射。在机架旋转的同时,治疗床以机架为中心匀速推入,照射野[①]射线围绕患者产生螺旋形的照射通量图。在治疗过程中,机架按照特定的恒速旋转、连续螺旋照射方式解决了层与层衔接处的剂量不均匀问题。同时,TOMO 刀还采用了放疗照射与 CT 同源的影像引导放疗系统,且在每次治疗前都会和历史影像进行对比,根据患者肿瘤部位每日的变化动态实时地调整照射范围和角度、剂量,实现精准治疗(如图 3-4-2)。

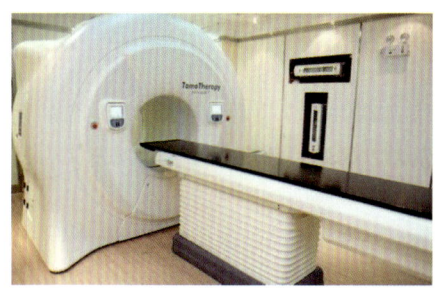 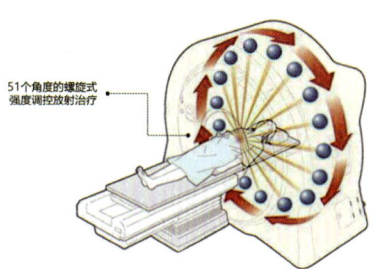

图 3-4-2

图 3-4-2 TOMO 刀治疗室及螺旋放疗技术原理示意
来源:香港港安肿瘤中心

## 3 射波刀

射波刀(Cyber Knife)又称"立体定位射波手术平台"。与 TOMO 刀类似,属于放射治疗设备与医学实时影像设备的复合大型设备(如图 3-4-3)。射波刀同样是采用了实时影像引导技术的设备,治疗中利用身体骨架结构作为靶区定向和射束修正的系统,在治疗过程中能实时追踪病患呼吸对体内病灶做动态照射的放射外科利器。它的影像引导技术包含了两组对角 X 光影像显影器,能确保精准性,使射线完全照射在肿瘤上,避免伤害周围组织。

射波刀和 TOMO 刀均属于 CBCT 影像技术[②]与放疗技术复合的设备,但两者所擅长的放疗病种有所区别:射波刀对点状病灶治疗更为有利,如脑转移瘤、骨转移等;TOMO 刀在面状病灶更有优势,如鼻咽癌、食管癌等。

---

① 照射野,是指射线通过定位机或模拟机在人体表面划定的区域。
② CBCT(Cone Beam Computer Tomography),即锥形束计算机断层摄影。除应用在图像引导放疗领域外,更多应用于口腔医学的检查扫描中。

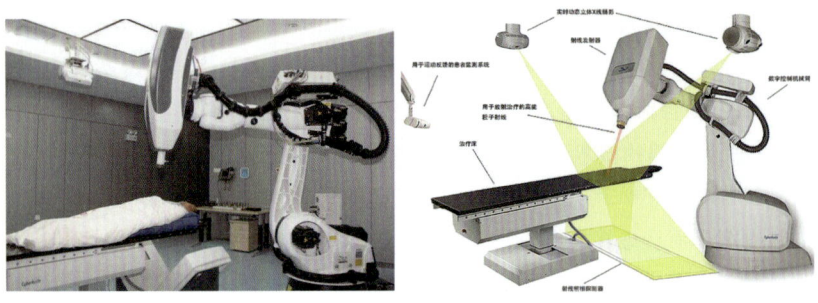

图 3-4-3

图 3-4-3　第三代射波刀使用场景及治疗方式示意
来源：海南省解放军第一八七中心医院

## 4　MRI Linac

MRI Linac 属于放疗设备（Linac）与磁共振成像（MRI）功能复合的大型设备（如图 3-4-4）。它与 TOMO 刀、射波刀等设备类似，属于集合了放疗功能与影像功能的大型设备（即 IGRT，影像引导放疗技术），不同之处是 MRI Linac 复合的影像技术手段是 MRI 而非上述设备的数字 X 光类技术，使用 MRI 技术代替数字 X 光技术进行放疗引导。MRI 检查有着数字 X 光类检查难以比拟的优势，如优越的软组织对比，无骨伪影；无额外的剂量辐射；3D 数据，任意方位的断层；多序列的生物功能影像；无须体表标记物等。该设备将 MRI 与直线加速器进行一体化设计，很好地弥补了目前主要依靠 CT 类影像技术进行放疗引导的局限与不足。

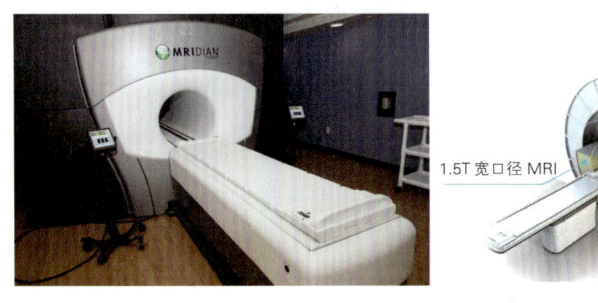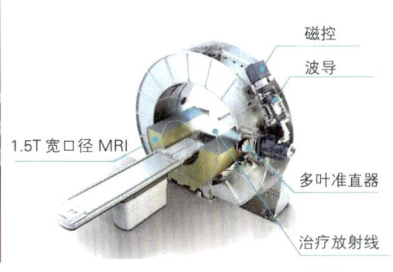

图 3-4-4

图 3-4-4　MRI Linac 实景及核心构件示意
来源：ViewRay Inc.（美）MRIdian-Co60 系统

## 5  7.0T MRI

磁共振成像系统（即 MRI）性能以成像所需磁感应强度（单位：特斯拉，符号 T）来衡量（如图 3-4-5）。现阶段，临床常规检查使用的 MRI 多为 1.5T、3.0T。但在一些需要更为细微检查的疾病面前（如烟雾病等），需要观察到更细微的神经末梢，常规 MRI 的成像能力还不能达到要求。面对这样的情况，性能更强的 7.0T MRI 则可以实现这一目标。两者相比 3.0T MRI 可以解析小至 1mm 的大脑细节；而 7.0T 时，分辨率可以精确到 0.5mm，足以识别人类大脑皮层内的功能单元。目前 7.0T MRI 在国内的应用较少，仅在中科院生物物理研究所、北京天坛医院、浙江大学等机构有所设置，且局限于学术科研，并未投入临床使用。

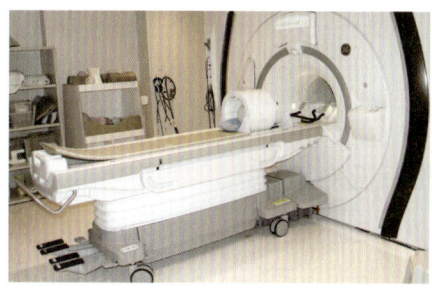 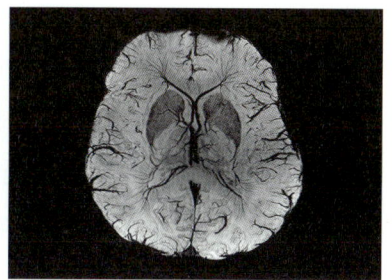

图 3-4-5

图 3-4-5  7.0T MRI 磁共振使用场景
来源：University of California, San Francisco，Department of Radiology & Biomedical Imaging

## 6  回旋加速器

作为粒子加速器的一种，医用回旋加速器与放射治疗使用的直线加速器不同，多被用于核素药物的制备，是核医学科制药区域的核心设备之一（如图 3-4-6）。回旋加速器的主要工作原理是质子在电磁场作用下加速轰击靶材料，在热室中通过核反应生产放射性核素药物（如 FDG），以供核医学就诊患者注射或服用。除核医学正电子药物生产外，回旋加速器也在质子/重离子治疗系统中作为高能粒子的发生设备，在一些质子系统中也有同步加速器代替传统回旋加速器的产品。

图 3-4-6　核医学制药两类回旋加速器主机 (IBA.SA)　（a）Cyclone 70；（b）Cyclone KIUBE
来源：亿比亚（北京）粒子加速器技术有限公司

## 二、大型医疗设备发展趋势及空间应对策略

大型医疗设备的日新月异，使得医疗建筑设计行业的建筑师，必须正视在医技中占份额极大的大型医疗设备升级换代对建筑设计的影响。尽管这些高度"特化"的医疗设备所需的土建基础条件千差万别，但其发展趋势却有部分共性值得关注，这些演变趋势已经开始对当前医疗建筑的设计产生切实可见的影响。归纳起来，主要包括四点。

**1 小型化：大型医疗设备的集约转变**

从当年体积庞大的电子管计算机到轻便的现代个人电脑，大型设备的小型化发展是大部分科技设备的必然之路，大型医疗设备亦是如此。小型化的医疗设备不仅在一定程度上减少了设备运行期间的资源能耗，对设计与建设过程也更加友好，这在质子/重离子治疗系统的发展中尤其明显。

作为目前最先进的癌症治疗方式，质子/重离子治疗在放射医学上的优势不再赘述，但其在应用推广上的局限性也非常明显：除了昂贵的设备资金投入外，严苛精密的场地要求使得大部分医院的基建条件几乎不可能改造容纳庞大的早期质子治疗系统，只能另找土地新建。如 2015 年正式营业的得克萨斯州欧文市质子治疗中心（Texas Center for Proton Therapy- Irving, TX）（如图 3-4-7），其主要部件之一的回旋加速器重达 220 吨，相当于一架满载的波音 777 飞机的重量，仅设备运输就是一个极其浩大的工程：海运时必须将回旋加速器焊到船底，否则航行期间如果出现颠簸滑移，整艘船就存在倾覆的危险；陆运时由于很多桥梁都无法负荷这样的庞然大物，行驶时严格按照得克萨斯交通局的规定路线行驶，全程由警察护送，常规情况下 4 小时的车程最终耗费了近 3 天的时间。

这样的体量规模和建设难度，使得早期的质子治疗系统饱受争议，批评者将其比喻为著名电影《星球大战》中同样庞大复杂的巨型武器"死星"。也正因为如此，质子治疗设备的小型化、轻型化成了医疗设备行业内的重要研究方向。目前质子设备小型化已取得了诸多进展，如部分设备厂商采用了超导同步加速器而非传统的回旋加速器，加速器主机直径缩小到1.8m左右，重量约20吨，可被直接安装在一辆转机架上；治疗射线束可从同步加速器直接导出，无须偏转系统，使得整个机架系统实现了小型化（如图3-4-8）。

图 3-4-7

图 3-4-8

图 3-4-7　得克萨斯州欧文市质子治疗中心
来源：https://www.texascenterforprotontherapy.com/

图 3-4-8　不同型号的质子治疗回旋加速器 (a) 与质子治疗同步加速器 (b) 体量比较
来源：迈胜质子技术应用 –MEVION S250 质子放疗系统简介

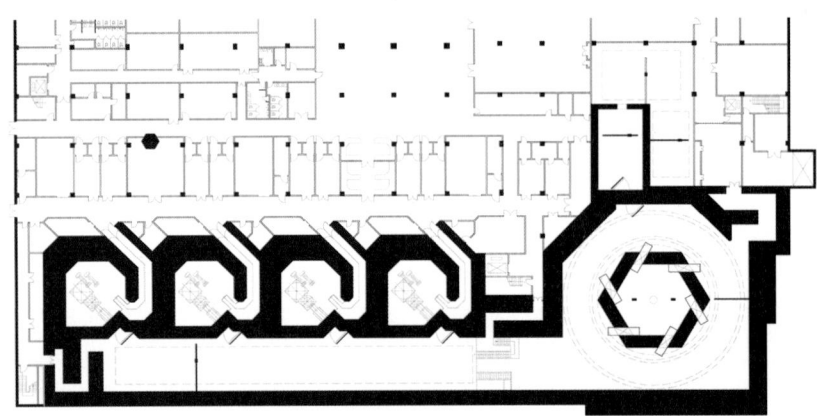

图 3-4-9

图 3-4-9 上海质子重离子医院平面示意（2014年设备完成安装调试）
来源：《建筑设计资料集（第三版）第 6 分册：体育·医疗·福利建筑》

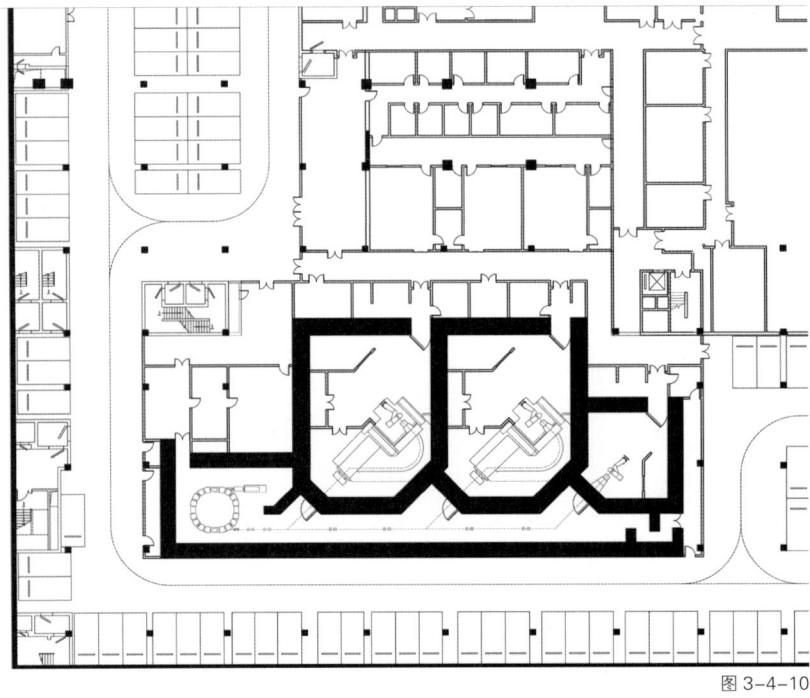

图 3-4-10

图 3-4-10 中山大学附属第一（南沙）医院预留质子治疗示意
来源：中国建筑西南设计研究院有限公司

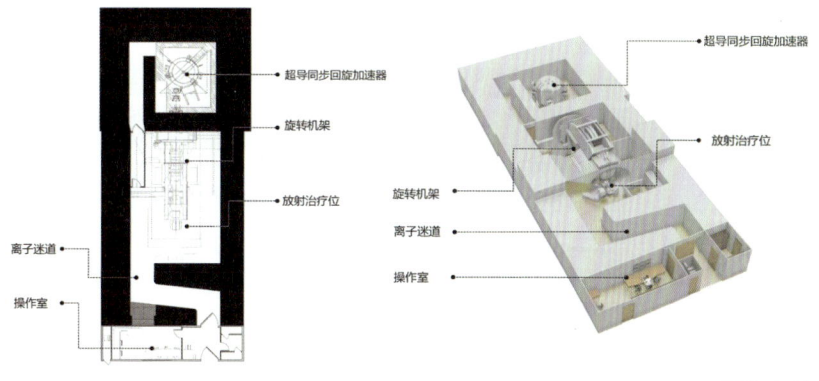

图 3-4-11

图 3-4-11　IBA1-S2C2 质子治疗室"一带一"（单室）平面示意
来源：亿比亚（北京）粒子加速器技术有限公司（IBA .SA）

从建筑师的角度来看，质子治疗系统的小型化发展使得土建需求也发生了重大的改变：从"一套系统带多个治疗室"（即"一带多"）的大规模建造模式，发展为"一套系统一个治疗室"（即"一带一"）的单元建造模式，为建筑设计提供了更多可能，同时大幅度减少了前期的一次性投入。

这种趋势真切地反映在实际建设项目中。2012 年完成基建工程、2014 年完成设备安装调试的上海质子重离子医院即为典型的"一带四"建设模式（如图 3-4-9），加速器主机系统直径达 21 米，整个医院核心的质子重离子区域建筑面积约 17000 平方米，属于具有代表性的质子/重离子治疗专科医院，前期成本不菲，建设规模较大。

但是，这样的建设模式对土地条件受限的医院来说难以实现。2019 年在建的中山大学附属第一（南沙）医院所预留的质子治疗采取了小型化的"一带三"质子治疗设备（如图 3-4-10），预留质子治疗核心区域 1300 平方米，大幅减少了设备占地面积与前期基建成本。如果场地情况更加紧张，还可采取"一带一"的方式，即一台小型化、轻量化的质子治疗主机对应一个独立的治疗室（如图 3-4-11）。

### 2　模块化：单元化的组装与分期建设的可能

大型医疗设备仪器精密、体积硕大，运输安装都需要经过详细计划安排。有时当设备重量过大、运输通道荷载难以承受时，只能选择吊装安装。现在，质子治疗系统等大型医疗设备正向模块化的施工安装方式转变，为分期建设与安装提供了更多可能。

过去由于只能吊装安装，早期质子中心机房建筑还需要满足其他诸多现场施工条件，如机房所在地的土壤承载力需达到 $10t/cm^2$ 的压强水平，以满

图 3-4-12

图 3-4-12 质子治疗系统拆分安装运输
来源：迈胜质子技术应用 –MEVION S250 质子放疗系统简介

足在主机房内 5m×5m 的位置上安装一个近 200 吨重的回旋加速器主机，以及在周边临时安置一架可吊重 800 吨的吊车。这对前期场地地基设计、现场施工组织均提出了复杂要求。随着大型设备制造技术的逐步成熟，庞大而不可拆卸的设备主机得以小型化、模块化，使其部分型号设备可以分拆为单个构件，设备各零部件不需要开舱口、特种吊车、特殊运输或强化路面，而是简单地通过一般的货物运输通道或员工通道进出，在室内再完成设备的最终组装（如图 3-4-12）。这解决了部分建设项目现场无垂直吊装条件的难题，为已有建筑加装新型的大型医疗设备提供了可能。

典型的改造案例，可参考美国哈佛大学麻省总医院的兰德大楼改造工程，如图 3-4-13 所示。后期改造的质子治疗系统所使用的设备机房采用了之前闲置的、位于地下室的 2 个直线加速器室。在改造及装配过程中，对地面上 10 层楼高的兰德医疗中心的日常运营基本上没有干扰。模块设备的简化安装对医院后期加建的优势非常明显。模块化的大型设备分期实施十分有利，如具有 1~4 个治疗室的选项与分期实施条件。在部分设备中每个治疗室能够做到独立开展治疗；可以随着患者数量增长，分期加建治疗室数量，将早期财务风险与土地建设规模控制在可接受范围内。

**3 复合化：功能复合带来场地要求的复合**

大型医疗设备将多种技术功能互相结合，由单一型设备向复合型设备转变，也是另一个较为重要的发展方向。与多种单一功能的设备集群相比，复合型设备往往占地更少、流线更紧凑，购置成本从长远来看也更为经济低廉。但是，不同类型设备的复合也意味着场地环境要求的复合与严格，需要在设备机房前期设计阶段进行更为全面的考虑。现阶段较为典型的复合类设备包括放疗图像引导技术设备及复合手术室等。

第三章 未来医院的技术发展趋势和应对 | 47

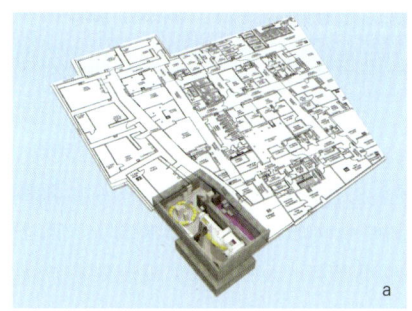

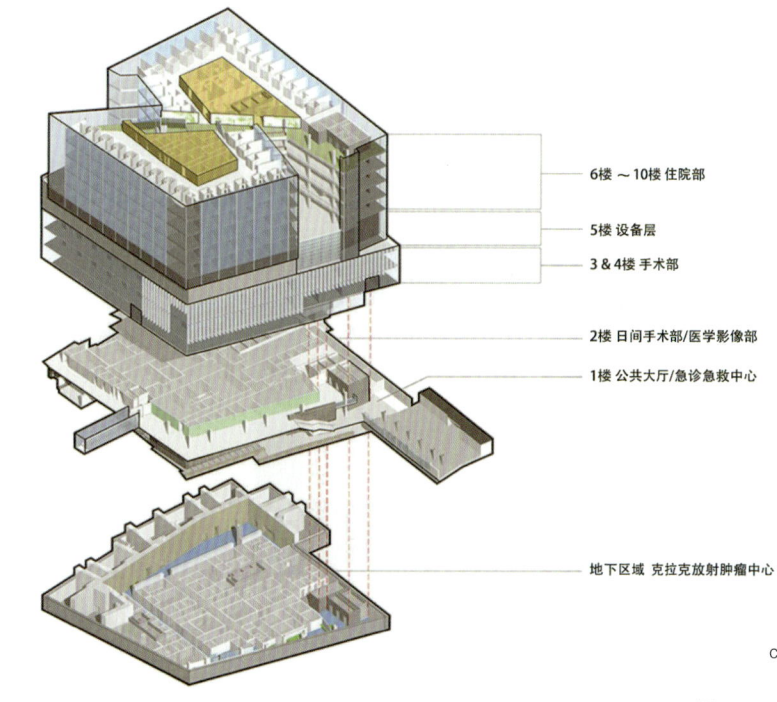

6楼～10楼 住院部

5楼 设备层

3&4楼 手术部

2楼 日间手术部/医学影像部

1楼 公共大厅/急诊急救中心

地下区域 克拉克放射肿瘤中心

图 3-4-13

图 3-4-13 哈佛大学麻省总医院兰德大楼地下室质子治疗系统改造工程（a、b）及总体布局（c）
来源：迈胜质子技术应用 –MEVION S250 质子放疗系统简介、NBBJ 建筑有限公司

**放疗图像引导技术设备：放射治疗设备 + 医学影像设备**

长期以来，医院的放射科旨在诊断，为患者提供合格的医学影像；放疗科旨在治疗，根据患者医学影像进行计划，实现精确治疗。影像与放疗两大领域互相依存又各自独立，而放疗图像引导技术将这两大领域结合起来，即影像引导放疗技术（IGRT），包括放疗照射与 CT 或 DR 结合、放疗与 MRI 结合等方式。前者以 TOMO 刀、射波刀为代表；后者以 MR-Linac 为代表。

TOMO 刀、射波刀采用了实时影像引导技术，将放射治疗与 X 光类影像设备结合起来，在放疗过程中医生可实时观察患者的医学影像情况，而不必依赖模拟定位设备的影像；在磁共振引导放疗（MRIgRT）领域对应产品为 MR Linac [1]，顾名思义为 MRI（核磁共振扫描仪）与 Linac（医用直线加速器）的复合型产品。这样的结合在早期被认为是不可行的，因为正在快速移动的带电粒子在强大磁场的干扰下难以保持正常运行轨迹，更遑论准确无误地照射到病灶了，而逆向补偿磁场技术的发展打破了这种局限性，大大扩展了影像引导放疗的适用范围。

对建筑师而言，大型医疗设备功能上的复合使得设备机房的场地要求更加严苛。尤其复合了核磁类的大型设备，如 MR Linac 等，在前期设计时需考虑周边电磁场、铁磁类物体、交通道路、设备本身间距等诸多影响。也就是说，除了要按照放疗设备防辐射要求进行技术应对之外，建筑师还应参考 MRI 的设计思路进行磁屏蔽设计（如图 3-4-14）。

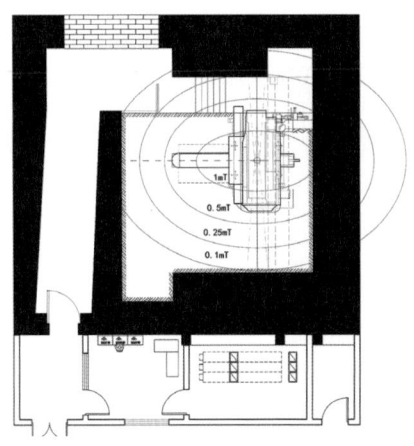

图 3-4-14

图 3-4-14　MRI Linac 设备机房布局示意
来源：中国建筑西南设计研究院有限公司

---

[1] 目前市场上主要产品为医科达 Atlantic MR Linac 和 ViewRay 公司 MRIdian。

**分子影像学设备：分子显像技术设备 + 医学影像设备**

分子生物学与医学影像学相互交叉融合形成了分子影像学（Molecular imaging），其典型设备为 PET/CT、PET/MR（如图 3-4-15），在核医学中的应用前景较大。分子显像技术可实现细胞层面的定量测定：将生命代谢物质（葡萄糖、蛋白质等），标记上半衰期较短的放射性核素作为示踪剂；注入人体后通过该物质在细胞代谢中的聚集情况再进行追踪显像。医生根据分子显像技术、医学影像技术的结果综合判断，可以直接发现异常细胞。但传统的分子显现检测与医学影像检测是分开的，两种医学图像之间必然存在拍摄时间差，而人体代谢导致组织密度变化，移动后重新定位扫描的细微偏差，对细胞级别医学图像的干扰不可忽视。PET/CT、PET/MR 将两种技术复合设置、实现同步扫描，有效地避免了上述问题带来的误差。

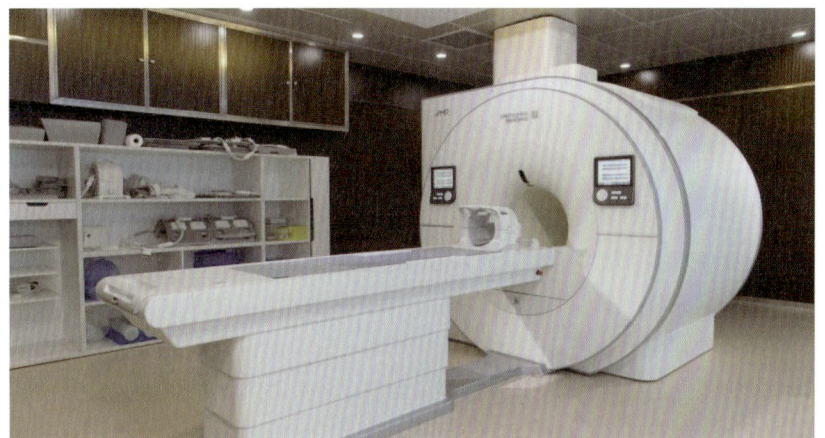

图 3-4-15

图 3-4-15　PET/MR 实景照片
来源：复旦大学附属中山医院

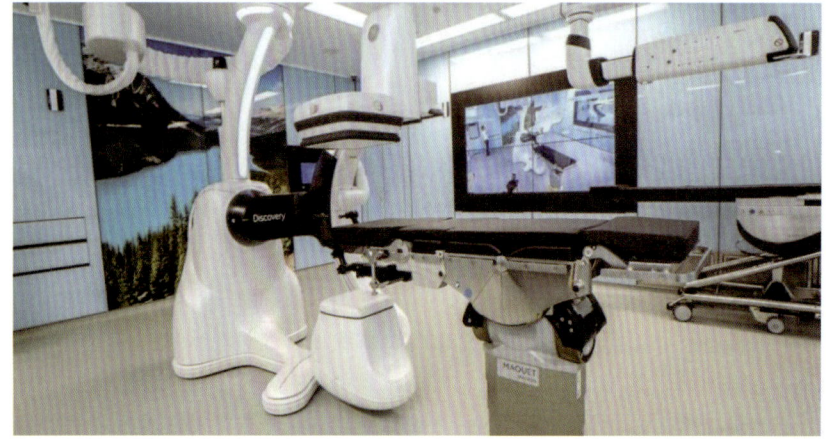

图 3-4-16　复合手术室内景
来源：深圳市第三人民医院

目前 PET/CT 已在部分医院投入临床使用，可以实现"52 环 PET+64 排 CT"同步扫描的成像水准。此外，由于使用药品的特殊性①，PET/CT 扫描间除了 CT 类机器设备发射产生的电离辐射外，还同时存在服药患者带来的核素辐射。这要求建筑师在设计时不能单纯地考虑扫描间的防辐射处理，还要合理安排服药患者的检查流线，避免患者间互相辐射也是此类设计的重点所在。PET/MR 也开始逐步投入使用，作为加入了磁共振技术的复合设备，PET/MR 有着与 MRI 类似的优势，如机器本身无辐射、对软组织等细微结构的分辨率更高；但药品带来的核素辐射仍然存在，同时对周边磁场、铁磁类物质的要求与 MRI 基本一致。

**复合手术室：洁净手术 + 介入治疗 + 医学影像设备**

近年来兴起的复合手术室（又称"杂交手术室"）是体现大型设备复合化趋势的典型技术，将 DSA 介入治疗设备、医学影像设备等系统整合到洁净手术室之中，实现手术中对患者的综合治疗与实时监测（如图 3-4-16）。由于患者无须在介入导管室和外科手术室之间转移，有效地避免了患者在转动过程中可能带来缺氧和生命体征不稳定等风险。内科、外科、影像科等多个学科技术的交流和融合提供了一个高度集成的技术平台，可以更有效地处理精密程度更高的复杂手术，患者的生命安全将得到更有效的保障。

除常规洁净手术设备之外，复合手术室还配备了介入治疗系统 DSA、

---

① 核素药品（如氟代脱氧葡萄糖 FGD 等）带有一定放射性，患者在服药或注射后随之带有放射性，可视为短期内的移动放射源。

CT 或 MRI 影像系统，这些特殊大型设备的引入使得复合手术室的使用净面积、结构负荷、防辐射或磁屏蔽要求远高于普通手术室。例如，中山大学附属第一（南沙）医院的洁净手术部中采用了这类技术，包含 DSA-CT 手术室、MRI 手术室等复合手术室（如图 3-4-17）。若采用单纯的"DSA+CT"的早期思路，复合手术室净面积需要 100 平方米以上，同时荷载也可能高达数 10 吨，两台设备购置总价需 2800 万元人民币；而采用最新的 DSA-CT 的一体化机型，将复合手术室净面积需求降至 80 平方米左右，荷载降至 6 吨，购置价格为 1800 万元，采购成本节省了约 40%，同时也大大减轻了土建设计的压力。

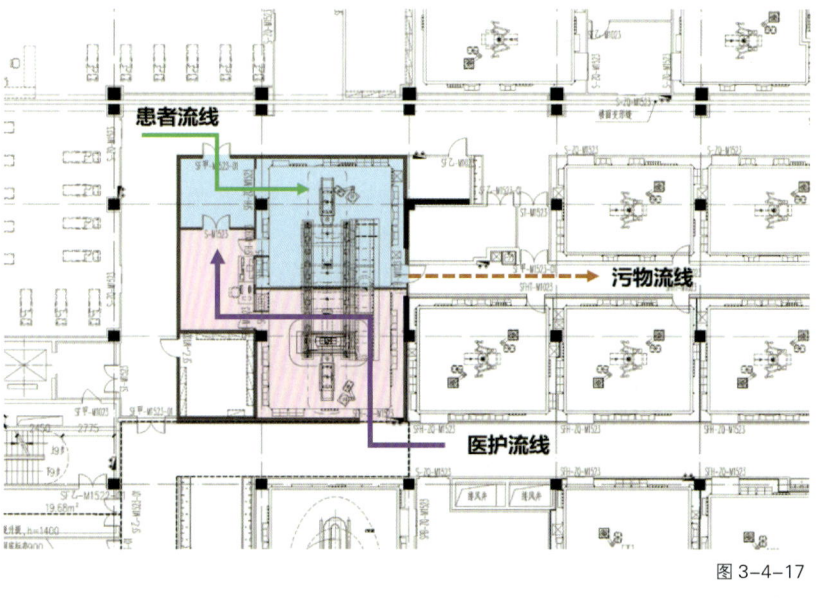

图 3-4-17

图 3-4-17　中山大学附属第一（南沙）医院洁净手术部 DSA-CT 复合手术室
来源：中国建筑西南设计研究院有限公司

**4 联动性增强：信息共享与物资传递**

联动性增强包括信息及物质两个层面。

信息层面联动性增强体现为放射信息管理系统（RIS）、医学影像存档与通信系统（PACS）等的信息管理系统的普及推广，医学影像数据得以在各个科室高效使用，实现MRI、CT等大型设备医学影像的信息共享。此外，远程医疗技术也必须依赖于高质量的信息传输系统，而5G通信技术的发展对远程医疗技术是一大关键影响因素。2019年3月，北京解放军总医院海南分院利用5G技术远程操作手术机器人系统实现了国内首例基于5G通信的远程颅脑手术；同年6月，北京积水潭医院、嘉兴市第二医院、烟台市烟台山医院利用5G远程操作平台三院联合，采用手术机器人系统同时进行了两台骨科手术。可见，信息传输系统与大型医疗设备高度结合、实现远程医疗的趋势已初现端倪。

物资层面的联动性同样在不断增强。在大型医疗设备耗资巨大、部分中小型医院难以承担经济压力的情况下，部分医院选择向其他配备该设备的医院购买必要的医疗服务。毕竟，普通医院难以一次性配备所有的大型设备，这样的联动可以帮助提升中小型医院医疗水平，还可以使数量有限的大型医疗设备利用更加充分。

最典型的应用是在核医学科中，核素药剂的院间配备与传递过程。回旋加速器是制备核素药品过程的重要设备之一，属于核医学科的制药部分，有条件的医院常将其与核医学检查区、病房区同时配置。常见设计方式是将核医学科的制药区布置在地下室，检查区、病房区布置在地上楼层。核素药品在制药区完成制备后，由于带有较强的辐射性，需要通过专用药物提升运送至检查区或病房区的储源分装室、注射室内。这样的运输流线最短，也最大限度上避免了对人员的潜在照射，如四川大学华西医院转换医学大楼的核医学科（如图3-4-18）。

但在现实情况中，回旋加速器及配套的热反应室等价格高昂、占地极大，部分医院的核医学科并没有条件完全配置；有的医院已经在其他院区配备有核素药品制备区，没有重复配置的必要性。在这种情况下，最好为从外部送入的核素药品设置独立对外的核素药品接收区，尽量避免运输流线对其他流线的干扰辐射，如四川大学华西天府院区核医学病区的独立药品出入口（如图3-4-19）。

简而言之，建筑师应当为医院间物资联动提供对接接口，充分考虑医院间的合作交流。医院间物资传递的过程，在大型医疗设备本身高精尖发展的同时，也为向各级医院进行技术推广提供了一种可能的尝试。从某种程度上讲，近年来第三方医技共享平台概念的兴起，也可以视为医疗信息与物资在医院间联动思路的另一种延伸。

第三章 未来医院的技术发展趋势和应对 | 53

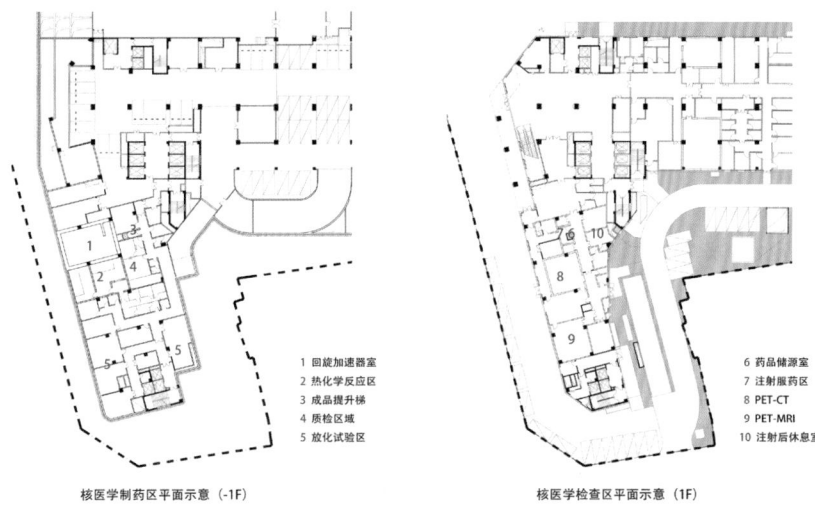

图 3-4-18　四川大学华西医院转化医学大楼核医学影像区（1F）及制药区（-1F）
来源：中国建筑西南设计研究院有限公司

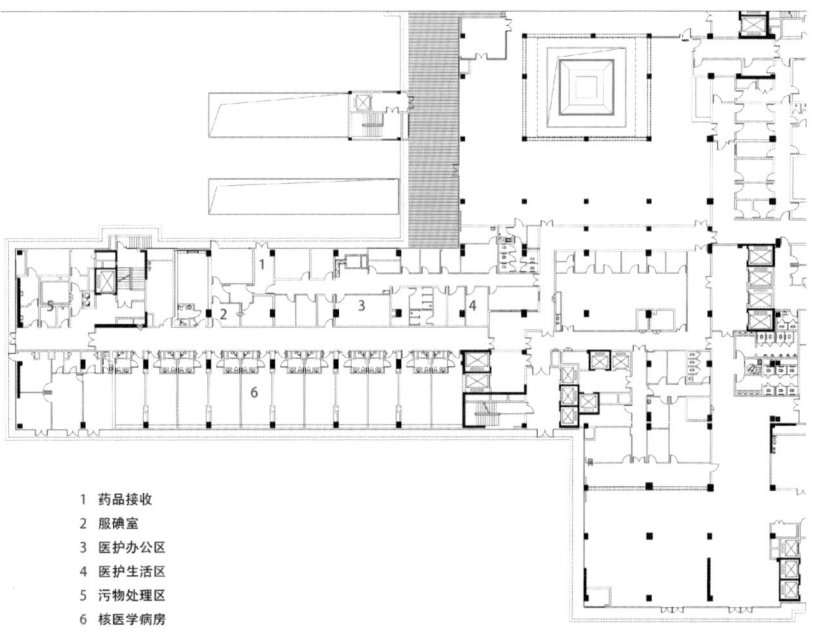

图 3-4-19　四川大学华西天府医院核医学病房区域
来源：中国建筑西南设计研究院有限公司

## 三、小结

除了共同的发展趋势外,在具体设计和采购工作中,大型设备自身还在不断地升级优化,如新型平底结构的高压氧舱,就是对传统圆底结构舱体的一次结构优化升级。传统圆底的高压氧舱由于地面需设置 1.65 米左右的下沉区域,在结构、构造上都比较复杂,吊装到位后基本无法再次进行更换升级;而平底结构不需要吊装、不需要地面下沉埋深空间,避免了此类问题,满足地面通道荷载要求后,可将其平推进入指定位置,也便于未来的升级更换。

大型医疗设备本身各有特点,但上述的几点发展趋势较为普适。一方面,小型化、单元化的设备发展将逐步减小设备机房对基础建设的压力,为建筑设计提供更大的自由;另一方面,复合化、联动性增强的发展趋势要求建筑师要更全面、更系统地对医疗建筑空间进行统筹安排,不能孤立地考虑问题。

# 第四章 "经纬织筑"医疗建筑设计方法论

## 第一节 蜀锦工艺与医疗建筑设计

### 一、蜀锦编织工艺——经纬织筑的启示

一幅锦缎上，五只"天生憨态可掬"的熊猫自由自在、无拘无束地在山石上攀爬（如图4-1-1），画面生动、刻画细致。

图 4-1-1　　　　　　　　　　　　　图 4-1-2

图 4-1-1　五只熊猫蜀锦
来源：笔者摄于成都蜀锦织绣博物馆

图 4-1-2　女工正在织造蜀锦
来源：笔者摄于成都蜀锦织绣博物馆

这便是"四大名锦"之首的蜀锦，在以成都为中心的蜀地传承了2000余年的传统提花织锦，以图案生动、色彩艳丽、工艺精湛、寓意美好而著称于世。

难以想象，传统手工业者是如何设计并织就出图案如此生动、纹样如此复杂的锦缎。大众印象中的传统生产场景是——千丝万缕的线有序地交会于木制花楼机上，两个工人同时操作，一人投梭一人拉花，整个过程中不能有一丝一毫的差错（如图4-1-2）。仅是如此，就足以让人惊叹赞服其工艺之精、技巧之熟。然而，这仅仅是蜀锦生产流程中的冰山一角，更多的劳作与艰辛，则隐藏在了幕后。

蜀锦的生产工艺从准备、制纹到织造，经大大小小几十项步骤，涉及相当多的专项，如何控制好如此错综复杂的工序流程，组织好多工种相互协调合作，或许就是传统蜀锦织造的"核心密匙"。

当今城市语境下的医疗建筑设计与蜀锦编织工艺，看似不搭边的两个事物，在控制复杂技术工艺流程的实践工法和厚积薄发的创新精神这两点上却是非常相似。

## 二、蜀锦：设计与工艺精妙融合的结晶

制纹描图、提花结本是蜀锦传统技艺中的设计部分。"质文并重"是中国织锦的传统，外观形式与文化内涵并重是中国织锦工艺产品设计的最高原则。蜀锦历 2000 余年而不衰，日久弥新，与蜀锦匠人对纹样与时俱进的设计是分不开的。随着生产力与生产关系的进步、政权的更迭、宗教的影响、风俗习惯的变迁，蜀锦纹样设计没有一成不变、故步自封，而在不同阶段呈现出了不同的技艺风格。

在秦汉时期，受自然崇拜和传统天人观的影响，蜀锦的题材多为神话图样、飞云流彩；随着佛教的传入，以莲花为代表元素融入其中；到隋唐时期，丝绸之路开辟并促进了东西方文化的交融，蜀锦的题材涌现出异域多民族风情；宋元时期，"以冰纨绮绣冠天下"，同时利用蜀地金箔技艺，在织造中加入金丝，雍容华贵；明清时代，蜀地战乱，蜀锦行业遭受打击，在恢复过程中受江南织锦影响，又产生了月华、雨丝两种最具特色的品种样式。其充分利用蜀锦传统工艺，在经线彩条变化上革新创造，在织造技艺上呈现出崭新的面貌。近代以来，结合机械、数码技术，蜀锦又迎来了全新的生产局面，所能生产的图案纹样更为复杂，发掘出大量表现现实题材的主题。

蜀锦匠人根据时代思潮的变化、工艺技术的进步，不断地完善着蜀锦纹样设计的题材。建筑设计的理念亦应如此——随着观念和技术的发展而不断发展。这要求建筑师不能停止思考"人与建筑"的内涵与外延，利用既有的并创造全新的空间语汇去平衡来自各方面的矛盾，营造符合公众行为心理特征的医疗建筑空间。

## 三、蜀锦复杂技术工艺的程序化控制

蜀锦与其他工艺品，如蜀绣、糖画、泥人等单个艺人就能做出的产品区别在于，它是由多名艺人配合共同完成的产品，每道工序缺一不可。蜀锦生产流程大致分为准备、制纹和织造三个阶段。

准备工艺的主要任务是将精练脱胶的桑蚕丝进行加工，制成能经受住织造过程中拉伸与摩擦的经纬线原料，主要包含络丝、捻丝、成绞、练染、牵经、卷纬等作业工序。明代宋应星在《天工开物》一书中有类似的相关记录（如图 4-1-3、图 4-1-4），其中牵涉的程序之多、工种之繁、历时之久，

图 4-1-3　络丝
来源：《天工开物》（明）

图 4-1-4　卷纬
来源：《天工开物》（明）

可见一斑。

制纹工艺也就是挑花结本，包含纹样设计、意匠图描绘和提花纹板轧孔的全过程，是提花织物织造前相当复杂而重要的准备工作。如《天工开物》所言："凡工匠结花本者，心计最精巧。画师先画何等花色于纸上，结本者以丝线随画量度，算计分寸秒忽而结成之。张悬花楼之上，即织者不知成何花色，穿综带经，随甚尺寸，度数提起衢脚，梭过之后居然花现。"

织造工艺则是将经线和纬线按花本设计在花楼机上织造成品锦缎。所需的基本技能就涵盖打结、打纤儿、拉花、投梭、转下衢、接头等。这只是蜀锦工序中的一些基本技能，蜀锦的每一道工序又涉及许多独特的技艺。如前文所述，小花楼机上的拽花工和织工的操作，仅仅是蜀锦生产流程中的一小部分。

之所以能在生产力相对落后的时代，完成如此纷繁复杂的技术工艺流程，织造出如此巧夺天工的锦缎，有赖于蜀锦匠人通过大量的实践经验总结形成的一套标准流程的程序化控制机制——流程清晰的工艺主线与适时介入的全专业协同。医疗建筑是民用建筑中功能最复杂、要求最细致的建筑类型，对设计、施工、管理的要求都非常高，借鉴和吸收蜀锦织造这一套化繁为简、将复杂技术工艺进行程序化控制的经验有着重要的现实意义。

## 1 流程清晰的工艺主线

"凡花机通身度长一丈六尺，隆起花楼，中托衢盘，下垂衢脚。对花楼下掘坑二尺许，以藏衢脚。提花小厮坐花楼架木上。机末以的杠卷丝，中间叠助木两枝，直穿二木，约四尺长，其尖插于筘两头。"——明·宋应星《天工开物》（如图4-1-5、图4-1-6）。

花楼织机（如图4-1-7、图4-1-8）是传统蜀锦织造的工艺核心，农耕时代织造工具的最高成就典范。正如蜀锦艺人的行话所言："掌握了花楼

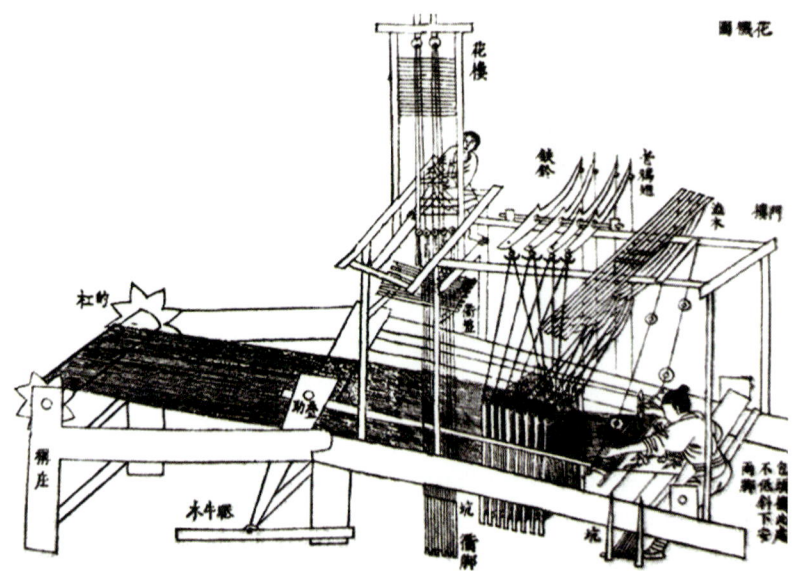

图 4-1-5

图 4-1-6

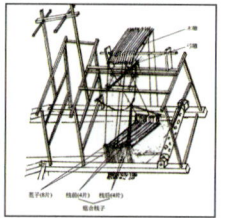

图 4-1-7

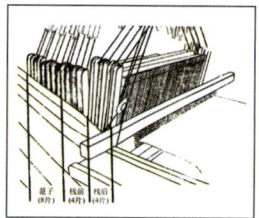

图 4-1-8

图 4-1-5  提花机
来源：《天工开物》（明）

图 4-1-6  小花楼织机模型
来源：笔者摄于成都蜀锦织绣博物馆

图 4-1-7  范子、栈子与踏脚杆的组合结构
来源：《蜀锦织造技艺——从手工小花楼到数码织造技术》

图 4-1-8  花楼机提综结构
来源：《蜀锦织造技艺——从手工小花楼到数码织造技术》

织机的织锦技艺，就掌握了织锦机几千年传承下来的技艺。"蜀锦织造的核心工艺集中体现在花楼织机这一项工艺设备的运行、控制和操作上。

医疗建筑设计的核心主线则是医疗工艺设计。近年来急剧增长的病床数量、越来越大的建筑体量、日益重视的就医体验、逐渐演化的医疗模式，使得医疗工艺专项设计已逐渐成为医疗建筑设计的核心主线之一。

**2 适时介入的全专业协同**

以花楼织机为核心的蜀锦织造离不开准备、制纹、织造三大程序中的任何一个具体而细微的小工序，所谓"不积小流无以成江海、不积跬步无以至千里"。如在准备工艺中，生丝必须经过精练脱胶，把丝胶和其他杂质去除，方能成为熟丝以供染色。染色若不均易褪，成品大有瑕疵；制纹工艺中的挑花结本自不用说，其控制着蜀锦成品的纹样花色。织造工艺中，拽花工要用数千根过线拉花提起织机上的经线，提得过高则易断，过低则难以投梭，放纤线不干脆则会导致无数经线搅在一起；而织工仅投梭一项技能，便需练习三年之久，投梭时力量过重则不易接住，过轻，梭则不易过去，甚至会割断经线，成千上万根经线需要人工捞头打结。拥扣打纬时，用力不均则会令锦面图案时松时紧而变形，严重影响成品质量。

同时，蜀锦生产经过2000余年的实践经验，总结了一套行之有效的全专业介入机制——从准备到织造完成，工序流程设计清晰而严谨，每到一个关键节点，一个工种的完成交工，另一个工种的适时有效介入，环环相扣，循序渐进（如图4-1-9）。在《康熙御制耕织图》中，详细生动地记录了当时桑蚕制丝的准备工艺。例如，蚕在大起之后要经五眠，此时食桑最多，采桑工人必须在之前介入工作，准备好足够的桑叶，或者柘叶"以济桑叶之穷"，否则后续工作难以为继（如图4-1-10）。

图4-1-9　蜀锦织造流程
来源：笔者自绘

图 4-1-10　大起
来源：《康熙御制耕织图》（清）

　　一幅精美细腻、色彩美艳的蜀锦背后是无数不同工种劳动者的心血结晶。从蜀锦图案美丽动人、色彩鲜艳夺目、编制经纬相扣、细腻坚韧中，可以想象到画师意匠、练染工人、纺织工人、桑蚕农人等辛勤而专注劳作耕耘的画面。医疗建筑设计亦是如此，功能合理、流线清晰、绿色健康的医疗空间是大量不同专业设计师的协调合作所得。

　　我们从一幅幅璀璨夺目的蜀锦绣缎中体会到了匠人们与时俱进的创造和一丝不苟的坚守，这或许就是我们在寻找的"匠人精神"。快速演进的社会、浮躁迷惘的心态，让我们失去了很多。对职业发自内心的自我认同、尊重和自豪感似乎离我们渐行渐远，对技术的静心积累似乎成了遥不可及的虚言。这让我们反思，"匠人精神"仍然可以去寻找。我们近十年所有的付出实际上就是一点一点努力去找回丢失的东西。"经纬织筑"或许是我们应对医疗建筑设计复杂性的可行途径之一。

## 第二节 "经"：符合公共行为心理特征的建筑空间构想和创意

好的建筑设计源于好的创意和构想，而评判一个构想好或不好，则取决于它是否符合群体公共行为的心理需求和心理行为特征要求。

不同于常规商业、办公类建筑，医疗建筑是一个功能性极强的建筑类型，医疗建筑的本质核心是为病患及医护提供一个安全便捷、高效、人性的医疗空间，任何所谓"创意"都不能背离这个基准目标。

公共行为心理特征与医疗流程是医疗建筑设计中的两大矛盾主体。对于医务工作者来说，急诊科医生可能更关心对患者抢救的效率，急救广场与城市道路的衔接关系，急救车是否能更直接地将患者送入抢救室；手术部医生可能更关心急诊部、住院部、门诊部的患者如何更安全、快速、直接地进入手术室；病理科医生可能更关心标本收集制作检验的流程。他们需要的是一个相对直接高效的工作方式和在忙碌后一个相对舒适的休息环境。对于患者来说，快速到达医院；准确地找到门诊、急诊、住院入口；便捷地挂号就诊与检查；找到一个宽敞、明亮、安静的环境候诊等可能才是他们更关心的问题。

创意的来源并不是毫无逻辑的，一个好的创意往往是在解决现有矛盾、预见未知矛盾上而产生的。例如，桥的发明是为了解决交通的矛盾而出现的，而拱桥、吊桥、悬索桥的发明是为了解决结构、场地情况等矛盾而出现的。因此，医疗建筑设计的创意可以分为两类：一类创意是基于解决建筑设计上的矛盾；另一类创意是基于解决医疗功能流程上的矛盾。

### 一、影响创意构想的众多矛盾因素

医疗建筑设计是一个矛盾的复合体，不同地域、城市、文化、经济，都会带来各种各样的矛盾，涉及城市生活的各个方面，其中有一些主要的客观矛盾广泛存在于各类医疗建筑设计中。例如：建筑形态与城市空间形态构成之间的矛盾，场地交通组织与城市公共交通组织之间的矛盾，建筑功能需求与城市气候情况之间的矛盾，建筑形象与城市地域文化背景之间的矛盾，建筑造型与场地环境之间的矛盾，医疗功能流程与内部公共空间形态之间的矛盾，建筑技术与投资造价之间的矛盾，等等（如图 4-2-1）。

一个优秀的建筑创作应该是综合解决上述矛盾因素得出的一个最佳平衡的结果。

### 二、创意构想中影响设计的核心问题

随着国家经济的发展，医疗建筑已经从最初"纯刚需"的情况，逐渐演

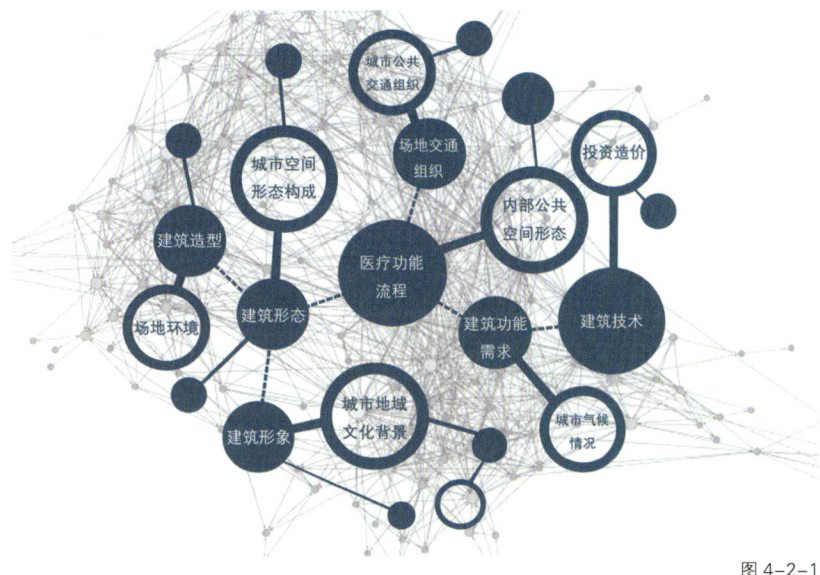

图 4-2-1　影响创意构想的众多矛盾因素
来源：笔者自绘

变成了对"品质"有需求的情况。早期人们对医院的需求是"有就行，解决基本的刚需"；而随着人们生活品质的提高，人们逐渐对医疗的品质、就医环境、服务品质有了更多的要求。作为建筑师的我们也更加注重医院在城市中的形象、医院周边的城市空间尺度感、医院交通组织的通畅等各个可以提升医院就医环境品质的要素，这也使我们对医疗建筑设计有了更高的要求，在解决医疗建筑固有矛盾的基础上需要更多、更有针对性的创新。

我们对前述所提及的矛盾进行归纳分析，在对医疗功能理解的基础上，可以大致分为两个不同层面进行研究讨论：一个是外部城市界面上的矛盾，主要基于城市空间形态和城市交通组织方面的研究；另一个是内部场地界面上的矛盾，主要基于对场地内的建筑内外公共空间和交通组织方面的研究。用于解决外部城市界面上矛盾的创作方法，我们简单归纳为"城市意象"；用于解决内部场地界面上矛盾的创作方法，我们简单归纳为"空间意象"。"城市意象"和"空间意象"都是对公共行为心理特征需求的一种分析和应对（如图4-2-2）。

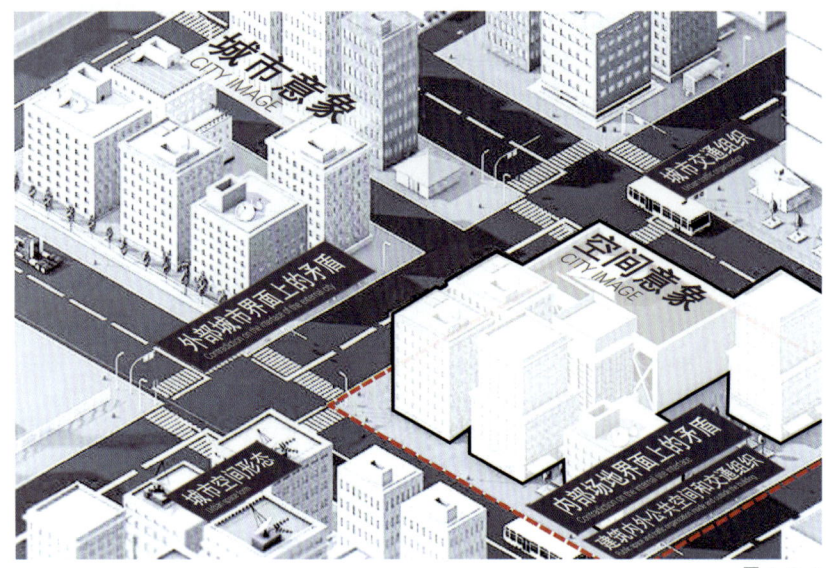

图 4-2-2　城市意象与空间意象分析
来源：笔者自绘

## 三、医疗设计关于"城市意象"的构想表达

**1 城市—界面—医院**

医院作为服务型的公共建筑，应该是一个外向型的建筑，不应该是一个利用围墙四面环绕出大量"消极空间"的"自闭性"建筑，与城市应该有着直接的内在联系，对不需要就医的人来说，他们可以在不经意间走到或穿过医院地块的公共景观空间；对于需要就医的人来说，一段宽敞、精致、优美的公共景观空间衔接于城市公共空间与医院内部公共空间之间，弱化了节点、界面的感受，这样的空间变化和感受会给病患心理带来细微的积极变化。这样的处理也能创造更多的积极空间，将医院地块内的用地最大化利用。

将医院的前区广场进行景观化的处理，创造出一个场地内的"城市广场"，让医院与城市充分融合，图 4-2-3 为华西天府总图前区广场部分，大面积的院前集散广场在经过对应的景观处理之后，形成了一个"城市广场公园"的感觉，让人们可以在不经意间就进入医院用地内，加上广场内的景观植物、文化小品的点缀，彻底消除了医院与城市之间的界面分隔感。

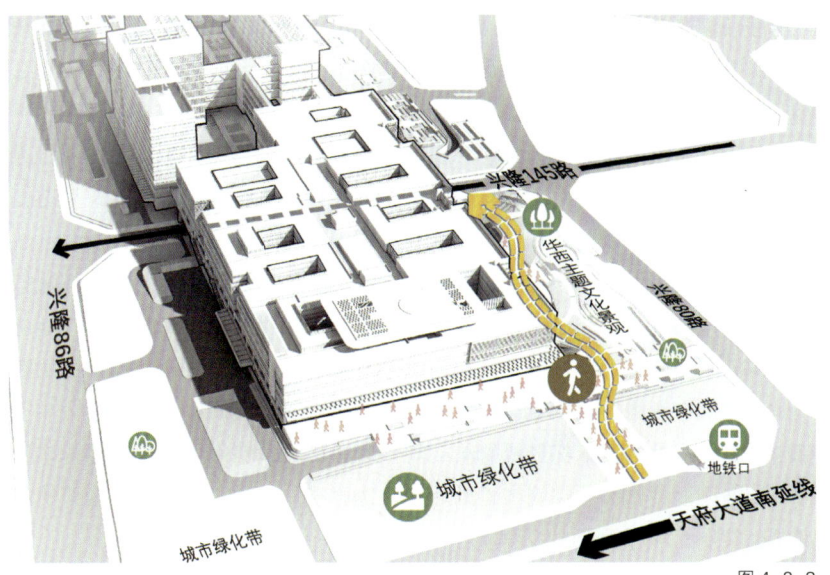

图 4-2-3

图 4-2-4

图 4-2-3 华西天府前区广场景观分析
来源：中国建筑西南设计研究院有限公司

图 4-2-4 (a) 圣托里尼的蓝顶教堂 (b) 梵蒂冈的圣彼得广场
来源：笔者自摄

**2 建筑——城市公共环境功能形态的意象表达**

一座城市的肌理、图底关系是由建筑及其划分切割的空间组成的，城市中的每一座建筑都应当参与到城市公共空间形态的构建中去。人们在回忆一座城市的时候，通常脑海里闪过的第一幅画面是一条繁华的街道，或是一个开阔的广场，如梵蒂冈的圣彼得广场，抑或是一个著名的标志性建筑，如圣托里尼的蓝顶教堂，这些建筑围合街道、广场等，都是城市公共空间形态的一种体现，是建筑对于城市公共空间形态构建的意向表达（如图 4-2-4）。

医院同学校、车站等其他公共建筑一样，是一座城市的基础公共服务体系的组成者之一，应该更加积极地参与到城市公共空间形态的构建中去。

随着城市的发展，每个城市都会形成具有各自特点的城市空间形态，这些空间形态有对于老城肌理延续形成尺度宜人的空间形态，也有新发展区大尺度的空间形态，应对不同的城市空间形态，我们应该有不同的建筑形态去顺应、优化、重构现有城市空间。

建筑通过形体的组合、交错、切割、悬挑、架空等方式对外部空间进行划分，形成的城市空间形态会随着人们所处的视点不同而不断变化，不断刺激人脑，加强人们对于建筑的好奇和对"意象"记忆的形成，从而加强医院建筑对"城市意象"的构建作用。让建筑划分形成的空间参与到城市公共空间中去，如悬挑体量下部形成的灰空间作为城市公共空间中的人行道或车行道，以此削弱城市公共空间与建筑之间的边界感，有利于形成连续、整体的城市公共空间形态。

不同的形态组合形成的意象表达也可能产生一些"心理关联"，如人们在看到这样的意象表达后会想"这座建筑看起来不像一家医院，而像之前看到的某家酒店或是商业综合体之类的"，这样的心理关联会逐渐潜移默化地改变人们对于医院形象的固有认知，从而重塑医院建筑的形象。

（1）建筑形态顺应周边城市空间形态。

对于一些有着明显肌理的城市空间来说，顺应现有空间形态的处理是十分有必要的，比如在一个有着悠久历史与文化积淀的城市，应该保护其固有的城市空间形态，需要我们控制其形态，避免突兀造型的出现打破这种历史空间的传承。

对于一些山地城市来说，山体的天际轮廓是城市最自然的名片，建筑处于这样的空间中应该采用不同的造型方式来回应城市空间：一种是让建筑形态顺应山势变化，形成错落有致的形态变化；另一种则是消隐，对建筑做减法，可以利用覆土屋顶的方式，创造多个室外标高与外部空间相联系，在视觉上削减建筑体量的同时也回应了山地地形，创造出大量的多维度空间变化，从不同的角度看建筑形成不同的视觉感受。

（2）建筑形态优化周边城市空间形态。

在城市发展建设过程中，由于各种各样的原因，并不是每个区域都有着合理的城市空间形态，如没有导向性的空间形态；不通透的空间形态；杂乱无章、没有重点的空间形态；等等。对于这样一些城市空间形态，我们就需要利用建筑形态、体量组合等不同方式来对这些空间进行优化，如图4-2-5所示。

没有导向性的空间，即空间缺乏方向性，人们在这样的空间中会感觉空间十分无序，影响对城市空间意象的形成，从而弱化区域的存在感。对于这样的空间，我们可以通过一些有较强指向性的建筑形态或通过形体的交错，形成各种有明显特征或用途的城市公共空间，以增加空间的导向性，如图4-2-6所示。

第四章 "经纬织筑"医疗建筑设计方法论 | 67

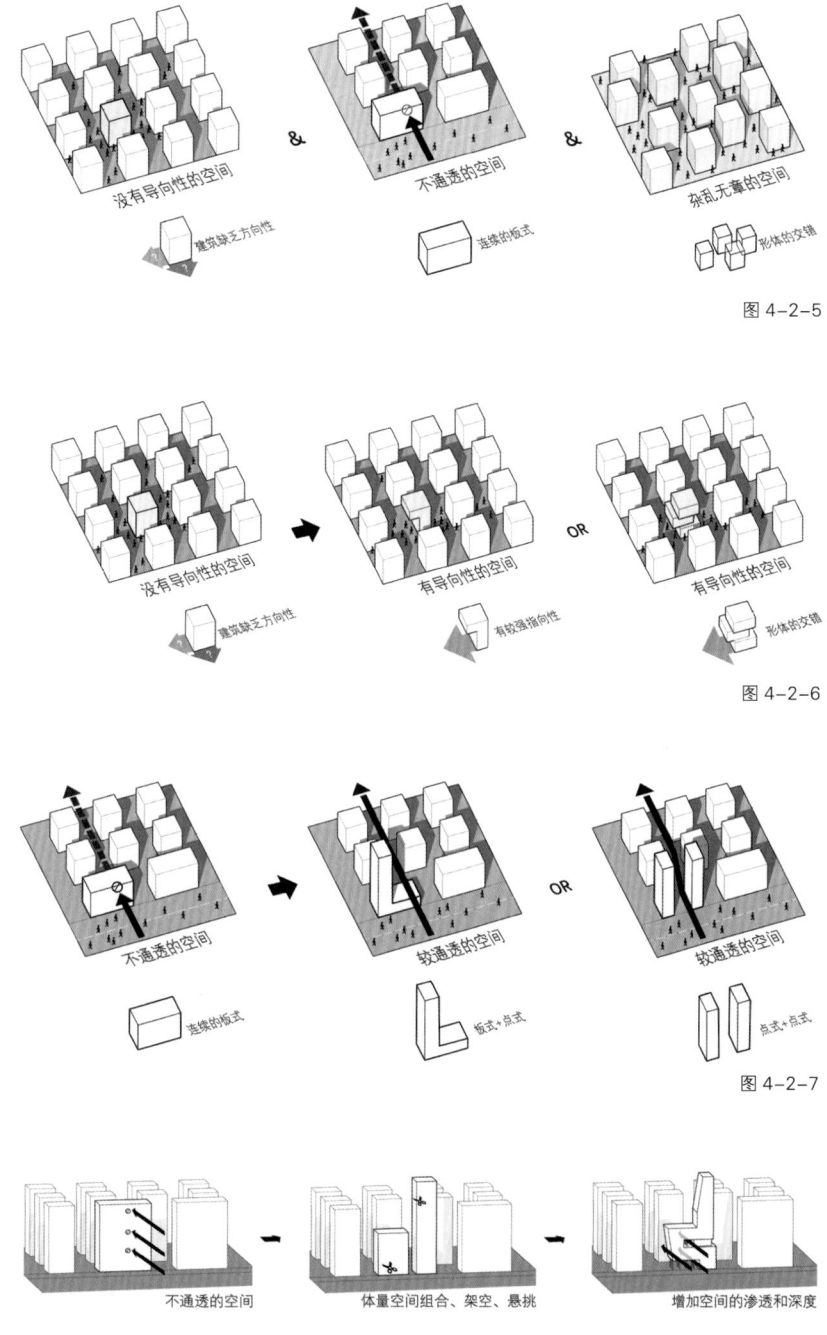

图 4-2-5  非合理的城市空间形态
　　　　　来源：笔者自绘

图 4-2-6  空间导向性分析
　　　　　来源：笔者自绘

图 4-2-7  城市空间优化分析
　　　　　来源：笔者自绘

图 4-2-8  体量组合、架空、悬挑分析
　　　　　来源：笔者自绘

对于一个不通透的城市空间，我们则可以通过对住院塔楼群体形态的控制，来优化城市空间，如图 4-2-7 所示。在这样的空间中，若做两个板式的住院楼，对城市空间的延续和渗透会造成严重的影响，而通过"板式 + 点式"或"点式 + 点式"的组合，则可以获得一个相对更加通透的空间关系。另外，对相对低一些的视点范围内的城市空间来说，增加城市空间的渗透可能会取得更加直观的效果，如图 4-2-8 所示。对比左右，我们会发现，通过对门诊医技楼的形态组合，形成架空、悬挑空间，增加空间的渗透和深度，可以明显地改善城市空间不通透的情况。

（3）建筑形态重构周边城市空间形态。

巨构式的形态处理也是一种对城市空间形态的应对，这样的处理方式相比于前面的形体组合，更具特征性，更容易形成"标志性"的意象表达，但对应形体尺度的把控要求较高，稍有不慎便会破坏城市公共空间的尺度。

在设计中，我们应该对用地地块的城市空间形态进行相应的利弊分析，从而得出相对有效的空间形态构建方式，而不应该只停留在二维总图图案化的表现或立面处理的一些变化上。我们应该尽量避免医院的"批量化生产"，避免医院形成千篇一律的空间处理方式。对于城市空间形态的对应优化是医疗建筑设计创作中最重要、最出彩也是最难的一个环节。

每个城市都有自己独特的文化底蕴或城市特征，建筑立面处理应该有针对性地反映其所在城市的文化特点，在视觉细节上延续城市空间形态特点。立面处理是城市空间形态中的细节，是用于强化人们形成"城市意象"的元素。

对于经过城市设计的空间或本来有一定立面形态要求的城市空间来说，医院外立面则不应该过于突兀，需要寻找顺应该空间的立面处理方式。也可以通过建筑立面的处理来强化空间形态中的主次，增加空间的导向性，丰富空间层次。

**3 建筑——城市公共交通组织的一体化解决构想**

在城市公共建筑中，医院的日人流量应该是仅次于机场、火车站等交通建筑的，交通压力巨大，尤其对于一些知名医院来说，院外交通一直都是一个老大难问题。目前大多数医院的院前交通处理方式是通过借道城市交通的方式排队进入院区，从而导致医院附近的城市道路陷入持续的拥堵状态，影响城市区域交通状态。

为了解决这样的矛盾，我们可以考虑把医院从城市公共交通的使用者变为城市公共交通组织的参与者。首先，医院内部区域人车分流，可以考虑设置专用匝道或缓冲广场，将社会车辆引入医院场地后，再依次排队通向地下车库。其次，可以采用分时、分区控制各个医院出入口的开放，以此灵活地管理医院交通情况。

同机场、火车站等交通建筑一样，医院也存在大量即停即走的车辆，所以我们也可以借鉴交通建筑的外部交通处理方式，设置专用交通环道。环道的引入必然带来建筑形态的改变，可以将该类交通处理方式归纳为四类。

（1）地上立体交通。

建设场地地形与外部交通存在一定的高差关系，我们可以利用高差关系的天然优势，合理地组织院内交通关系。以贵州茅台医院为例，如图4-2-9所示，处于地势较低一侧的门诊车入口可以直接通过室外广场进入地下车库，同时地势较高一侧的车辆可以首先经过一条靠近建筑的长直下客缓冲通道后，由立体交通通道汇入地势较低一侧的广场，然后车辆根据需求可以进入地下室，也可以直接离开院区，以此来满足直接进入地下车库的车流、下客后进入地下室的车流以及即停即走的车流。

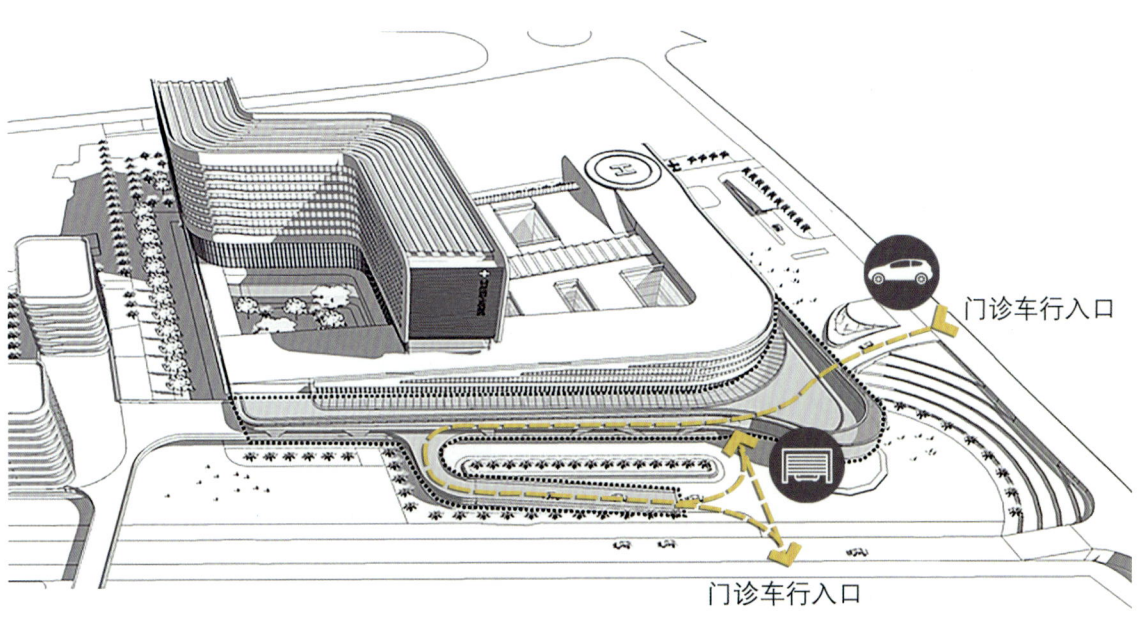

图4-2-9

图4-2-9 贵州茅台医院地上立体交通分析
来源：中国建筑西南设计研究院有限公司

（2）下沉式立体交通。

对于场地相对较为平整的建设用地来说，我们可以充分利用开挖的下沉空间进行交通组织，如图4-2-10所示，门诊车流均来自南侧主干道，导致南侧的车流压力十分巨大，因此，我们可以将车流线引入场地内部，然后通过下沉式的广场道路将车道环通联系起来，将需要进入地下车库的车辆通过环道直接引入地下一层之后再进行二次分流。这种方式有效地将门诊车流与急诊车流在空间上分开，保证了急救车辆进场的效率，以提高医院的抢救效率。

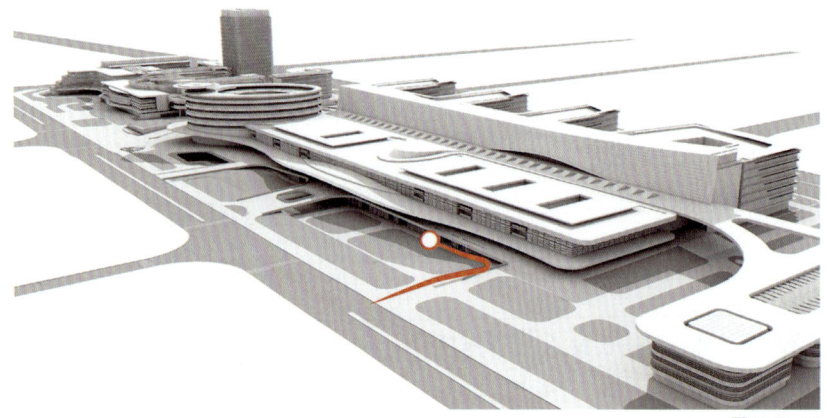

图4-2-10

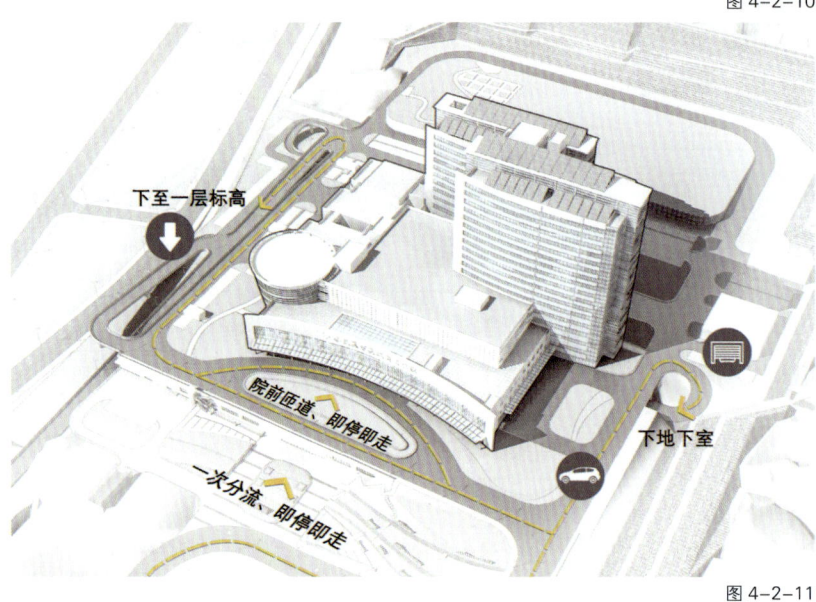

图4-2-11

图4-2-10　德阳市人民医院城北第五代医院下沉式立体交通组织分析
来源：中国建筑西南设计研究院有限公司

图4-2-11　攀枝花花城医院环岛式立体交通组织分析
来源：中国建筑西南设计研究院有限公司

（3）环道式立体交通。

应对有地形高差的场地，我们可以采用环道式立体交通的方式来处理。这样的方式适合同时有至少 3 个城市标高以上接入城市道路的情况，如图 4-2-11 所示，医院主入口有一个宽阔的前区交通广场作为车行流线的一次分流，可以直接进入地下室、即停即走，也可以通过侧面坡道上到二层标高进入环道平台，在此标高车辆可以在院前匝道即停即走，下客后车辆可经过立体交通环道下到一层或地下室，也可以直接离开院区。这样的交通处理方式可以保证整个院区在高峰期不会出现拥堵等情况。

（4）匝道式分层分流交通。

因地制宜，根据场地外部条件，我们可以考虑采用增加辅道（匝道），将需要进入医院的城市车流分流到匝道，以减缓院区车流入口对城市交通带来的压力，如图 4-2-12 所示，沿着医院面向城市道路一侧增加了一条专供进入医院车流形式的匝道。这种处理方式能够十分有效地分流车辆，缓解医院周边城市道路的交通压力。

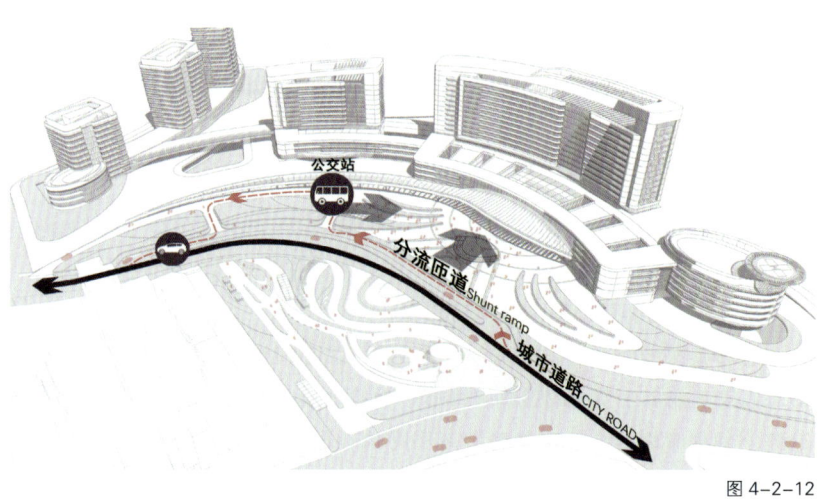

图 4-2-12

图 4-2-12 匝道式分流交通组织分析
来源：中国建筑西南设计研究院有限公司

## 四、医疗设计关于"空间意象"的表达

"空间意象"更多讨论的是近人尺度的空间形态。这类空间对人的行为心理变化有着更直接的影响,时刻影响着病患心理。

### 1 多维度空间的建立

室外空间形态组合。

医院的建筑形体能够围合、切割出多种室外公共空间,在设计中我们可以赋予这些空间一定的功能作用,如建筑入口的集散广场空间、下沉庭院餐饮空间、大悬挑下的室外交通缓冲空间、建筑围合的室外景观空间等,将这些空间串联起来,可以为建筑带来大量的积极性节点,增加建筑空间的"可读性",有助于患者形成建筑的"空间意象",同时区别于其他医院的空间,改善医疗建筑在患者眼中的形象(如图4-2-13)。

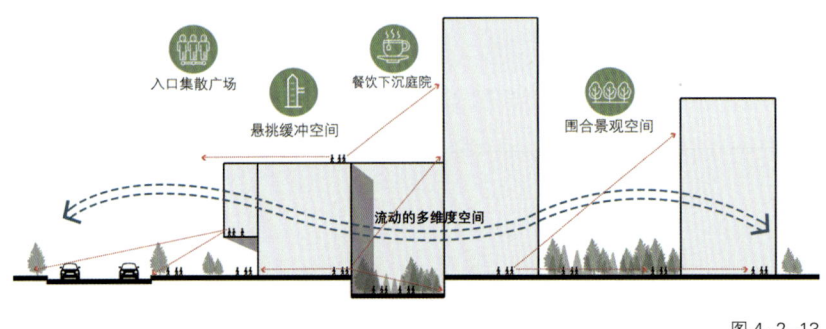

图4-2-13

图4-2-13 流动多维空间分析
来源:笔者自绘

结合医疗流程的内部空间处理。

患者就医的整个过程串联了一系列医院的内部空间,每个节点的空间形态以及串联每个节点的过渡空间形态都可以成为"空间意向"的表达方式。这些空间的串联组合能给患者带来不同的心理认知,好的空间组合处理可能会缓解其内心的不安、焦虑、烦躁等情绪,如一个宽敞明亮的候诊空间,就诊路上的人性化景观休闲空间,一个简洁大方且满足私隐需求的等候空间;等等。对于这些空间的处理都应是我们的创作切入点。

内外空间的流动。

增加内外空间的交流,加强空间的流动,将室内空间与室外空间有效地串联起来,让室外空间成为室内空间的"扩大"和"延续",增加空间体验,丰富空间维度。

建筑的屋顶作为第五立面,在方案设计时常常冠以"景观屋顶"的概念,

但随着方案的继续深化,"景观屋顶"最后也变成了屋顶机房的配置空间,即使屋顶的景观能够成功打造出来,但缺乏相应的体验者和使用者,这就需要我们关注屋顶空间的"可达性"和"易达性"。要增加"景观屋顶"的可达性和易达性就必须将这个节点串联到医疗流程的空间体系中去,而这样一来,也必然会给建筑的形态带来一定的变化,从而改变医院内外空间形态单一化的情况,提升医疗建筑的"空间意象"。

形式追随功能。

医院作为一个功能性极强的城市公共服务建筑,其建筑形态及内部空间往往直观地反映着医疗流程发展带来的空间形态变化。

(1)扁平化的MDT模式(Multi-Disciplinary team 即多学科诊疗模式)。

随着医疗技术的发展,科室之间的联系越来越紧密,对应的科室的划分也逐步从单一的科室向多学科联合会诊的模式发展,最大限度地减少患者的误诊误治,缩短患者的医疗流程时间,提高治疗会诊的应对性。医疗流程的改变必然带来形体及空间关系的改变,如图4-2-14所示。

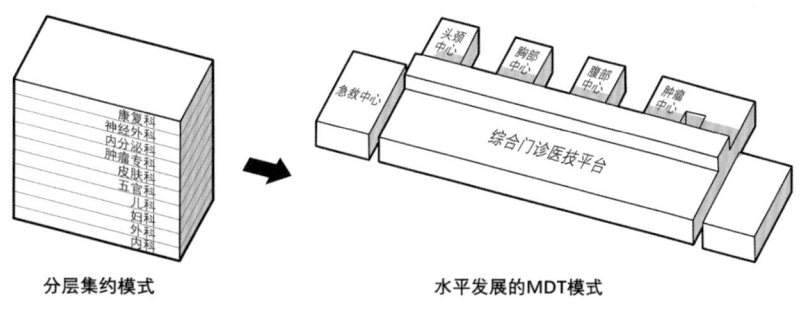

图4-2-14

图4-2-14 扁平化的MDT模式分析
来源:笔者自绘

(2)共用医技的大专科、小综合模式。

专科医院涵盖部分综合功能既是现实运营问题,也是医疗资源充分利用的问题。在此种模式下,医技共用是控制资源、减少资源浪费的关键点。即使对流程控制要求高的传染病医院,也存在医技共用的可能,如图4-2-15所示。综合门诊与传染门诊设不同独立出口,可独立完成各自的诊疗流程,医技功能区既联系又隔离两类病患流线,形成了特殊的空间形态,充分保证了医院运行的效率。

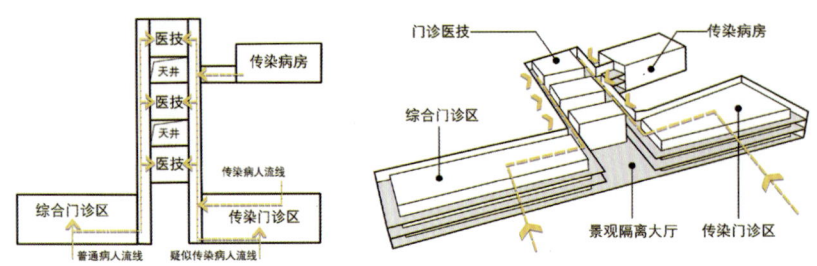

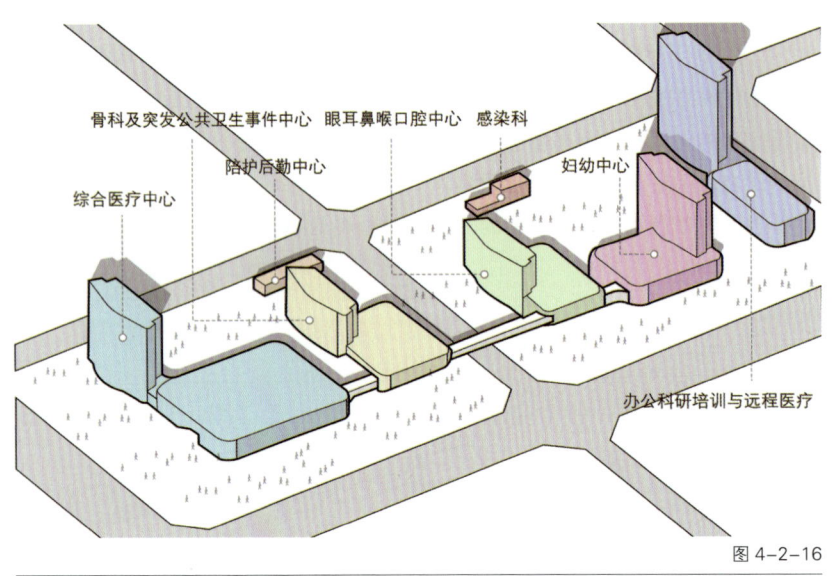

图 4-2-15 共用医技的大专科、小综合模式
来源：笔者自绘

图 4-2-16 中国科学技术大学附属第一医院（安徽省立医院）北城院区
来源：中国建筑西南设计研究院有限公司

（3）"院中院"模式。

院中院的模式相对比较特殊，形成的整体空间形态也完全不同。整个院区由多个专科中心医院组成，每个专科中心都有各自独立的体量，并有完整的医疗功能设施，可以各自独立运营。这些专科中心共用后勤支撑系统，形成一个综合的大型医疗院区，如图 4-2-16 所示。中国科学技术大学附属第一医院（安徽省立医院）北城院区由综合医疗中心、骨科及突发公共卫生事件中心、眼耳鼻喉口腔中心、妇幼中心、陪护后勤中心等组成，景观连廊串联各医疗中心，形成既独立又相互支撑的复合医疗集群。

## 2 人性化空间表达

人性化空间体现着医院对于病患的关怀，也体现着一个医院的品质。随着人们生活水平的提高，对于服务品质、人性化的空间要求也在逐渐提高。在形态的处理上可以相对自由、多变，如分层挂号的空间可以是一个悬挑于中庭内的特殊体量空间等。

为了应对特殊的采光要求，医院空间会对应形成特殊空间应对形式，如为了让病房里每一个床位都有独立的采光窗，促进了蝶形病房的出现（如图4-2-17）。

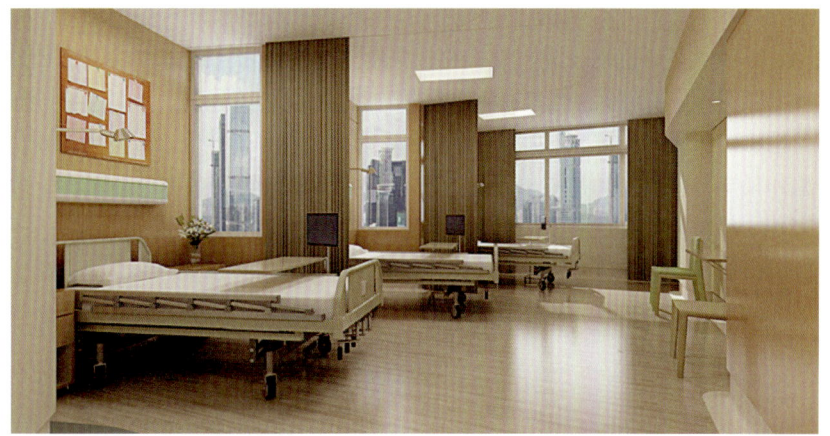

图 4-2-17

图 4-2-17 蝶形病房
来源：http://en.tdg.hk/works/interior-design/the-forth-peoples-hospital-futain-shenzhen

### 3 文化空间表达

不同的医院有着不同的文化背景，如历史背景孕育的独特东西方交融的华西文化，如图 4-2-18 所示。把这样的文化特色、文化符号抽象地表达到建筑内外空间中，可以增加空间的可识别性和文化背景的传承性。

不同类型的医院也会衍生不同的文化空间，如妇女儿童医院，受众人群主要是儿童和妇女，其内部的文化空间特色可能更偏童趣和具象一些，如华西第二医院眉山妇女儿童医院采用海浪型的内部装饰处理活泼室内空间，室外采用大面积的幻彩格栅，在阳光的照射下抽象地表现彩虹的意向，如图 4-2-19 所示。又如四川大学华西口腔医院，其服务人群的需求不同于一般的综合或专科医院，口腔医院的空间环境更倾向于打造一种简洁、轻松、舒适的氛围，对于老年人、儿童及健康人群都有不同的空间处理方式，如图 4-2-20 所示。

图 4-2-18

图 4-2-18　华西文化符号的建筑语汇表达
来源：中国建筑西南设计研究院有限公司

图 4-2-19

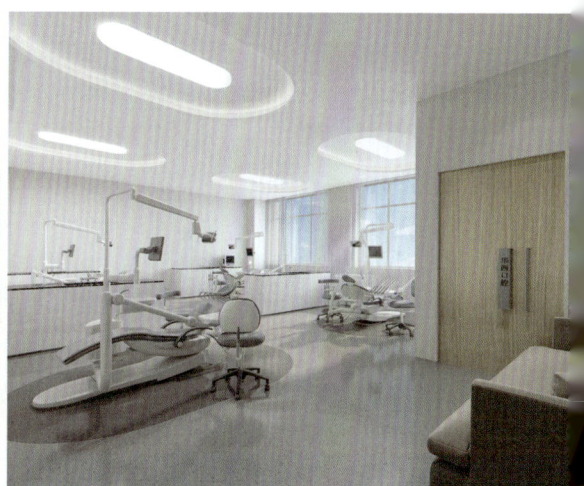

图 4-2-20　　　　　　　　　　　　　　　　　　　　　图 4-2-21

图 4-2-19　四川大学华西第二医院眉山妇女儿童医院室内及室外文化特色表达
　　　　　来源：中国建筑西南设计研究院有限公司

图 4-2-20　四川省老年医学中心室内门厅
　　　　　来源：中国建筑西南设计研究院有限公司

图 4-2-21　四川大学华西口腔医院牙科治疗室
　　　　　来源：中国建筑西南设计研究院有限公司

## 第三节 "纬"：以医疗工艺为依据的建筑师全面技术控制

### 一、建筑师的自我创作的局限和反思

建筑艺术让建筑师区别于工匠，从始至终建筑师都会将自己对生活的理解、艺术的喜好、哲学的见解甚至人生的阅历融入建筑设计之中。这当然是一件好事，正因为如此建筑师才有热情，建筑才有了"感情"和"温度"。但现实中，有可能建筑师的"审美"与公众的"审美"有着比较大的反差。举个简单的例子：2010年上海世博会中的澳门展馆"玉兔宫灯"可能远离了建筑师的审美，建筑师可能认为这样一个假的、没有建构逻辑的东西实在不能称为建筑或者建筑艺术。但是，普通的大众却欣然接受这样一个热闹而具象的展馆，争相涌入，让它成为世博园内的打卡圣地。这是一个建筑师不喜欢而民众喜欢的案例，反过来的事情同样也会发生。

在建筑师的培养体系里，工程学和美学的教育一直占据着主要的部分，建筑功能只是建筑师教学训练的一部分。在工作中，建筑师不断用生活中的经验和体会修正以前了解到的建筑功能。这种方式在住宅类建筑和简单的公共建筑中问题不大，一旦建筑的功能复杂，不再是建筑师日常生活能够接触或者了解的部分，抑或涉及某个领域的专业，建筑师只有通过间接学习或者试错的方式才能逐步认知。在这样的情况下，建筑师"用心良苦"设计的房子很有可能就成为公众或者使用者不喜欢的建筑。

医疗建筑就是这样一类复杂的公共建筑，对于这种复杂建筑我们了解一部分，但是我们不了解的或许更多。建筑师可以通过生活中的经历（比如日常生病时的就医体验）和工作中的资料去了解医院建筑的某些部分，但是对医院技术运营体系、经营管理体系，不是专业人员很难了解到。一个建筑师想了解医院建筑的方方面面，就可能需要具备相应的医学背景，需要了解医院运营管理，需要知道医学科技的发展方向，甚至明了未来医院的变化趋势。然而这样的跨领域复合型人才不太可能出现在每一个医疗项目之中，因此，我们不禁要反思，仅凭建筑师的"自我创作"能不能满足日趋复杂的医疗建筑的发展。

### 二、医疗工艺的方兴，建筑师负责制的递进

对于复杂且特殊的建筑类型，建筑师的"自我创作"需要更专业的技术支持。近十年，这种从工业建筑中发源而来的工作模式渐渐地在医疗建筑中推广起来，类比工业生产中的工艺和流程转变成了医疗工艺设计的概念，以此对应我们前面提出的担忧。

《综合医院建筑设计规范》（GB 51039-2014）首次将医疗工艺写入国家规范中。规范中定义医疗工艺（Medical process）是医疗流程和医疗设备

的匹配，以及其他相关资源的配置。在条文说明中针对该条文做出以下解释："医疗工艺是指根据医院医疗功能性专业需求，包括医疗业务结构、功能、医疗流程和相关技术要求以及所需配置的建筑、信息、医疗设备和各项医用设施等各方面资源进行的专业设计。医疗工艺设计为医院建设设计提供依据，并与建筑设计的深化和完善过程相匹配。"从概念中不难看出，医疗工艺的定义和目的就是引导建筑设计，为建筑设计提供设计依据。

2019年1月，住建部在民用建筑中正式推行建筑师负责制。建筑师负责制是国际工程建设的通行做法。建筑师的全程管理控制对工程质量和完成度影响巨大。建筑师负责制是以担任民用建筑工程项目设计主持人或设计总负责人的注册建筑师（以下称为建筑师）为核心的设计团队，依托所在的设计企业为实施主体，依据合同约定，对民用建筑工程全过程或部分阶段提供全生命周期设计咨询管理服务，最终将符合建设单位要求的建筑产品和服务交付建设单位的一种工作模式。建筑师服务和负责的内容也不再是建筑工程的前期工作，而是建筑工程的全生命周期，从参与规划、提出策划、完成设计、监督施工到指导运维、更新改造直至辅助拆除。

建筑师负责制要求的全生命周期设计管理服务，需要我们纳入更多的技术资源支撑项目的建设运维。医疗工艺的介入可以统领各医疗专项技术，弥补建筑师跨专业认知的缺失，建立"循证"和"纠错"功能的工作机制，确保项目质量。

### 三、建筑师视野下的医疗工艺

建筑师的自我创造因为医疗工艺概念的引入有了"对"与"错"的判断。其评判就在于设计是否满足医疗业务流程，是否能够保障医疗活动的安全性，能否支撑院内感染管控等诸多医疗方面的需要。这些需要均有相关的评价标准和法规条文，医疗工艺有对错，相关建筑师的自主创作也有了"对"与"错"。当然自主创作不仅限于"对"与"错"的概念，还有着"优"与"庸"的差异。医院的创作分为两个层级，较高的层级是在满足医疗工艺的功能要求的基础上，还具备空间艺术、人性化关怀等诸多要素。医疗工艺支撑建筑师自我创作，建筑师视野下医疗工艺流程空间会更具有安全性、舒适性、艺术性和人性化。

医疗工艺是医院设计工作的核心依据，在建筑师视野下，结构安全、消防安全、各种设备设施适用性等都围绕医疗工艺而展开。这些问题与医疗功能、流线关系之间紧密联系又相互制约，在设计过程中，需要根据实际情况设定优先级，处理好彼此之间的关系，甚至在某些方面做出适当的取舍，通过合理的综合技术分析，实现各方面的整合和平衡，确保项目的实施推进。

两种维度交织交汇控制，让医院设计中的功能需求和自主创作相融共生，推动着医疗建筑设计向前发展。

**1 以医疗工艺为依据的全过程控制**

医疗工艺设计贯穿医院的全生命周期，医疗工艺设计根据参与的工作内容，在不同阶段扮演不同的角色并完成相应的任务。

医疗工艺设计分为前期设计和条件设计，医疗工艺前期设计是可研报告的组成部分，包括医院项目策划、功能规划及医疗流程设计，其设计成果是医疗工艺报告。这意味着医疗工艺从项目立项开始已经介入，并且提供了包括项目策划和功能策划等对建筑设计具有指导性的成果，确保了设计在功能面积、空间流程、建设标准、投资造价等方面有可靠的背景支撑。前期阶段需确定医院运营的顶层设计，其具体工作内容包括工艺任务书的编制、一级工艺流程的设计（确定主要出入口与建筑内部的关系、建筑体之间的关系、主要功能区的面积与建筑形态、功能区内的工艺流程）。

医疗工艺条件设计是在前期设计的基础上，采用已完成的建筑方案设计图进行详细的医疗工艺图深化设计过程，包括一级医疗工艺流程优化设计和二级医疗工艺流程设计，并具体、明确地指出水、电、空调、医用气体和防护措施等技术条件、技术指标参数，其设计成果是医疗工艺专项图纸及技术说明。医疗工艺条件设计是为了满足医院建筑初步设计和施工图设计的需要，为其提供依据（如表4-3-1）。（描述来自《综合医院建筑设计规范》GB 51039-2014。）

表 4-3-1 医疗工艺设计深度

| 医疗工艺前期（方案）设计阶段 | 医疗工艺条件设计阶段 |
| --- | --- |
| 1. 医院性质及医疗任务量 | 1. 医疗任务量细化设定（门诊、住院、手术等） |
| 2. 医疗结构设计 | 2. 医疗结构与功能设置 |
| 3. 医疗功能单元设置与任务量设计 | 3. 医疗功能单元设置与任务量优化设计 |
| 4. 一级医疗工艺流程设计 | 4. 一级医疗工艺流程优化设计 |
| 5. 医疗设备配置计划 | 5. 二级医疗工艺流程设计 |
| 6. 医疗装备配置计划 | 6. 医疗设备配置标准及设备选型、技术规格、设备所需水、电、空调等条件要求 |
| 7. 医疗用房配置要求 | 7. 医疗装备配置标准、种类、规格等参数 |
| 8. 医疗工艺相关专业配置方案（水、电、医用气体、净化等） | 8. 医疗用房配置要求及房间条件要求 |
| 9. 医疗物流要求 | 9. 医疗工艺相关专业配置标准及技术参数 |
| 10. 信息流 | 10. 综合分析、结论 |
| 11. 初步分析、评价 | |

来源：《综合医院建筑设计规范》（GB 51039-2014）

第四章 "经纬织筑"医疗建筑设计方法论 | 81

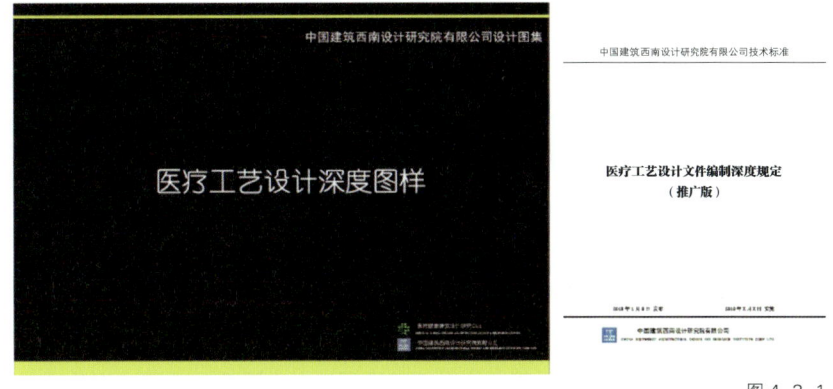

图 4-3-1

图 4-3-1　医疗工艺设计深度相关标准文件
来源：《医疗工艺设计深度图样》《医疗工艺设计文件编制深度规定》

　　基于规范对于医疗工艺设计的划分和深度规定，参考《建筑工程设计文件编制深度规定》以及《基本建设项目申报文件参考模板》（原国家卫生计生委规划与信息司编制），中建西南院内部编制了《医疗工艺设计文件编制深度规定》和《医疗工艺设计深度图样》（如图4-3-1），针对不同阶段医疗工艺设计成果的深度范围有了更为具体的规定（如表4-3-2）。

　　立项阶段，医疗工艺设计作为参与者，主要就医疗策划方面提供作为项目建议书或可研报告的支撑依据，为项目建议书提供发展策划咨询报告，为可研报告提供医疗策划咨询报告，并形成医疗工艺报告书，内容应满足医疗机构设置审查的深度要求，如下。

表 4-3-2　不同阶段的医疗工艺报告的编制深度

| 发展策划咨询报告的编制深度 | 医疗策划咨询报告的编制深度 |
| --- | --- |
| 编制依据<br>申请单位名称、基本情况<br>所在地区的人口、经济、社会发展情况<br>所在地区的人口健康状况<br>所在地区的医疗资源分布情况及医疗服务需求分析<br>拟设医疗机构的选址、功能、服务半径<br>拟设医疗机构的服务方式、时间、诊疗科目和床位编制 | 发展策划咨询报告的结论，特别是诊疗科目和床位编制<br>拟设医疗机构的组织结构、人员配备<br>拟设医疗机构的仪器、设备配置<br>拟设医疗机构的污水、污物、粪便处理方案<br>拟设医疗机构的通信、供电、上下水道、消防设施情况<br>资金来源、投资方式、投资总额、注册资金（资本）<br>拟设医疗机构的投资预算<br>拟设医疗机构五年内的成本效益预测分析 |

来源：《医疗工艺设计文件编制深度规定》，参考《基本建设项目申报文件参考模板》（原国家卫生计生委规划与信息司编制）

设计任务书阶段，基于业主对工程项目设计的需求，对建设方案实施提出针对性的要求，包括医院设计理念、医疗整体规划、医疗设备的要求、机电系统的特殊考虑等。其编制深度包括：医院项目概况；医院用地情况；医院经营定位及发展目标；医疗事业规划；项目的规模和组成；大型医疗设备清单；医疗规划（包含学科科室之间及科室内部）；医院机电及医疗专项系统要求。

方案设计阶段，在较为简单的医院建设项目中，医疗工艺部分应独立成章编入建筑方案设计文本，规模较大、较为复杂的医院建设项目，医疗工艺应独立成册与建筑方案设计文本一并交付方案审批单位，医疗工艺方案设计文件包含设计说明、总图规划、一级工艺流程设计、二级工艺流程设计。

初步设计和施工图设计阶段，在方案阶段的医疗工艺基础上，根据每个空间对医疗工艺的要求，确立与建筑有关的条件要求，并将这些条件表达在医疗工艺专项工程图纸中，各专业则可从专项图纸中获得提资信息。医疗工艺条件设计需包含平面图、功能点位及设计说明等。

以医疗工艺为依据的全过程控制，随着对医疗工艺设计深度要求的细化，各阶段与之对应的设计深度也更为清晰，各专业对医疗工艺控制要点的表达也更为全面。

## 2 以医疗工艺为依据的全专业控制

完整的医院设计包含了主体专业和数十个专项设计专业（如表4-3-3），众多专业设计工作的开展，都是以医疗工艺设计为背景和支撑的。从医疗工艺对建筑平面布局的要求，对医疗相关设备参数（如大型放射设备）的要求，甚至到对房间插座点位的要求，所有医疗工艺设计要点都需在各专业设计中全面系统地表达出来。

表4-3-3 设计主体专业及专项设计专业清单

| 设计内容 | 设计工作内容 |
| --- | --- |
| 主体设计 | 建筑设计 |
| | 结构设计（含抗、隔震：如消能减震） |
| | 强电设计 |
| | 弱电设计 |
| | 给排水设计 |
| | 暖通设计 |
| | 概算 |

（续表）

| 设计内容 | 设计工作内容 |
| --- | --- |
| 专项设计（一） | 预算及工程量清单 |
| | 幕墙设计 |
| | 景观设计 |
| | 室内精装修（二装）设计 |
| | 智能化设计 |
| | 绿色建筑设计 |
| | BIM 设计 |
| | 人防设计 |
| | 轻型钢结构专项 |
| | 厨房工艺、冷冻库专项设计 |
| | 机械车位专项设计 |
| | 交通标识设计 |
| | 抗震支架专项设计 |
| | 泛光照明设计 |
| | 电动遮阳系统专项设计 |
| | 场地边坡支护及基坑支护、基础处理专项设计 |
| | 太阳能及地源热泵等能源专项设计 |
| | 噪声及建筑声学专项设计 |
| 专项设计（二） | 医疗工艺专项设计 |
| | 净化工程设计 |
| | 医用气体设计 |
| | 医用纯水系统 |
| | 实验室专项设计 |
| | 防辐射防护及放射防护预评价报告 |
| | 射频屏蔽（磁屏蔽）设计 |
| | 物流传输系统专项设计 |
| | 直线加速器、回旋加速器、高压氧、MRI 等大型设备安装专项设计 |
| | 污水处理、核医学衰变池、化学废液处理设计 |
| | 医用冷冻库专项设计 |
| | 医疗垃圾处置设计 |
| | 救援直升机停机坪设计 |

来源：笔者自绘

以医疗工艺为依据的全专业控制，为实现数十个专业高效协作，把握医疗工艺对各专业的控制要点，清晰划分各专业间的工作界面是关键。

（1）建筑专业。

医疗工艺对建筑专业的主要控制要点如下。

• 医疗流程布置：除空间布局，控制医疗功能房间内的固定医疗设备、医疗家具的布置方式，固定医疗设备（大型设备）需要的空间尺寸，医疗家具的推荐尺寸。设备设施的布置以满足医疗工艺流程条件设计深度为原则。

• 医疗设备设施布置：同样以满足医疗工艺流程为前提，医疗设备的布置点位和参数要求，将作为建筑协同各设备专业配合的依据。

• 特殊医疗要求的构造大样及措施表：例如影像科的扫描室、放疗科的直线加速器、核医学的扫描室病房、供应中心、洁净手术室等区域，针对做法复杂的部分应绘制构造大样并附上相应的措施表。同时也是建筑协同结构和其他设备专业配合的依据。

建筑专业需涵盖医疗工艺的所有要点，同时也包含面积指标、平面消防、剖面层高、立面开窗等重要控制点。建筑专业作为各专业设计工作的衔接专业，需以图纸语言与各专业配合交流。医疗工艺是依据，但最后也需落实到建筑专业，如果将医疗工艺作为"起点"，那么建筑专业则是"终点"。

（2）结构专业。

医疗工艺对结构专业的主要控制要点如下。

• 医疗要求的降板区域。医疗要求导致的降板一般分为三类：一是医疗设备特殊的安装要求的降板（例如影像科的扫描室、牙科的牙椅等）；二是为了避免给排水管道穿越洁净空间，采用降板方式满足走管空间；三是为了便于某些区域的灵活布置和远期发展（例如检验科实验区）而设置的降板空间。

• 医疗要求的梁、楼板、预埋预留洞口。主要为医疗设备特殊区域安装要求的，如直线加速器机房的水管、电缆在机房墙S形通道预留，再如气动物流管道的穿板预留。

• 大型医疗的设备荷载及运输方案和要求。大型医疗设备的重量和荷载分布特点。大型医疗设备运输和安装的方案，包含安装的运输路线，运输路线的荷载要求以及运输路线中的吊装口、待安装完成后施工的外围护、隔墙、门窗等。

• 医疗要求需消能减震的区域。如位于手术室、病房上层的设备机组的减震降噪措施。

与结构专业需要清晰界面的相关专项有：人防设计（结构）、场地边坡支护及基坑支护、基础处理专项设计，市政连廊通道等设计，直线加速器、回旋加速器、高压氧、MRI等大型设备安装专项设计。

（3）强电专业。

医疗工艺对强电专业的主要控制要点如下。

• 医疗场所分类及负荷分级。医疗场所的分类应满足《综合医院建筑设计规范》8.1.2 的要求，并按照实际使用要求划分负荷等级。

• 特定区域的用电要求和用电量。特定区域的用电要求和用电量分为三类：一是医院重点能耗区域，例如全天候负荷的区域；二是大型医疗设备区域，例如直线加速器、质子加速器、MRI、CT 等；三是专项区域设备的用电量需求，如实验室设备、中心供应设备、厨房、污水处理站、制氧站等。应明确这些区域的用电类型和用电量。

• 一般医疗强电点位。医疗工作站、医疗设备等一般强电点位，以图例的方式表达在医疗功能单元平面图中。

与强电专业需要清晰界面的相关专项有：净化工程设计，中心供应、实验室专项设计，厨房工艺设计。

（4）弱电智能化专业。

医疗工艺对弱电专业的主要控制要点如下。

• 医院智能化系统。一是基于医院基本运营需求的智能化系统；二是根据医院的建设标准和实际医疗工作需要确定医疗智能系统的子系统。

• 弱电点位。医疗工作站、医疗设备等一般弱电点位，以图例的方式表达在医疗功能单元平面图中。

• 特定区域的消防控制要求。比如手术室的自动门火灾时需断电开启等。

与弱电智能化专业需要切分清界面的相关专项有：净化工程设计，中心供应、实验室专项设计。

（5）给排水专业。

医疗工艺对给排水专业的主要控制要点如下。

• 医院用水类型。按照给水、热水、饮用水、制剂和医疗用水区分医疗功能单元内用水点的类型，制剂和医疗用水需明确纯水等级。

• 洁净用房区域。《综合医院建筑设计》6.1.2 给水、排水管道不应从洁净室、强电和弱电机房，以及重要医疗设备用房的室内架空通过，必须通过时应采取防漏措施。

• 医疗卫生用水点位。包括卫生洗手、卫生冲洗、紧急冲洗等用水点位，并确定用水的标准（是否 24 小时供应热水、是否恒温）。

• 特殊排水。标明不可直接进入医院污水处理或化粪池的特殊排水区域，该类区域包含三类：一是涉及生物安全的如感染性疾病科；二是涉及放射性的如核医学；三是涉及特殊工艺处理要求的如检验科。

与给排水专业需要切分清界面的相关专项有：净化工程设计，中心供应、实验室专项设计，医用纯水系统，污水处理、核医学衰变池、化学废液处理设计。

（6）暖通专业。

医疗工艺对暖通专业的主要控制要点如下。

• 温湿度有特殊要求的医疗用房条件。因医疗使用对环境温湿度有特殊要求（例如冬季供冷或常年恒温恒湿）的用房应标明其具体的温湿度要求。

• 气流组织及气压有特殊需求的医疗用房条件。因医疗要求需要特殊的气流组织方式，比如上送下回、水平流动等的特殊空间或因为需要满足生物防护等各种要求而需要明确相对压力梯度的房间关系。

• 具有放射防护特殊要求的医疗用房条件、因放射防护需要特殊处理的通风要求等，如核医学放射区域。

• 具有净化要求的区域。根据相关规范和医院使用方的需求，确定净化区域的边界净化等级并统计面积。在医疗专项图纸上标注表达并以列表形式集中统计在设计说明里。

• 具有特殊要求的空调设备和系统的区域，如低于20℃的区域（不属于舒适性空调范畴区域）需明确。

与暖通专业需要切分清界面的相关专项有：净化工程设计，医气专项，中心供应、实验室专项设计，厨房工艺，直线加速器、回旋加速器、高压氧、MRI等大型设备安装专项设计。

（7）室内精装修专业。

医疗工艺对室内精装修专业的主要控制要点如下。

• 设备设施的布置及内装。医疗功能房间内的固定医疗设备、医疗家具的布置方式，固定医疗设备特别是大型设备的空间尺寸，医疗家具的推荐尺寸。设备设施的布置以满足医疗工艺流程及条件设计为原则。另外与室内精装修相关的固定设施应标注位置和尺寸，如设备带、医疗专用柜、防撞带等。

• 医疗空间对装饰的特殊要求。医疗使用中对室内环境如有一定要求应标明，如颜色、彩度、照度等。

与精装修专业需要切分清界面的相关专项有：净化工程设计，中心供应、实验室专项设计，厨房工艺，直线加速器、回旋加速器、高压氧、MRI等大型设备安装专项设计。

（8）建筑经济专业。

医疗工艺对建筑经济专业的主要控制要点如下。

• 主要医疗设备清单。包括大型医疗设备的名称、所在科室位置、参考品牌、型号、数量。

• 特殊构造做法及措施表清单。编写特殊构造的措施表，与建筑专业吻合并提供建筑经济核算。

## 四、小结

建筑设计提供的不仅仅是概念和图纸,同时也提供实实在在的建筑产品。设计的创作与实施看似有时间先后之分,实质二者的控制自方案开始就交织在一起。如同编织的艺术,以符合公共行为心理特征的建筑空间构想和创意为"经",以全专业、全过程的落地控制为"纬",经纬有序,方能织筑明日医院的美好蓝图。

## 第四节 基于技术标准的全过程造价控制

### 一、技术标准与造价控制的关系

技术标准是勘察单位、设计单位、施工单位以及监理单位开展工程建设及管理的重要依据,同时也是作为编制投资估算、概算、预算、招标控制价、合同价以及确定最终结算价的重要依据(如图4-4-1)。

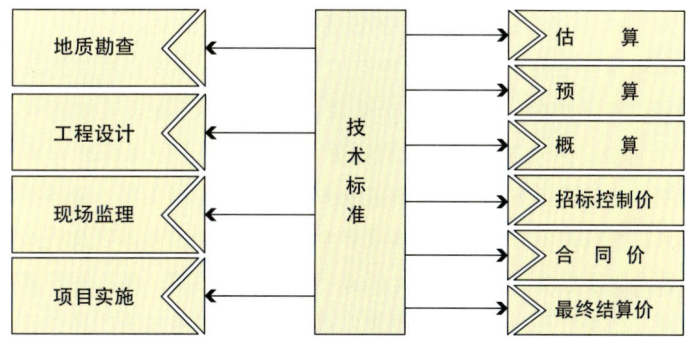

图4-4-1

图4-4-1 技术标准关系
来源:笔者自绘

正确理解和运用技术标准是做好各个阶段投资控制工作的前提，其基本要求如下。

（1）可研阶段，设计方案作为总投资估算的依据，在进行估算编制的时候，应充分考虑技术要求进行估算，充分考虑项目的特殊性以及业主对项目使用的特殊要求、面对的特殊群体等开展工程造价的相关工作，做到投资控制有理有据。

（2）充分了解工程设计项目的使用对象、规模、功能要求，选择相应的设计标准规范作为依据。

（3）根据建设地点的自然、地质、地理、物资供应等条件和使用功能，制订合理的设计方案，明确方案应遵循的标准规范。

（4）初步设计开始前应仔细研究技术标准的要求，严格按照技术要求进行设计，针对技术要求与规范相冲突的技术提出更正。

（5）施工图设计前应再次复核是否符合技术标准要求的规定。

## 二、基于技术标准的全过程造价控制

### 1 全过程建设工程造价控制的定义

全过程建设工程造价控制是指在投资决策阶段、设计阶段、建设项目发包阶段和建设实施阶段，把建设工程造价控制在批准的限额以内，随时纠正发生的偏差，以保证项目管理投资目标的实现，并在各个建设项目中能合理使用人力、物力、财力，取得较好的投资效益和社会效益。

根据项目全生命周期，可把投资控制工作细分为投资决策阶段、方案深化阶段、初设阶段、施工图设计阶段、招标阶段、建设实施阶段、竣工阶段七个阶段。抓住项目投资控制的重点阶段，基于技术标准开展全过程投资控制，从管理控制思路、管理控制方法、管理控制工具、管理控制作业流程、人员组织等多方面来构建本项目全过程的投资控制体系及成本控制路径，确保各阶段投资可控。即设计概算不超过投资估算、施工图预算不超过设计概算、结算价不超过施工图预算，以达到控制项目投资的最终目的（如图4-4-2）。全过程建设工程中，不同阶段对造价的影响及各方关注度如图4-4-3所示。

第四章 "经纬织筑"医疗建筑设计方法论 | 89

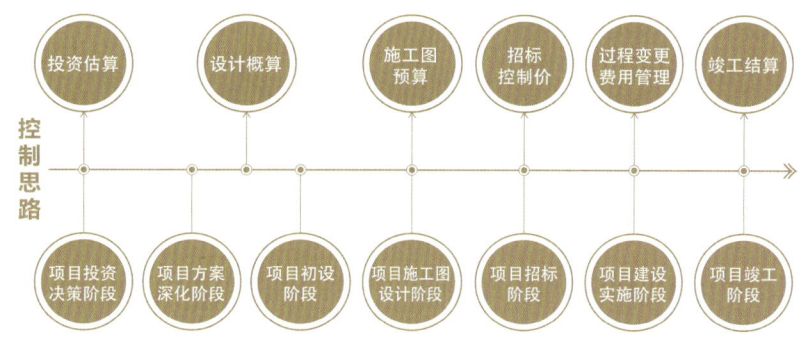

图 4-4-2

图 4-4-2 控制思路
来源：笔者自绘

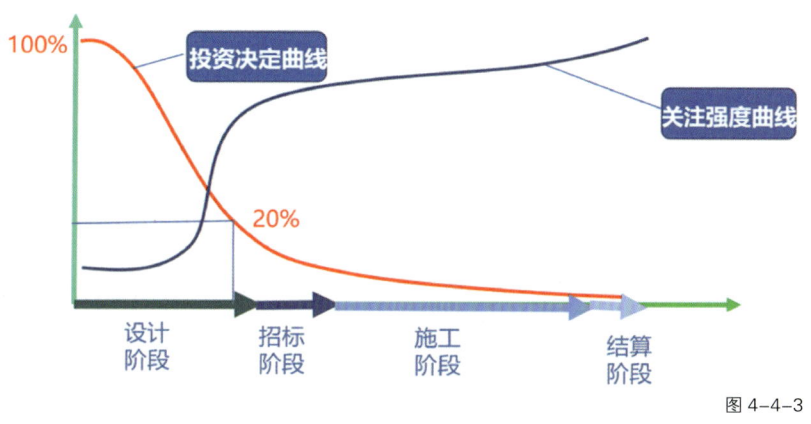

图 4-4-3

图 4-4-3 全过程建设工程中不同阶段对造价的影响及各方关注度
来源：笔者自绘

## 2 投资决策阶段的投资控制

投资决策阶段，应根据社会和市场的需要，因地制宜、因时制宜、因势制宜进行科学的决策以及合理定位。在重大的项目决策时，避免"拍脑袋"式的以及经验型的决策，要根据社会的发展和市场的需求合理定位。

项目业主应明确项目的使用需求，基于使用需求制定相应的技术标准及相关要求。通过组建技术力量雄厚的设计团队或设计咨询团队及项目管理团队，建立管理组织结构（OBS）和职责分工；制定适用于本项目的投资控制工作的管理制度及流程，制定各阶段投资控制工作计划、进度要求并编制实施细则、操作手册。

### 3 设计阶段的投资控制

研究资料表明，占项目成本1.5%~3%的设计环节，直接决定了整个项目造价的75%甚至更多，设计阶段投资控制的重要性毋庸置疑。因此，应结合项目特点及合同约定的技术标准要求，重点开展设计阶段的投资控制工作，将投资控制理念融入各个设计阶段，搭建设计与成本之间的桥梁，通过"预设计"、多方案比选、限额设计、设计优化等方式实现设计与造价的有机融合，保证投资规模可控。

根据方案设计文件，业主应与设计方及使用方充分进行沟通交流，明确项目定位及技术标准，梳理和完善项目的使用功能需求。同时，结合项目现场勘察文件及相关技术规范、标准等，组织开展项目"预设计"，将设计分专业进行模拟深化设计，并通过"四段法"的投资测算体系来建立基于成本分解的各专业设计限额，分析项目各专业重点控制目标并编制针对性的设计建议书，为各专业开展初步设计工作提供指导性文件（如图4-4-4）。

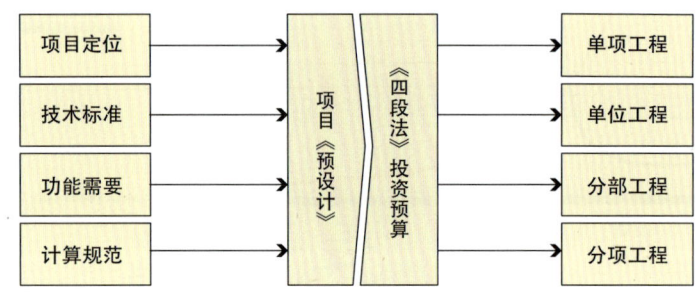

图4-4-4　方案设计深化阶段的投资控制思路
来源：笔者自绘

这一阶段所需要控制的关键部分包括：

（1）开展项目"预设计"。

"预设计"是指在方案设计深化阶段，为达到造价可以预测及量化分析的目的，以技术标准为重要依据，参考方案图纸及功能需求，组织经营丰富的设计人员分专业进行模拟设计。

（2）"四段法"投资测算。

"四段法"是指造价人员依据"预设计"及"预施工方案"，将项目工程从单项工程、单位工程、分部工程、分项工程进行分解和量化，分解的过程就是设计的过程、设计的过程就是复核功能需求和建设标准的过程；同时，分解的过程就是施工的过程，施工的过程就是工程实施的模拟过程。

若测算总额超过本项目的总投资限额，需及时组织设计各专业人员进行讨论，在满足技术标准的前提下，提出各类优化建议方案，造价人员根据优化方案及时测算总金额，直到满足项目总投资限额要求。

（3）编制项目"预施工方案"。

"预施工方案"是指方案设计深化阶段，项目施工技术人员依据项目方案及"预设计"成果，结合自身现场经验，针对项目施工过程中重难点、对项目投资影响大的施工组织措施以及项目设计成果无法体现出的施工技术措施，提前编制专项施工方案。将施工措施造价充分考虑，避免造价组成的遗漏。

（4）编制各业务口重点工作方案。

基于详细投资测算分析，根据详细投资费用占比情况，将各专业、各分部、各分项划分为一级控制目标、二级控制目标、三级控制目标。对综合控制等级为一级、二级的重点控制目标，找寻各专业、各业务口重点控制内容，逐项编制设计管理任务书及设计成本建议书，并对采购服务和施工管理提出需求，编制采购服务计划书和施工管理建议书。

（5）项目投资平衡设计。

项目投资平衡设计是指在项目总投资一定的情况下，为使项目在整体品质上得到更高一步的提升，将项目的整体投资，通过内部调配，使得大部分的资金用于提升项目档次的部位，如外立面；大厅、总平景观及园林；常用的重要设备；等等。

在方案阶段，应基于对整个项目投资测算的前提下，测算出项目总投资的节超情况，根据节超情况，优化非关键部位的构造层次，节约投资。在项目总投资有节余的情况下，将优化非关键部位，着重打造关键部位，提升关键部位的档次，从而达到提升整个项目品质的目的。

在初步设计阶段，为保证设计限额落到实处，应结合项目特点制定适合项目设计方式的工作流程及相关工作细则，动态跟踪各专业设计情况并及时进行测算，调整工程造价。通过"多方案比选""设计优化"等手段逐条实现设计限额，将初步设计概算控制在设计限额之内。对于复杂系统、重大设备材料，根据项目实际情况，将部分招标采购工作前置，融入设计阶段，在解决设计重难点的同时，有效地控制采购成本。

（1）严格执行限额设计。

在初设阶段，根据方案深化阶段"预设计"及"四段法"投资测算，结合技术标准，按照项目工作分解结构，对各专业的设计工程量和工程费用进行分解，编制"限额设计投资及工程量表"，确定控制基准，开展"限额设计"。在初步设计阶段，以方案深化阶段编制的设计管理任务书、采购服务策划书以及施工管理建议书作为指导性文件，并通过设计技术团队、造价团队、施工管理团队不断探讨研究,将设计建议转换为设计语言,在初设及深化过程中将各项设计建议逐项落地。造价控制人员应跟踪整个设计过程,对各专业设计情况进行动态跟踪,及时监控各专业、各分部、各分项的设计测算是否超过设计限额。同时,对投资控制重点设计部位,设计人员、造价人员、项目管理人员可进行多方案比选及设计优化,寻求投资最优方案,直至投资测算金额在设计限额之内为止。其主要流程为:

- 编制各专业设计限额及设计任务书

基于技术标准要求,根据方案深化阶段完成的详细投资测算表,编制各专业设计限额,将投资限额和工程量先行分解到各专业,再分解到各单位工程和分部工程,设计限额作为设计任务书的组成部分指导设计。而设计限额落地的关键步骤就是将设计限额转换为设计语言,才能切实将限额反映到设计图纸中。设计人员与造价人员将针对限额进行充分沟通,结合技术要求转化为各专业设计输入参数、设备型号及规格、材料选型等具体设计语言,将"预设计"及"预施工方案"的内容转换到设计文件中。

- 对关键设计部位进行"多方案比选"

多方案比选是以业主的功能需求为主要出发点,对设计方案进行科学的价值功能分析,选择技术上可行、经济上合理、操作上可靠的设计方案,使建设功能和造价形成有机的统一。在项目初步设计阶段,充分发挥设计技术优势,针对投资控制关键点,组织设计人员、造价人员、施工管理团队等相关人员进行讨论,应用价值工程 V=F/C 的理论方法,对关键设计部位提出多方案设计建议,造价人员根据多种设计方案及对应施工专项方案进行费用测算,编制《多方案比选造价建议书》,由项目管理团队综合进度、造价等多方面因素择优设计,以实现项目所需功能的同时获得最佳的技术经济方案、实现项目具备使用功能价值目的的最大化,确保设计产品的高完成度。

- 运用价值工程理论开展"设计优化"

为确保限额设计能顺利实现,"设计优化"将贯穿项目整个设计阶段,而方案设计阶段和初步设计阶段是设计优化的重点时段。设计优化的原则是在不降低技术标准、不影响设计功能,并确保工程质量、合同工期、投资控制目标的实现以及施工的便利性、后期运营的效率和经济性,遵循合理、经济、可行的前提下进行。在开展"设计优化"工作时,应基于国家规范要求、建筑本身效果、功能需求和建设标准寻找"设计优化点"并对"设计优化"的可行性及可实施性进行判断,同时分析后期施工过程中应该重点管控的风险点。应优先考虑满足使用功能的情况下及确保工程质量安全的情况下进行优化(如图 4-4-5)。

(2)项目造价二次分配。

在初步设计阶段,通过限额设计及四段法测算后,项目的预计总体投资

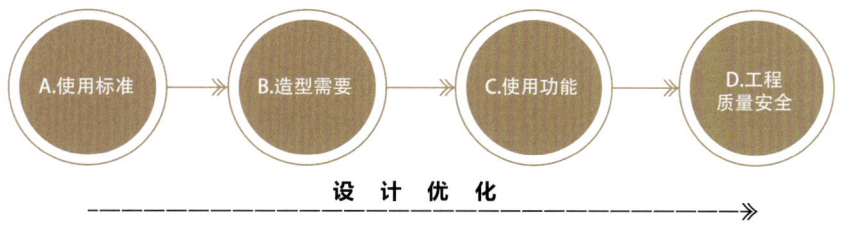

图 4-4-5　开展"设计优化"的要点顺序
来源：笔者自绘

情况已基本明了，在此情况下，业主可根据项目自身使用需要，对项目提出优化或重点打造，在有限投资的情况下，实现建筑功能价值的最大化。

在施工图设计阶段，根据经审核批准的初步设计文件及概算，按照"专项设计同步控进度""精细化设计创价值""内部图纸会审控质量""预算终核控投资"等思路，通过制定详细工作流程和审批制度以及借助施工单位技术力量等手段，最大限度地减少图纸"错、漏、碰、缺"等问题，确保在充分控制好项目设计成果质量的同时，实现成本控制目标。

施工图设计是落实限额设计的最后一步，是工程项目设计和工程施工过程的桥梁与纽带。在此阶段，根据初设确定的设计方案及施工图设计限额组织施工图优化设计和精细化设计工作，对技术标准、设计范围、设计深度进行拓展，确保施工图的正确性、完整性、经济性、可施工性、可采性。

（1）专项设计同步控进度。

主体专业施工图及专项设计需齐头并进，专项设计进度与主体专业保持一致。例如：精装修设计、夜景照明设计、工艺设计等，将所有专项设计同步进行能够减少专业与专业间的配合问题，同时能够减少错、漏、碰、缺的发生，从而达到减少设计变更的目的。

（2）精细化设计创价值。

施工图设计成果质量直接关系到施工质量，施工图设计过程重点关注细节设计，减少施工过程中的设计变更。设计图纸的审查，在于是否延续了初步设计图纸的要求，借助 BIM 等手段，解决重点部位的安装问题及施工可行性问题。

（3）内部图纸会审控质量。

施工图完成后，需组织设计管理人员、造价管理人员、施工技术管理人员、采购人员对图纸进行内部会审，设计管理人员关注设计意图是否执行，造价人员关注细节是否完善，施工技术人员关注施工的可行性，采购人员关注是否有材料规格与市场供需关系，然后出具会审意见后修改设计，最后出图。

（4）预算终核控投资。

施工图会审同时，组织对施工图进行预算编制，在预算编制过程中发现的图纸问题进行标注并形成图纸问题，待施工现场组织的业主、监理、总包等单位的图纸会审时提出，在施工前进行修改，以减少设计变更。同时，也是再一次对投资控制金额进行复核，形成与初步设计阶段金额的对比情况，并进行分析，如果仍未能达到控制金额，尽可能仅调整局部设计、修改较少设计项，来实现降低总造价的目标。

在施工图完成后，及时组织造价人员与施工总包单位的清标工作，将清标结果与投资控制进行对比，判断是否满足投资控制要求，若不满足，需继续优化设计，以满足投资控制要求。

### 4 招标采购阶段的投资控制

在招标采购阶段，根据审查通过的施工图纸编制招标工程量清单和技术要求，并依托设计单位的设计优势及管理公司的项目管理技术优势，尽可能地完善技术要求，确保各施工总分包界面清晰、范围明确、标准直观；同时在招标阶段，充分解读设计意图，了解设计思想，最大限度地避免招标清单漏项，保证工程量清单的完整性、准确性和可引用性。以确保项目招标顺利实施，减少项目建设实施过程中的变更签证及认质核价等影响。

### 5 建设实施阶段

在建设实施阶段节约的余地已经很小，但浪费的可能性却很大。通过组织措施、技术措施、经济措施及合同措施来保障项目的全要素投资控制管理，综合考虑工期成本、质量成本、安全与环境成本的控制与集成管理，协调和平衡工期、质量、安全、环保与成本之间的对立统一关系。

施工方案是施工组织设计中的一项重要工作内容，合理的施工方案，可以缩短工期，保证工程质量，提高经济效益，对施工方案从技术上和经济上进行对比评价，通过定性分析和定量分析，对质量、工期、造价三项技术经济指标进行比较，可以合理有效地利用人力、物力、财力资源，取得较好的经济效益，把好施工管理关，是做好全面造价管理的重要途径。

（1）加强施工图的审查，提前发现设计中存在的问题，及时提出变更。

（2）做好变更经济分析：在变更设计之前，需对变更进行多方案分析，选择最佳的变更方案。

（3）建立变更审批制度：根据变更对造价的影响，设定不同级别的审批权限，确保变更的合理性。

建立签证管控机制，将现场管控与工程造价相结合，避免只管签证不管经济的情况。强化变更签证手续，采取建设方、监理方、过控单位、施工方代表现场联签的方式，确保变更、签证的真实性、合理性、经济性，避免弄虚作假现象及由此引出的纠纷。

## 三、"未来"医院造价控制不能忽视的几项因素

"未来医院"在开展全过程造价控制的过程中，除按常规医疗建筑考虑建设工程造价外，还应充分考虑如"海绵城市""智慧医院""绿色医院"以及医疗建筑的其他新工艺对造价的影响。特别是在项目的前期可研阶段，业主应对拟建医疗建筑的功能及定位进行深度剖析，确保功能及定位与造价估算匹配，为后续的建造、运营打下坚实的基础。同时，可借助于BIM技术，提升全过程造价控制的效率及准确度。

# 第五章　创作与思考

# 四川大学华西第二医院锦江院区

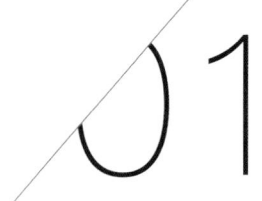

| | |
|---|---|
| 设计范围 | 总体设计 |
| 医院类型 | 妇女儿童医院 |
| 医院等级 | 三级甲等 |
| 床位数 | 1500床 |
| 规模 | 209950平方米 |
| 完成时间 | 2017-12 |
| 项目阶段 | 方案设计 初步设计 施工图设计 竣工验收 |
| 建设单位 | 四川大学华西第二医院 |

| | |
|---|---|
| 定位 | 西南妇女儿童医学中心 妇幼医学科技核心平台和优秀人才培养基地 |
| 特点 | 四大现代医院设计理念 分区分时段院内车行立体交通循环系统<br>妇儿医院特色的人性化细节设计 再现华西深厚历史文化底蕴 |

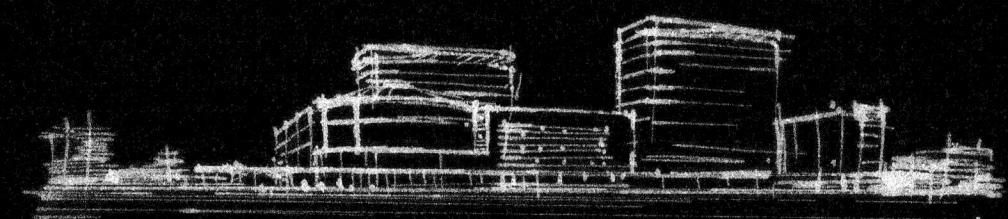

WEST CHINA SECOND UNIVERSITY HOSPITAL JINJIANG BRANCH, SICHUAN UNIVERSITY

# 医疗建筑全过程设计及建造应对的完整"样本"

项目位于成都市锦江区东三环外的成龙大道南侧，定位为国家西南妇女儿童医学中心，同时也是国内一流的妇幼医学疑难重症诊疗中心、妇幼医学科技核心平台和优秀人才培养基地。项目于 2012 年 6 月开始前期策划，整体设计，分期实施。一期项目于 2014 年开工建设，2018 年 6 月投入使用。二期项目于 2018 年启动建设。

为满足四川大学华西第二医院的高标准运营要求，项目设计完成了总规、可研、方案设计、初步设计以及施工图，并与之相对应地完成了全过程的医疗工艺专项设计（医疗工艺策划→工艺规划设计→工艺方案设计→工艺条件设计）。项目立足综合技术服务平台，围绕四个理念提供技术服务，设计按总包形式推进，二十多个设计分项涵盖了医院建筑几乎所有技术对应点。整个技术服务体系复杂而有序，通过逐项细化及控制，使方案设计理念和初衷能得以有效实施，在设计完成度方面达到了良好的效果。

## 一、全过程医疗工艺设计支撑和优化建筑创作

项目针对性地提出"以华西精神为魂，以服务妇女儿童为本，以科学理念为纲"的设计理念，并以此为原则全面指导设计。针对项目作为西南妇女儿童医学中心的定位，以及华西历史悠久的教会医院背景，设计注重对华西历史文脉的沿承，关注妇女儿童不同的就诊特点和行为心理，旨在总体布局、环境营造、功能空间组织以及无障碍细节设计等方面创造出人性化的医疗环境。同时，运用立体交通方式高效疏散医院大量的出入院车辆，也是项目设计的一大亮点。

为实现以上设计概念与构想，需要全面落地的技术措施以及切实可行的工作模式和综合技术平台（如图 5-1-1）。全面的技术控制是建筑产品得以实现的保证，技术控制全过程围绕医院设计的四条主线展开（如图 5-1-2）。四条主线遵循现代医院设计理念，旨在设计一套属于华西的现代医疗功能体系。

第五章 创作与思考 | 101

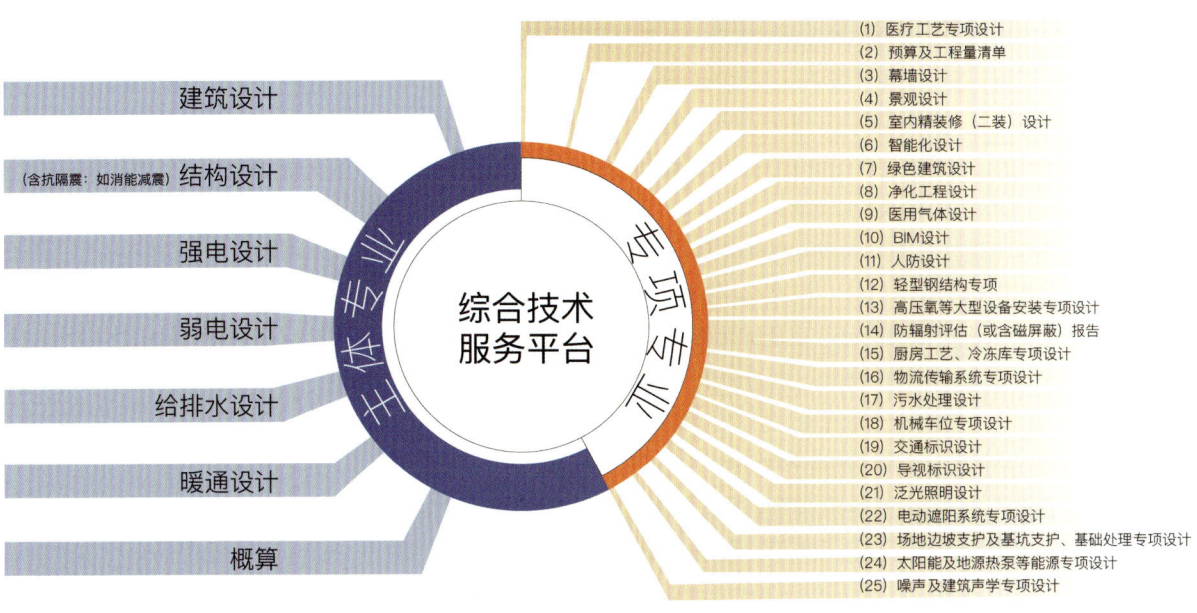

图 5-1-1

图 5-1-1 综合技术服务平台图示

图 5-1-2

图 5-1-2 "四条主线"图示

**1 四条主线——实现高效医疗运行体系流程和合理空间形态**

（1）以病患便捷为前提的人性化服务体系。

围绕着医疗工艺打造的综合技术平台，各专业协作的共同目标是实现医院设计中的人性化关怀。设计之初就秉承以人为本的设计理念，从院区规划到科室设置、标准配置以及人员安全性等，考虑以服务妇女儿童为本，同时关注提高医护人员工作效率，缓解医护工作强度，切实落实人性化细节设计。

（2）以医技为核心的有效诊疗体系。

为构建以病患便捷为前提的人性化服务体系，从规划设计开始，方案总图采用集中式布局（如图5-1-3），形成以医技为核心的有效诊疗体系（如图5-1-4），以环形医疗街串联各诊室及绿化中庭，门诊区域的诊疗流线清晰便捷。医护流线以专业高效为准则，医患分流分区明确，关注医护"门诊→医技→住院"日常工作流线，同时关注急诊、手术、血库等快捷抢救流线。

（3）以急诊手术为主线的快捷抢救体系。

为实现以急诊手术为主线的抢救体系，急诊至手术室设有专用的绿色手术通道，并于手术平层设置ICU、血库等，形成完备的手术抢救体系（如图5-1-5）。

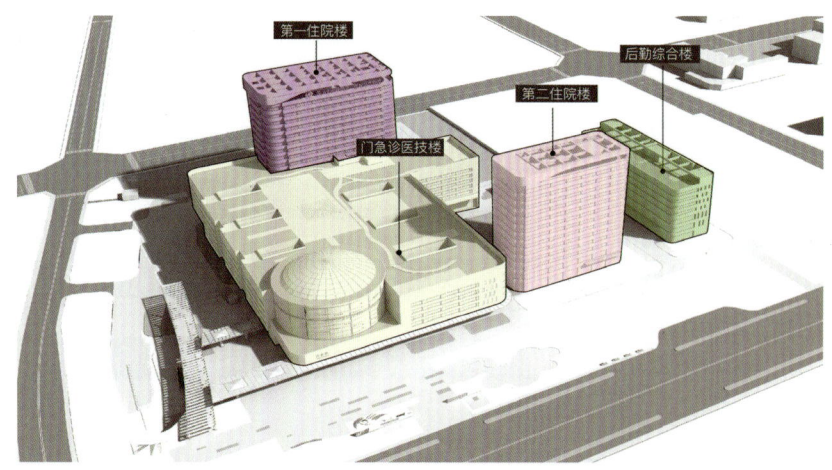

图5-1-3

图5-1-3　院区集中布局图示

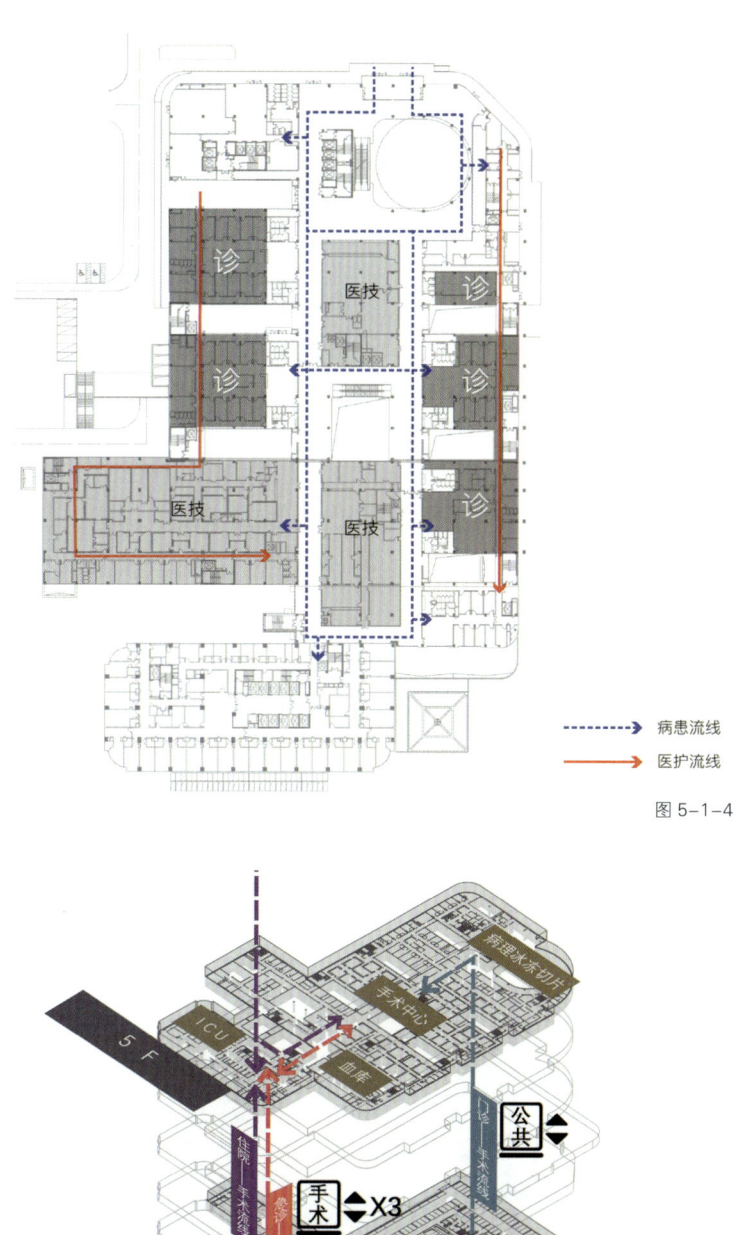

图 5-1-4

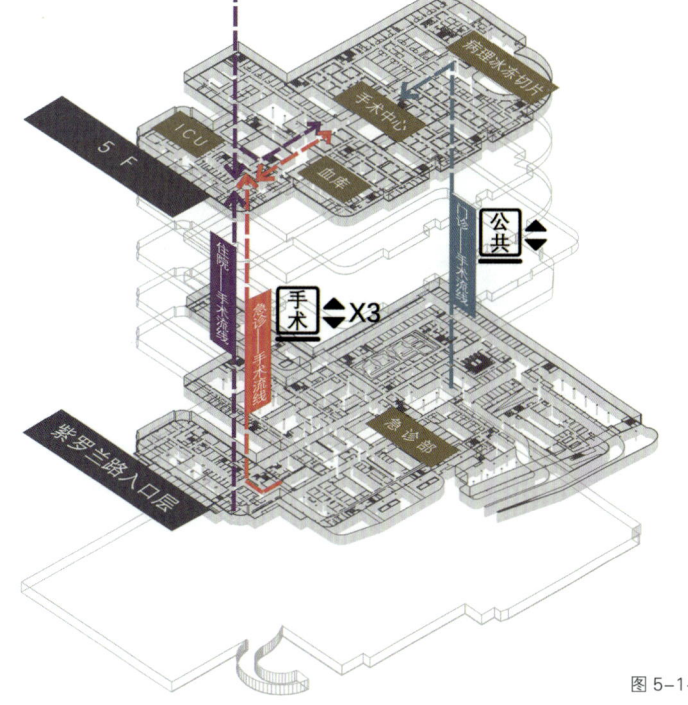

图 5-1-5

图 5-1-4 以医技为核心布局图示
图 5-1-5 门急诊住院－手术体系分析

（4）以后勤供应联动为核心的高效运营体系。

为实现后勤高效联动体系以及便捷通达的供应流线，药库对药房、静脉配液中心直供（如图5-1-6），中心供应对手术洁净库房直供（如图5-1-7）。

为实现污物的分流处理，生活垃圾和医疗垃圾由污物电梯及通道送入污物处置中心分类收集，由特种车辆从独立的污物通道转运至外处理（如图5-1-8）。

围绕着以上四条主线，医疗工艺的设计贯穿于项目全过程。在方案设计阶段，确定总体规划布局的基础上，深化一级医疗工艺流程和二级医疗工艺流程，明确水、电、空调、医用气体和防护措施等技术条件、技术指标参数，并与医院科室充分对接沟通，完成工艺方案设计。施工图设计阶段完成医疗工艺条件设计，这一阶段包含了医疗家具点位、净化通风点位、给排水点位、医用气体点位、网络电话点位、功能插座点位的设计等，使得方案构思能落实到每个细节。

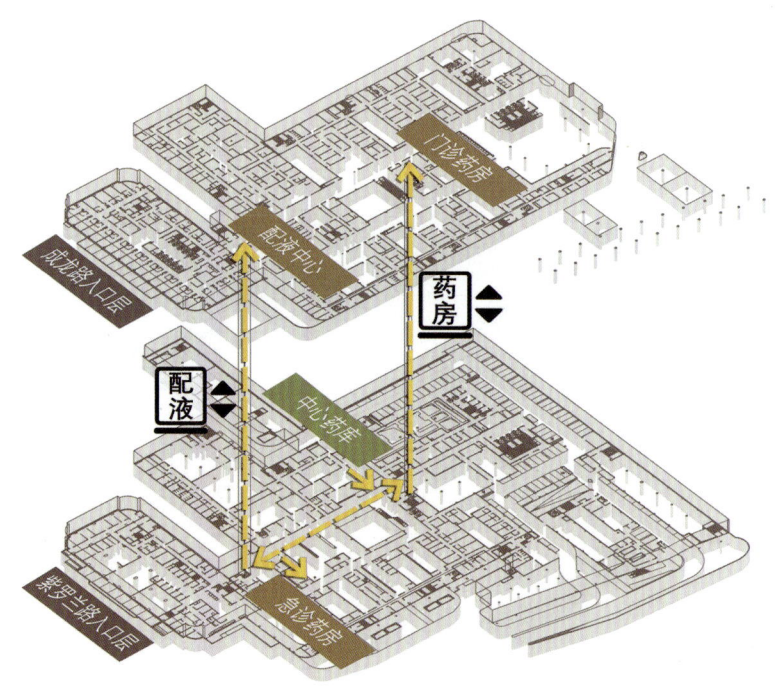

图 5-1-6

图 5-1-6　药房、配液中心流线分析

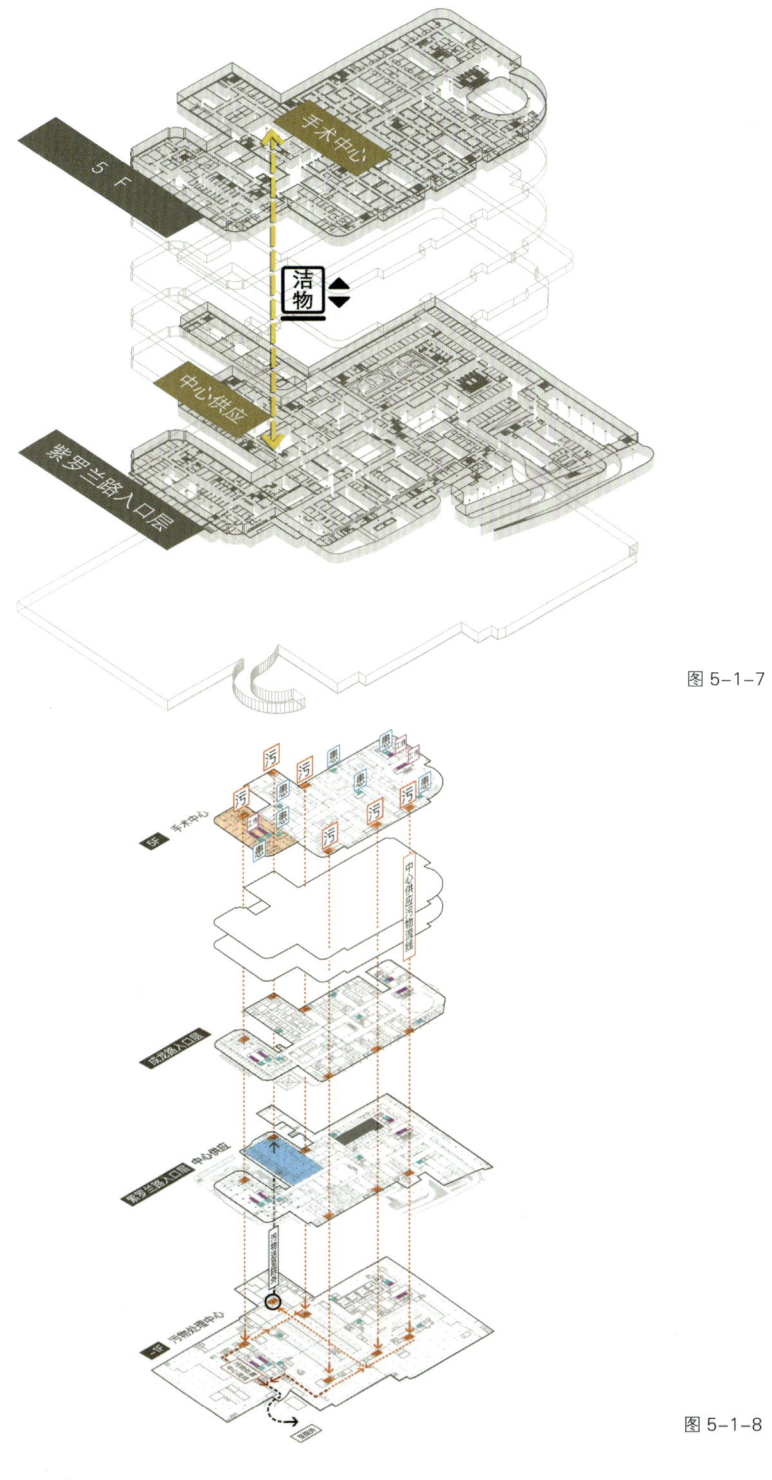

图 5-1-7

图 5-1-8

图 5-1-7 中心供应对手术洁净库房直供流线分析

图 5-1-8 污物处置流线分析

**2 专项工艺强化妇儿专科特色**

项目作为西南妇女儿童医学中心，根据医院的专科特点规划科室，包括妇科ICU、PICU、肿瘤放化疗中心、儿童呼吸科、儿童消化科、儿童内分泌科、儿童感染科、儿童保健、妇女保健等。同时增设孕产妇康复中心、婴儿早教及体能训练中心等。总体布局和内部功能空间顺应医院科室规划框架，同时考虑妇女儿童心理行为特征，分楼层设置妇科、产科、儿科，分入口分通道对体检、儿保、妇保等健康人群与非健康人群进行分流（如图5-1-9）。

项目于第一住院楼六层产科产房区和九层产科病房区设置了LDR家庭化产房（如图5-1-10），医院根据本地区孕产妇住院日、剖宫产率、患者分类等情况确定产房数量和使用要求，其中六层设置7间，九层设置3间，每间产房建筑面积为36~41平方米。相较于以往的生产流程——孕产妇需要在生产前后五次辗转于不同病区，在LDR家庭化产房生产，无须孕产妇在各病区之间辗转，减少了感染发生概率，而且全过程在独立的房间中进行，个人隐私得到充分的保护。

第五章 创作与思考 | **107**

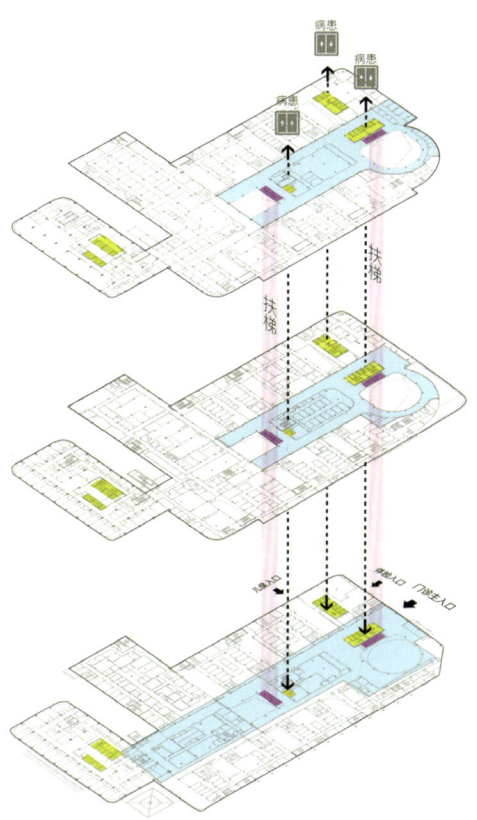

图 5-1-9 分层分区分入口患者流线示意

图 5-1-10 LDR 产房实景照片

## 二、专项设计提升项目品质

本项目采用工程总承包模式（EPC，Engineering Procurement Construction），二十多个设计分项涵盖了医院建筑几乎所有技术对应点，通过逐项细化及控制，设计完成度方面得以大幅度提升。

**1 交通专项组织设计**

项目场地地形复杂，用地南北向约有 6 米高差，设计利用地形高差形成不同标高入口层。院内设置分区、分时、多出入口、单循环的高效立体交通系统，高峰时段门诊车行入口为三车道单向进入，单向从住院广场地库出口驶出，主入口匝道缓冲长度可满足车辆院内排队等候需求；平常时段门诊车行出入口为两进一出，立体交通多层次疏导入院车辆、临停车辆。紫罗兰路设置多出口疏导出院车辆，实现院内人车分流，保证院区舒适安全的就诊环境。在此基础上，交通导视设计结合院内景观，按照便捷性、导向性、安全性的原则布置，整个院内交通系统高效、清晰、有序（如图 5-1-11、图 5-1-12）。

图 5-1-11

图 5-1-11　院内单循环立体交通组织区域鸟瞰

第五章 创作与思考 | 109

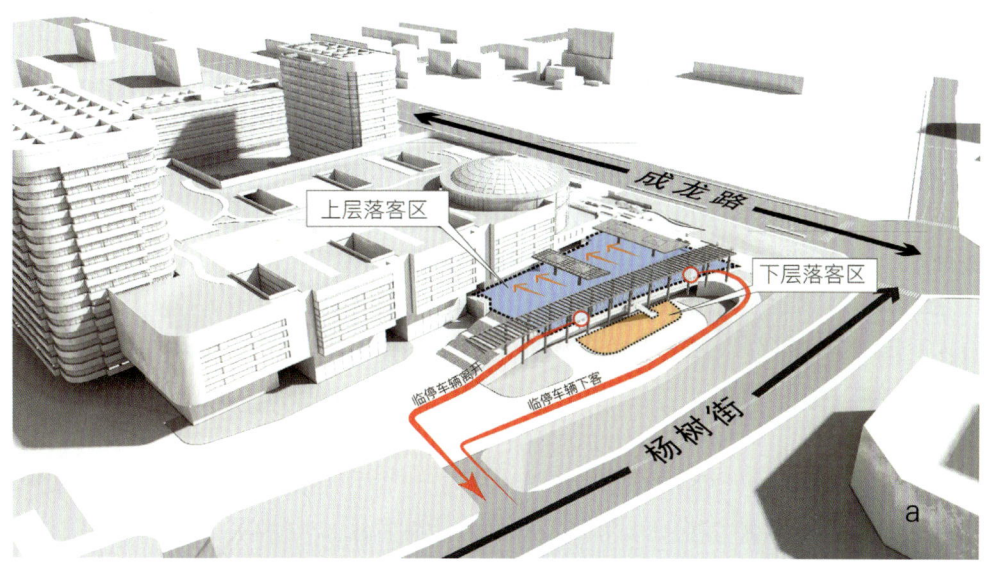

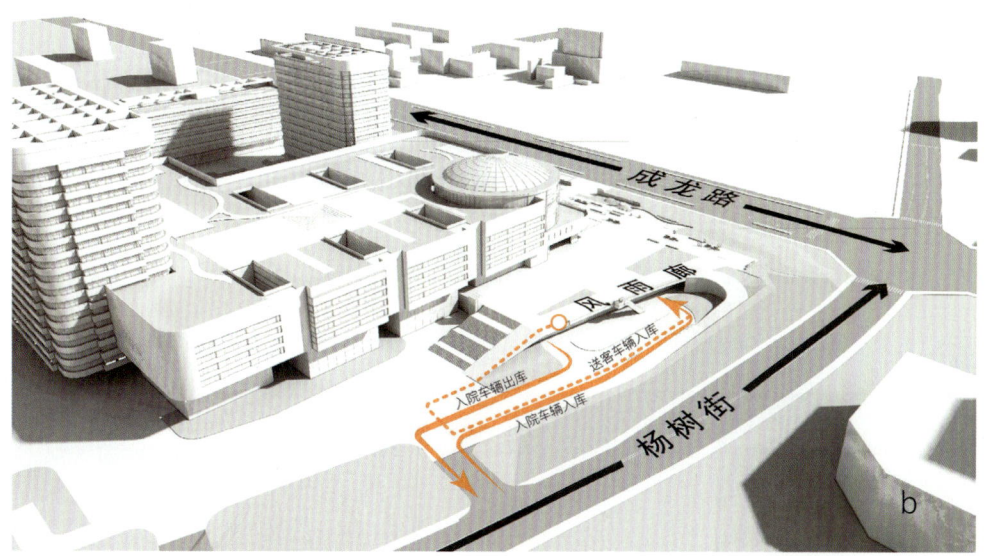

图 5-1-12

图 5-1-12 院内立体交通单向循环系统流线分析

**2 结构消能减震设计**

为确保地震突发时期建筑的安全性,结构专业将消能减震设计的抗震设计方式引入项目设计中。消能减震设计是通过设置金属剪切型阻尼器使得结构的整体抗震性能达到 C 级,并制订了针对构件的详细抗震性能目标,保证结构在遭遇 7 度设防的地震时具有良好的抗震性能,保证结构的安全性。

**3 基于建筑空间的门诊大厅装饰设计**

门诊大厅是医院人员最密集的公众场所,故此处的感官效果尤为重要。设计以建筑空间为主导,从空间、色彩、材质三要素着手,采用柔和的色调,充分营造出温馨、亲切的氛围,让患者如入大家庭般温暖(如图 5-1-13)。关注细节设计,如通过可视分析计算确定大厅显示屏的位置高度,保证人们在大厅各处能无阻碍且无须费力仰视,即可观看显示屏发布的信息(如图 5-1-14)。

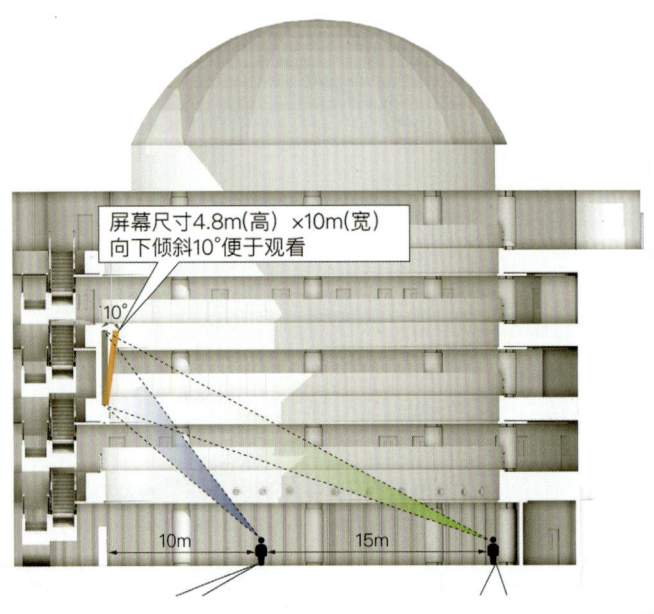

图 5-1-13

图 5-1-14

图 5-1-13 门诊大穹顶空间高宽比分析
图 5-1-14 门诊大厅实景照片

**4 BIM 技术**

项目在设计阶段运用 BIM 进行基础模型的搭建、三维协同及管线综合调整，对医疗建筑复杂的管线进行自动碰撞检查，对管线布置进行调整，减少不易发现的错误，实现管线优化、净高优化、预留预埋定位准确。设计模型通过上传至移动设备（IPAD)，实现对项目 3D 浏览查询，让业主感受到 BIM 技术对项目的有力管控。设计完成阶段利用 BIM 形成项目竣工模型，并与所有相关竣工资料实现关联，大大提高移交效率和业主对竣工资料后期使用的便捷性，为业主提高项目资料的查找效率。

运用 BIM 竣工模型并加入运营维护信息，建立 BIM 运营和维护模型，配合业主和物业管理公司基于 BIM 模型实现医疗建筑运营维护方案模拟、比选、优化，最终形成物业管理平台的基础数据库。大大减少了运维系统初始化在数据准备方面的时间及人力投入，实现业主高效精准的设备维护管理和应急管理。并通过与智能控制系统的关联，在运用管理过程中，从能耗节省以及房间使用效率提升中获取显著的经济效益。

**5 关注妇女、儿童的人性化的服务应对**

为了将人性化设计理念转化为具体设计，在交通组织方面，设置了立体环形车道和超长风雨廊，让病患顺利地不受天气影响进入医院各个诊疗单元；在布局模式方面，坚持集约式一体化设计，减少病患和医护人员步行距离；在基于院感控制的功能策划方面，将妇、产、儿科分层设置，患

图 5-1-15

图 5-1-15　门诊广场实景照片

图 5-1-16

图 5-1-17

图 5-1-18

图 5-1-16　室内实景照片
图 5-1-17　室内儿童活动区交互影像墙实景照片
图 5-1-18　护士站实景照片

者就诊动线独立；在内部功能流线方面，以医技为核心，以环形医疗街串联各诊室及绿化中庭，在医患分离的原则下设置独立的医护工作休息区；在内部环境营造中引入更多的阳光、绿化，让建筑内充满生机。在后勤供应联动体系上，采用中心供应室对手术室的直供、中心药房对门诊药房的直供，有效地减少医护人员的工作强度。项目人性化的设计细节，旨在落实以人为本的服务宗旨，使建筑不再是一组冰冷的"房子"，让"爱"回到医院设计中，让医院回归它的本质——源自心灵深处的怜悯和关爱（如图5-1-15、图5-1-19）。

景观设计结合了医院功能布局，营造出良好的景观环境，满足病人的视景需求；动静结合，利用植物隔离和地形营造等手段创造最适合病患的安静环境氛围，设置交往空间，通过活动源和活动设施来引导病人活动交流。另外，在人群主要景观活动休息区，设置符合孕妇活动特点的19°倾角弧度靠椅、满足儿童身高特征、带夜间警示灯光的洗手台和安全的儿童室外游戏场地，落实人性化细节。

图 5-1-19

图 5-1-19　建筑外观实景照片

医院是不同于其他公共建筑的特殊场所，生命的延续、生命的挽救均与医院联系在一起。如何使医院这一与生命密切相关的地方成为真正关爱生命的场所，不仅要依靠医生高超的医技和医院精良的设备，良好的室内环境和气氛的营造也是关键因素之一。本项目室内设计风格与外部风格统一，延续暖白色、浅米色和浅粉色为基础色系，充分体现妇女儿童中心的特点（如图 5-1-16、图 5-1-17、图 5-1-18）。

## 三、传承华西历史记忆，延续华西文化精神

100 年前，一群西方传教士来到成都这片包容的东方土地，掀开了现代医学的新篇章。延续至今的思想和力量，让四川大学华西第二医院兼具了东西方文化特色。在东西方文化交融下，包容和博爱成了"华西精神"的内核。设计构思以"华西精神"为魂，提取华西文化特点符号，将之纳入院区建筑主体、室外景观、室内空间、构造节点等设计细节之中，再现华西特有的历史氛围，同时兼具妇女儿童医学中心的现代气质。

在建筑主体的文化艺术表达方面，以现代手法重现和沿续、传承华西历史文脉。外立面活泼跳跃的彩釉玻璃中镶嵌的十字符号既象征着教会历史意义，也象征着现代医学红十字的精神，表达对华西历史的敬意（如图

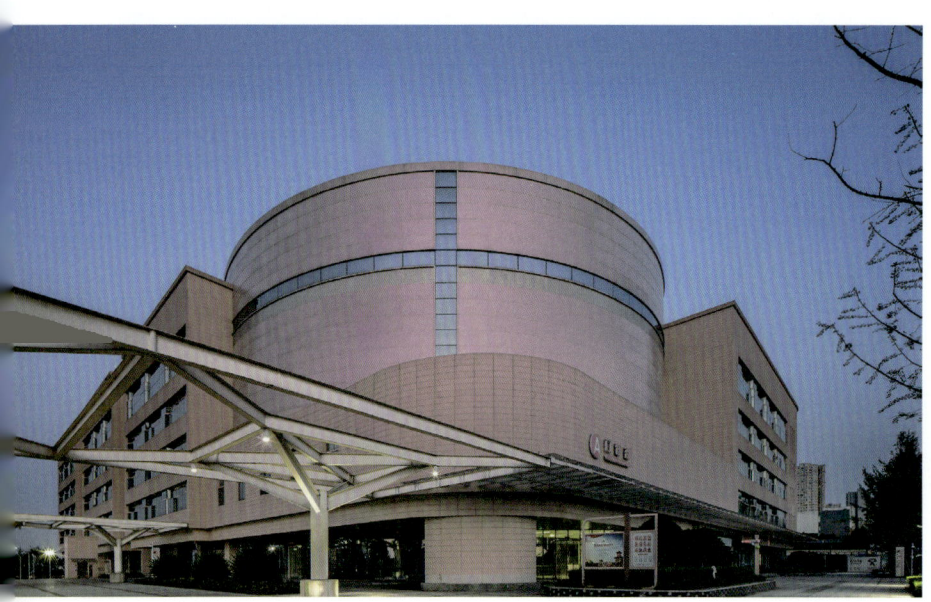

图 5-1-20

图 5-1-20　建筑立面外景照片

5-1-20）；同时立面选择接近婴儿幼嫩肌肤的浅粉色亚光陶板，并进行如母性般温婉平静的圆角处理，传达温暖柔和的具有妇女儿童医院内涵特征的视觉感受。

在文化表达方面，室外景观提取华西传统记忆中青砖、灰瓦、白檐、红墙等色彩和韵味，通过老华西青砖景墙、华西人物雕塑、华西文化墙一系列文化符号，承载老华西人的回忆。同时，培植华西百年银杏，不仅是美的体现，更是一种鼓励和象征，也是对医者的赞美，延续了华西特有的场所感和空间感。

## 四、小结

医疗建筑作为公共建筑的一种类别，有公共建筑相同的普适性要求，如空间形态、消防要求、人性化应对、绿色建筑节能措施等。但医院设计无论在设计思路、工作模式还是技术应对上均与其他的公共建筑设计存在很大的差异。满足医疗营运的工艺设计应该是医院设计最特别、最核心的基础，围绕医疗工艺及流程必须完成的技术综合应对是设计中最复杂的部分。这是全方位的控制，需要强大的专业技术团队或平台协同完成，不仅考验建筑师的个人能力和职业素养，更考验技术团队的综合实力。

而针对医院设计必须关注几个缺一不可的内容：医疗工艺是医院设计的基础；技术综合应对是医院设计的关键；文化艺术表达是医院设计的载体；人性化关怀是医院设计的终极目标。如何将设计理念融合到实施之中，没有捷径可走，只有实实在在地用专业方式解决专业方面的难题。

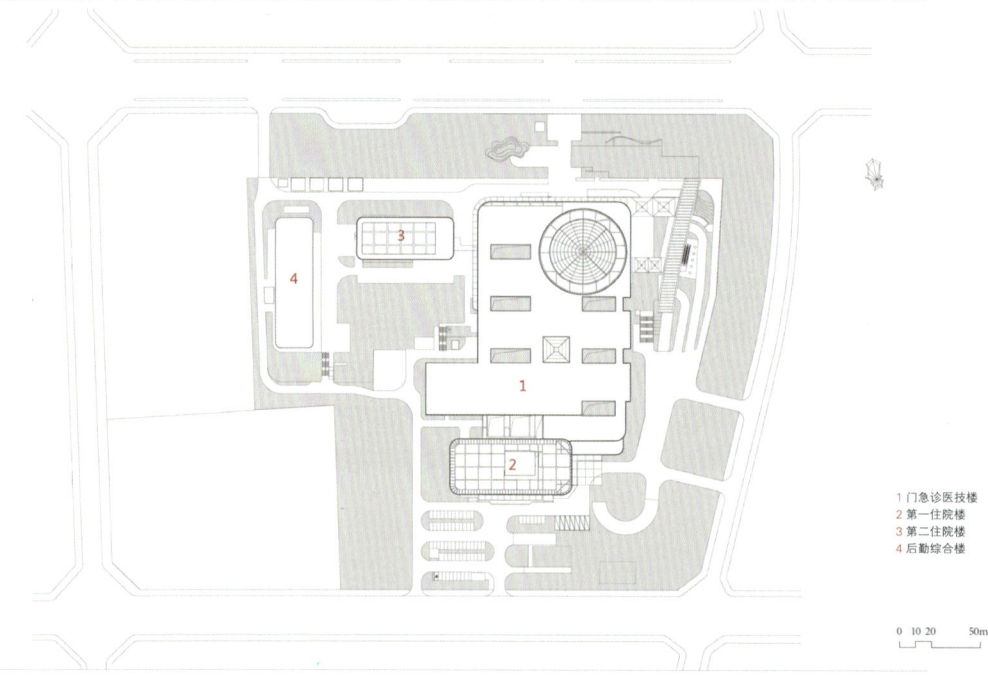

1
2
3
4
1 门急诊医技楼
2 第一住院楼
3 第二住院楼
4 后勤综合楼
0 10 20 50m

图 5-1-21

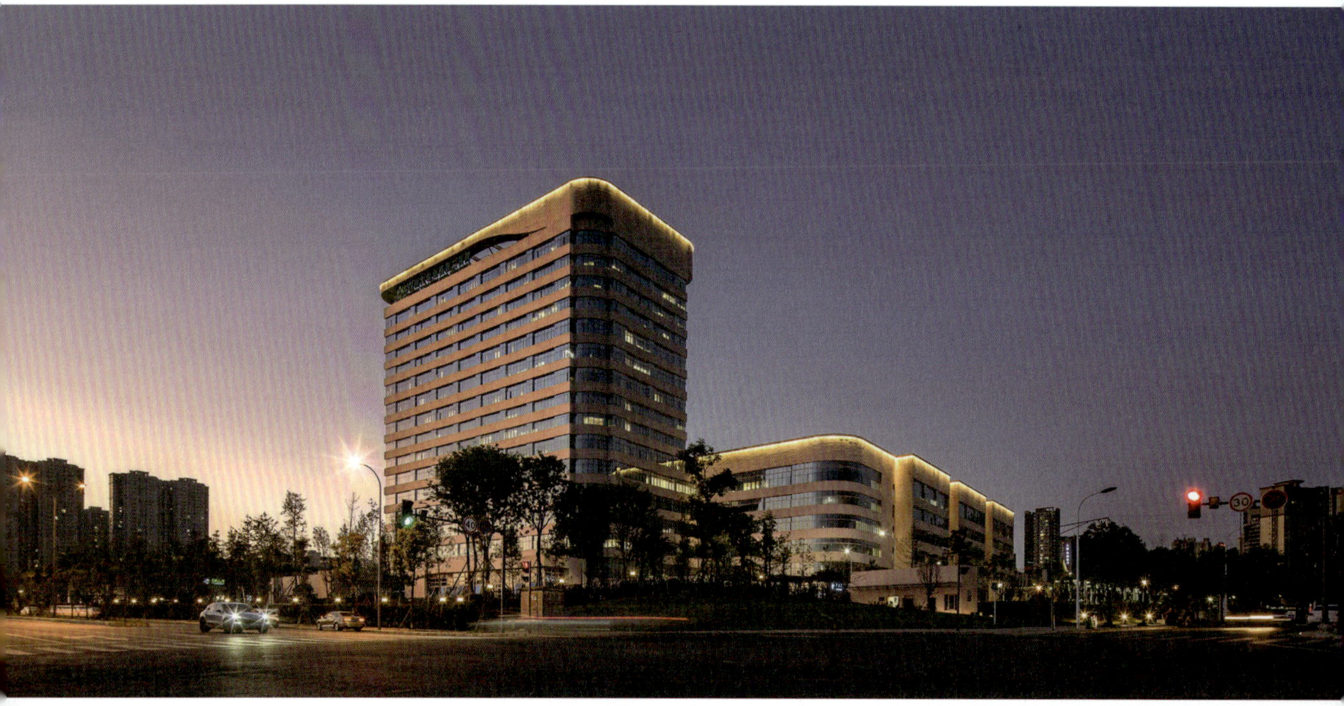

图 5-1-22

图 5-1-21　总平面图

图 5-1-22　第一住院楼实景照片

第五章 创作与思考 | 117

图 5-1-23

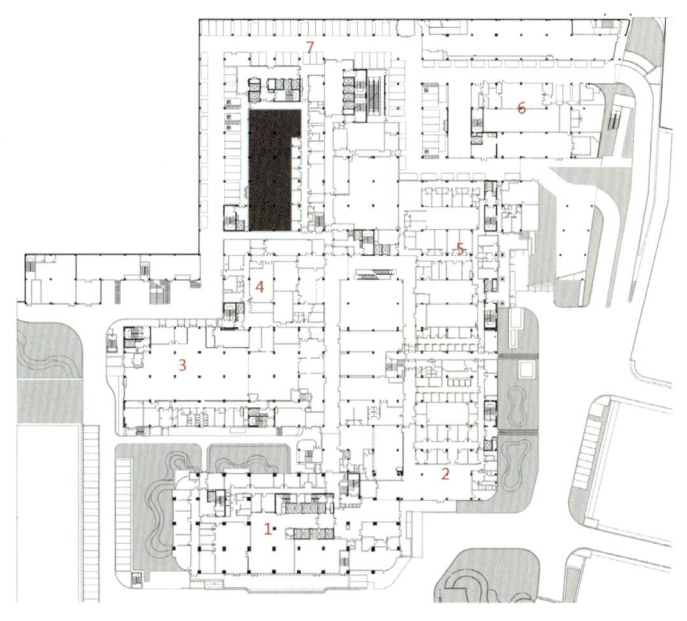

1 住院大厅
2 急诊
3 中心供应
4 中心药库
5 肠道发热门诊
6 设备用房
7 地下车库

图 5-1-24

图 5-1-23 建筑实景照片
图 5-1-24 紫罗兰路入口层平面图

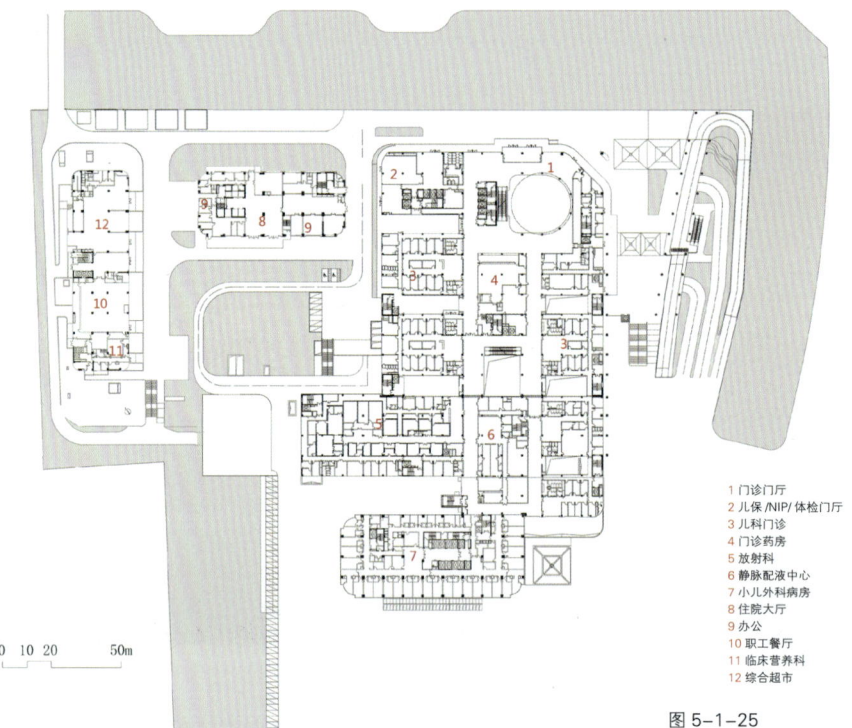

1 门诊门厅
2 儿保 /NIP/ 体检门厅
3 儿科门诊
4 门诊药房
5 放射科
6 静脉配液中心
7 小儿外科病房
8 住院大厅
9 办公
10 职工餐厅
11 临床营养科
12 综合超市
0 10 20 50m

图 5-1-25

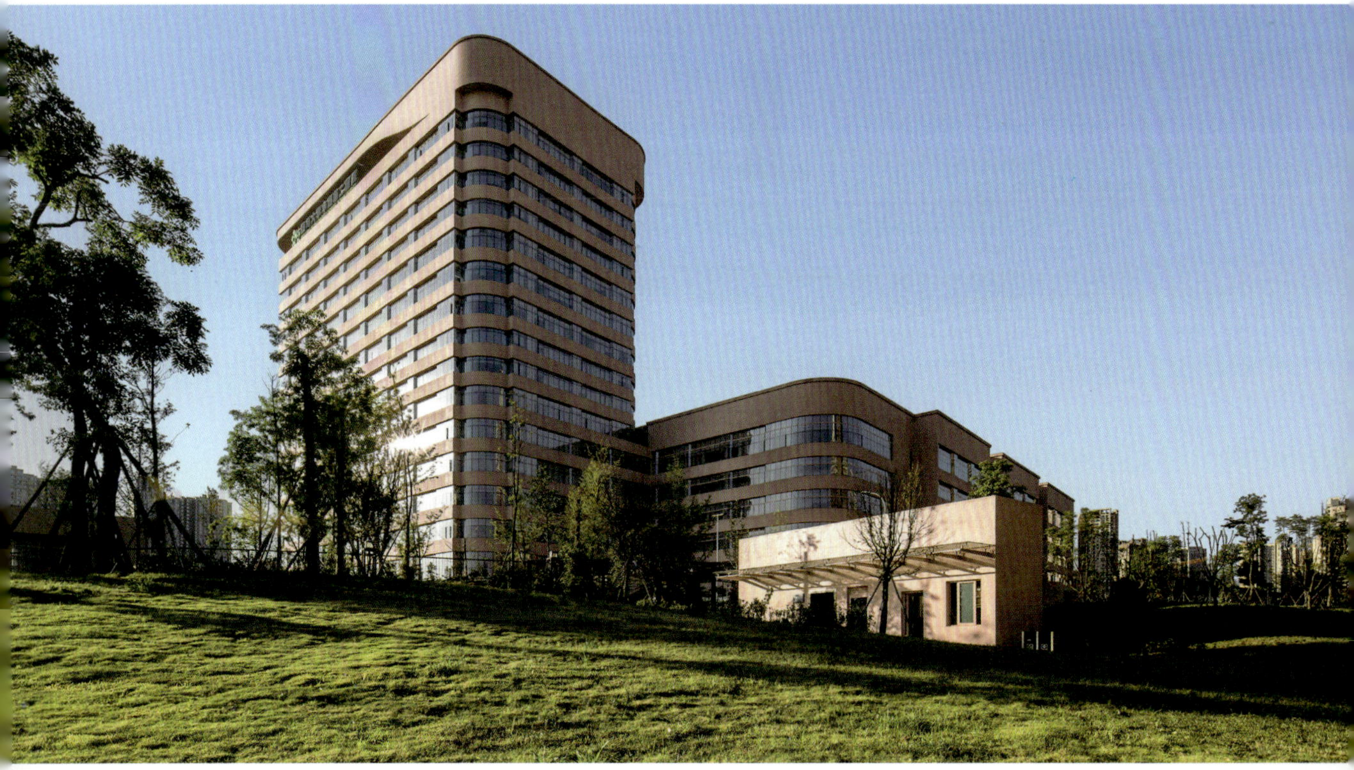

图 5-1-26

图 5-1-25　成龙路入口层平面图

图 5-1-26　建筑实景照片

图 5-1-27

图 5-1-28

图 5-1-27　立面细节

图 5-1-28　外立面十字开窗

图 5-1-29　建筑实景照片

图 5-1-30 门急诊医技楼大厅穹顶

122 | 经纬织筑

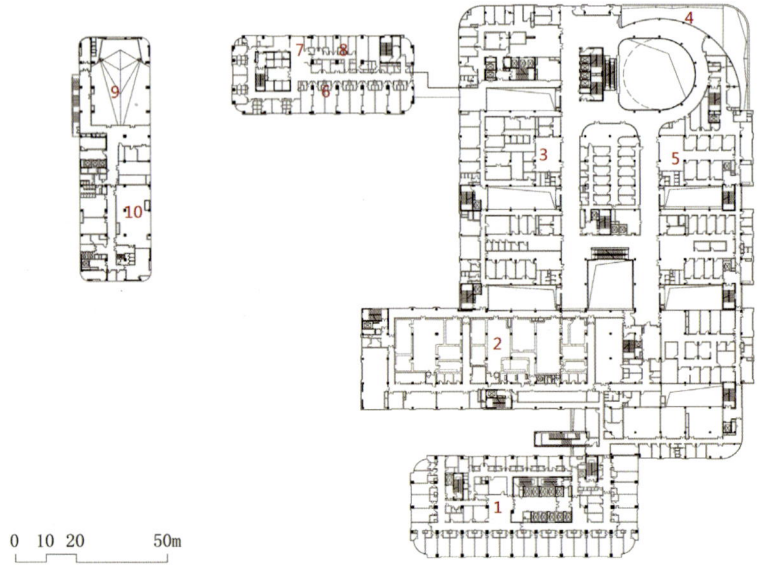

1 小儿外科病房
2 临床实验平台
3 妇科门诊
4 信息科
5 病理科
6 病房区
7 医护工作区
8 治疗工作区
9 多功能教室
10 厨房

图 5-1-31

图 5-1-31　二层平面图

第五章 创作与思考 | 123

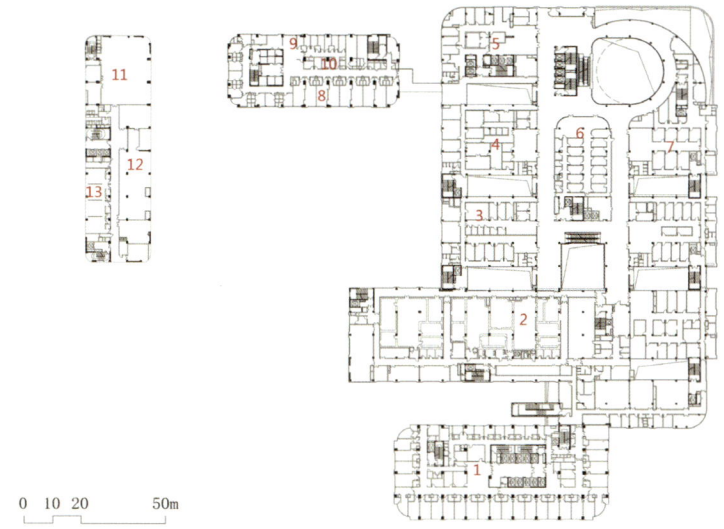

1 计划生育科病房
2 IVF
3 男科
4 人类精子库
5 体检
6 超声科/妇科门诊物质准备区
7 妇科门诊
8 病房区
9 医护工作区
10 治疗工作区
11 教学技能中心
12 职工活动
13 小餐厅

图 5-1-32

图 5-1-33

图 5-1-32 三层平面图

图 5-1-33 建筑夜景鸟瞰

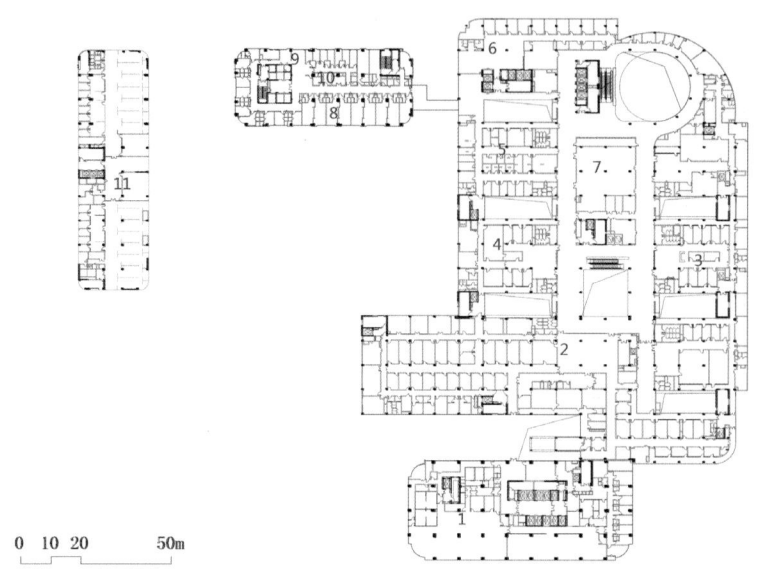

1 计划生育科病房
2 IVF
3 男科
4 人类精子库
5 体检
6 超声科/妇科门诊物质准备区
7 妇科门诊
8 病房区
9 医护工作区
10 治疗工作区
11 办公

图 5-1-34

图 5-1-34 四层平面图

## 项目团队

**建　筑：** 李　琦　　张远平　　黄　平　　蔡琳玲　　刘宇煦　　李欣原　　官　东
　　　　赵　霞　　王　珏　　杨仕特　　方浩霁　　谢　昕　　贺晓露　　王龙波
　　　　马　可（二期）　黄一夫（二期）　陈　思（二期）　李宗虎（二期）
　　　　韩　笑（二期）　杨　浩（二期）　陈漫婷（二期）　朱睿智（二期）
　　　　高雅兰（二期）　侯　伟（二期）

**结　构：** 邓开国　　罗　昱　　黄　扬
　　　　谭　毅（二期）　易　勇（二期）　刘　俊（二期）　谢雪梅（二期）
　　　　罗　天（二期）　张　栋（二期）　王柳茜（二期）

**给排水：** 王建军　　石永涛　　吕　岩　　李　波　　朱　瑞　　黄　佩　　陈建隆
　　　　李　强　　李　坤　　谭　春　　蒋沂孜　　范日飞　　杨佩颖　　邹　怡
　　　　陈锦春　　王铁竹　　郭礼宝　　陈雁玲　　顾燕燕　　蒋海波
　　　　楼培苗（二期）　黄河鱼（二期）　杨佳露（二期）　靳雨欣（二期）
　　　　马腾飞（二期）　王利超（二期）　曹　强（二期）　蒲贤臣（二期）
　　　　杨蒙晰（二期）　卢延博（二期）

**暖　通：** 张　宁　　倪先茂　　革　非　　聂　贤　　彭治霖　　廖　安　　娄　君
　　　　杨　刚　　钱成功　　刘清华　　幸　华　　文　玲　　涂鹤馨　　蒋志祥
　　　　廖明仕　　雷智勇　　唐　曦　　辛兴军　　李　翔　　戎向阳

|  |  | 王继永（二期） | 任　坤（二期） | 吴　尊（二期） | 王雨恒（二期） |  |
|---|---|---|---|---|---|---|
|  |  | 郭文成（二期） | 康　宁（二期） |  |  |  |
| **强　电：** | 徐建兵 | 郑　宇 | 丁新东 | 张　滔 |  |
|  | 雷双全 | 李　慧 | 杜毅威 | 李　倩 |  |
|  | 易思为 | 张亚杰 | 王　铮 | 刘　卫 |  |
|  | 何海波（二期） | 蔡　亮（二期） | 孟　和（二期） | 彭国珊（二期） |  |
|  | 李　锋（二期） | 何东阳（二期） | 曾　畅（二期） | 陆海龙（二期） |  |
|  | 张家富（二期） |  |  |  |  |
| **弱　电：** | 杜毅威 | 周　强 | 吴　寰 | 李江涛 |  |
|  | 关　怀 | 刘　璐 | 王　宁 | 杨　异 |  |
|  | 李滟雯 |  |  |  |  |
| **幕　墙：** | 董　彪 | 殷兵利 | 张　瑜 |  |  |
| **景　观：** | 陈宏宇 | 董栾鸾 |  |  |  |
| **绿　建：** | 冯　雅 | 高庆龙 | 刘东升 | 闵晓丹 | 石利军 |
| **BIM：** | 温忠军 | 张五仟 | 刘仕婷 |  |  |
| **造　价：** | 张廷学 | 许　霖 | 王艺萱 | 袁春林 |  |
| **总承包：** | 徐　立 | 陈　路 | 唐　军 |  |  |

**图片来源：**

图 5-1-1~图 5-1-2：笔者自绘

图 5-1-3~图 5-1-9、图 5-1-12~图 5-1-13、图 5-1-21、图 5-1-24~图 5-1-25、图 5-1-31~图 5-1-32、图 5-1-34：中国建筑西南设计研究院有限公司

图 5-1-10~图 5-1-11、图 5-1-14~图 5-1-20、图 5-1-22、图 5-1-23、图 5-1-26~图 5-1-30、图 5-1-33：卢俊江拍摄

# 四川大学华西天府医院

| | |
|---|---|
| 设计范围 | 总体设计 |
| 医院类型 | 综合医院 |
| 医院等级 | 三级甲等 |
| 床位数 | 1200床 |
| 规模 | 265000平方米 |
| 完成时间 | 2019-03 |
| 项目阶段 | 方案设计 初步设计 施工图设计 |
| 建设单位 | 成都天府新区建设投资有限公司 |

| | |
|---|---|
| 定位 | 以"超越华西办华西为目标"的现代绿色生态医院 |
| 特点 | 以具有华西文化特点的生态慢行景观平台，有机衔接院区跨路医疗功能体 |
| | 以MDT（多学科诊疗体系）结合智能化技术，实现华西医疗的跨越发展 |
| | 分区、分时段、单循环立体交通一体化解决方案 |
| | 以物流整体解决方案支撑院区后勤供应高效运营 |

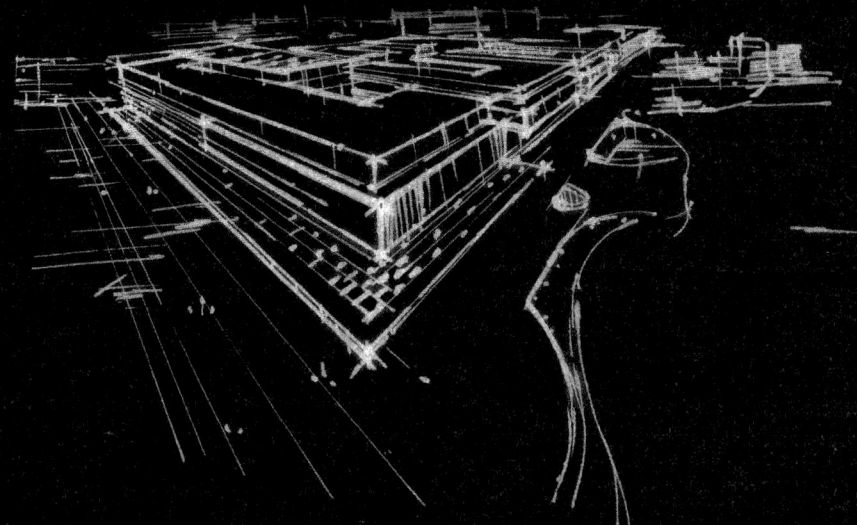

WEST CHINA TIANFU HOSPITAL, SICHUAN UNIVERSITY

## 看得见云朵、听得到花开的人性化绿色医院

　　四川大学华西天府医院项目位于成都市天府新区科学城天府大道以西，定位秉承"异地发展同质化、同城发展差异化"的理念，与华西各院区形成互补的医疗学科功能设置，以 MDT 模式规划多学科中心。方案旨在实现一座具有华西特征、以"超越华西办华西"为目标的现代医学中心，更为建造一座现代化绿色生态医院而努力，使得无论是医护还是患者，在这里都能看得见云朵、听得见花开。

### 一、MDT 模式衍生整个场地方案

　　项目用地被兴隆 145 路分割为东西两块，且两块用地之间存在 12 米的高差。设计以天府大道为起点的生态慢行景观平台（如图 5-2-1），有机地衔接院区跨路医疗功能体，解决了两块用地对医疗建筑及院区环境造成的分割问题。同时，项目以 MDT 模式规划多个医疗功能中心（如图 5-2-2），布局以医疗轴连接各中心学科门诊医技模块化单元，并结合庭院化景观打造院中院式的特需医疗。

### 二、区域城市交通的高度融合

　　项目沿天府大道一侧禁止开设机动车出入口，仅设行人出入口及一处急救应急出入口。天府大道仅通过一条 20 米宽的兴隆 80 路顺接，兴隆 86 路未有匝道与天府大道相接。高峰时段的车流组织以及院区各功能区域的交通组织都是设计师关注的重点。通过对地形高差、周边道路条件、车流人流来向、医院功能区域分布等综合考虑，设计了通过分区、分时段、单循环立体交通一体化的解决方案，实现了人车分流和地铁无缝交通连接的人性化交通体系。

　　横亘于用地中间的兴隆 145 路，利用其尽端道路和穿越院区下方平接车库的特点，对门诊主要车流进行组织，通过设置城市缓冲广场及立体交通系统，减小对市政道路高峰时段的压力，实现人车分流的院区安全交通环境（如图 5-2-3~ 图 5-2-6）。

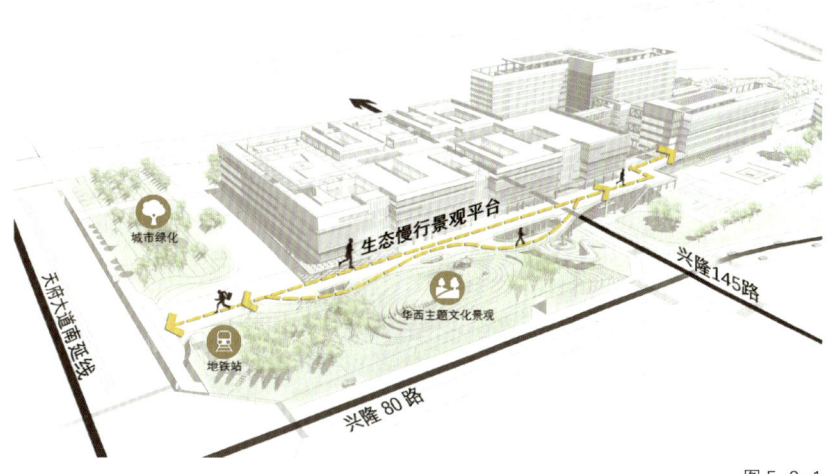

图 5-2-1

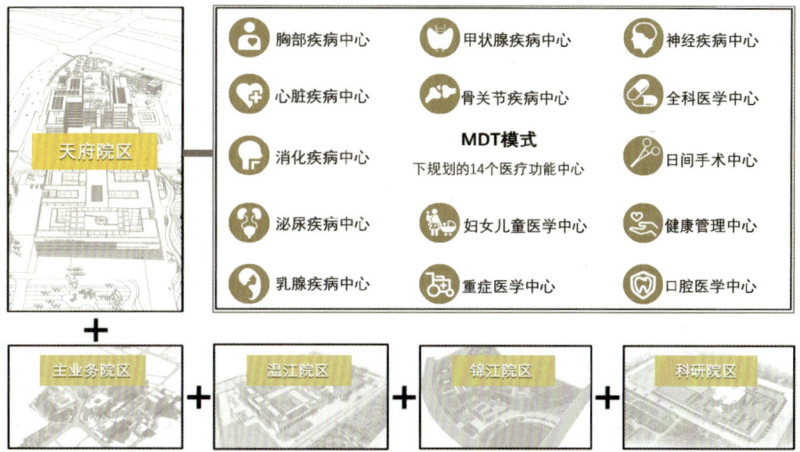

图 5-2-2

图 5-2-1 医院定位模式示意
图 5-2-2 生态慢行景观平台分析

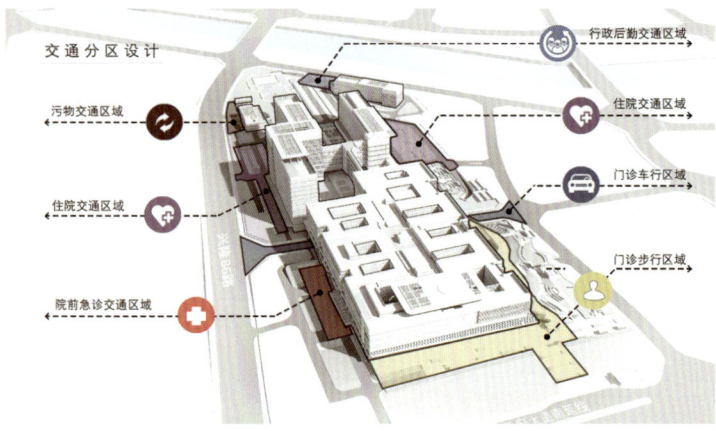

图 5-2-3

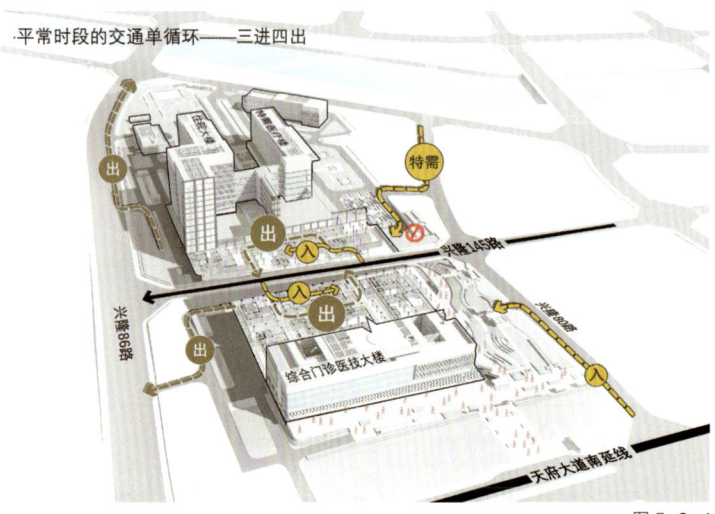

图 5-2-4

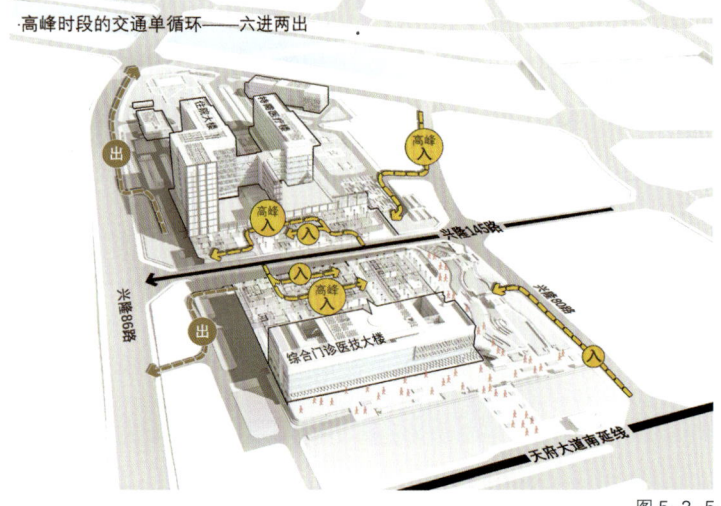

图 5-2-5

图 5-2-3 交通分区设计分析
图 5-2-4 平常时段单循环交通设计分析
图 5-2-5 高峰时段单循环交通设计分析

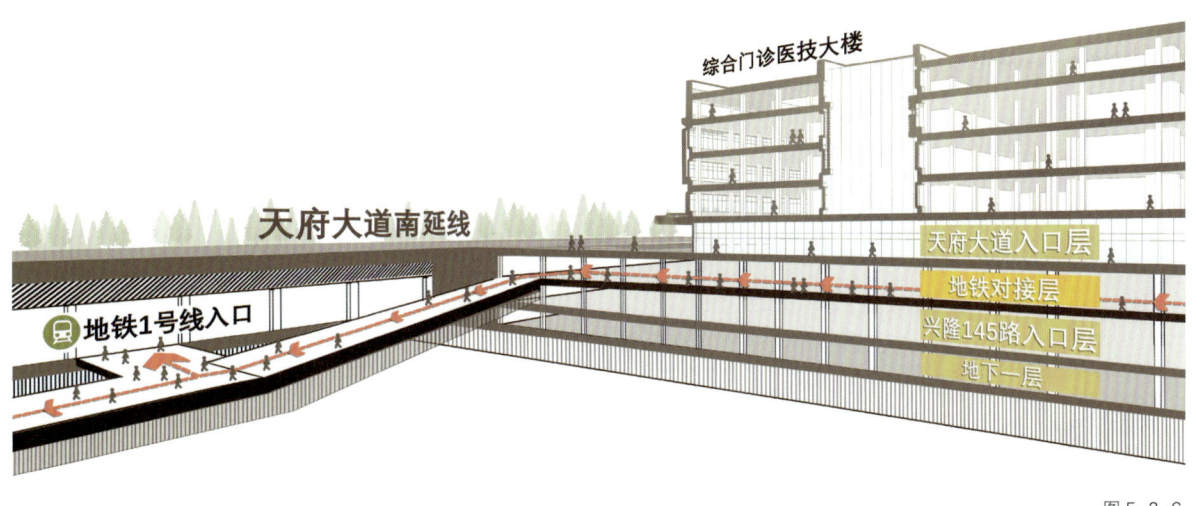

图 5-2-6

图 5-2-6　地铁与医院无缝连接体系示意

## 三、医疗工艺设计的全过程服务

项目设计包含了主体设计及一系列专项设计，围绕着医疗工艺通过综合技术平台进行控制。通过医疗工艺设计的细化，项目的指标、技术标准和服务流程也逐一得到深化控制。

### 1 手术中心规模的确定

应对未来医院住院天数削减趋势,手术中心规模也呈现增长趋势。

手术中心的规模 = 手术病人床位数 ×365/(平均住院时间 × 手术室全年工作日 × 平均每个手术室日手术台数)。目前医院平均住院日为 7.8 天,根据医院设定将平均住院日缩短为 5~6 天的目标,结合外科床位,项目确定手术中心设置 63 间手术室(如图 5-2-7)。

### 2 入院服务中心的设置

常规的就医流程,如手术前的医技检查、麻醉医师诊断、手术预约及入院等,病人往往需要寻找各科室,来回奔走。以病患为中心,提升服务是本项目做出的一大改变。为减少病患不必要的人流往复,提升公共空间的效率,通过设置入院服务中心,实现病人手术检查、预约一站式服务,切实提高以病人为中心的医院服务品质。以入院服务中心为切入点,引导未来医院服务发展方向(如图 5-2-8)。

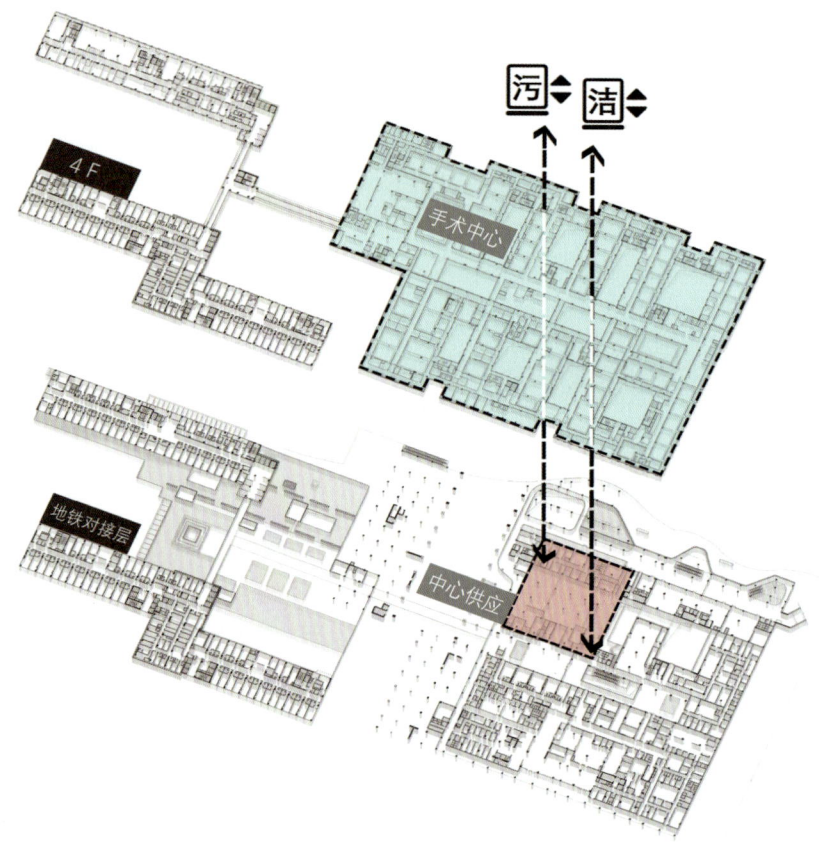

图 5-2-7

图 5-2-7 手术中心体系

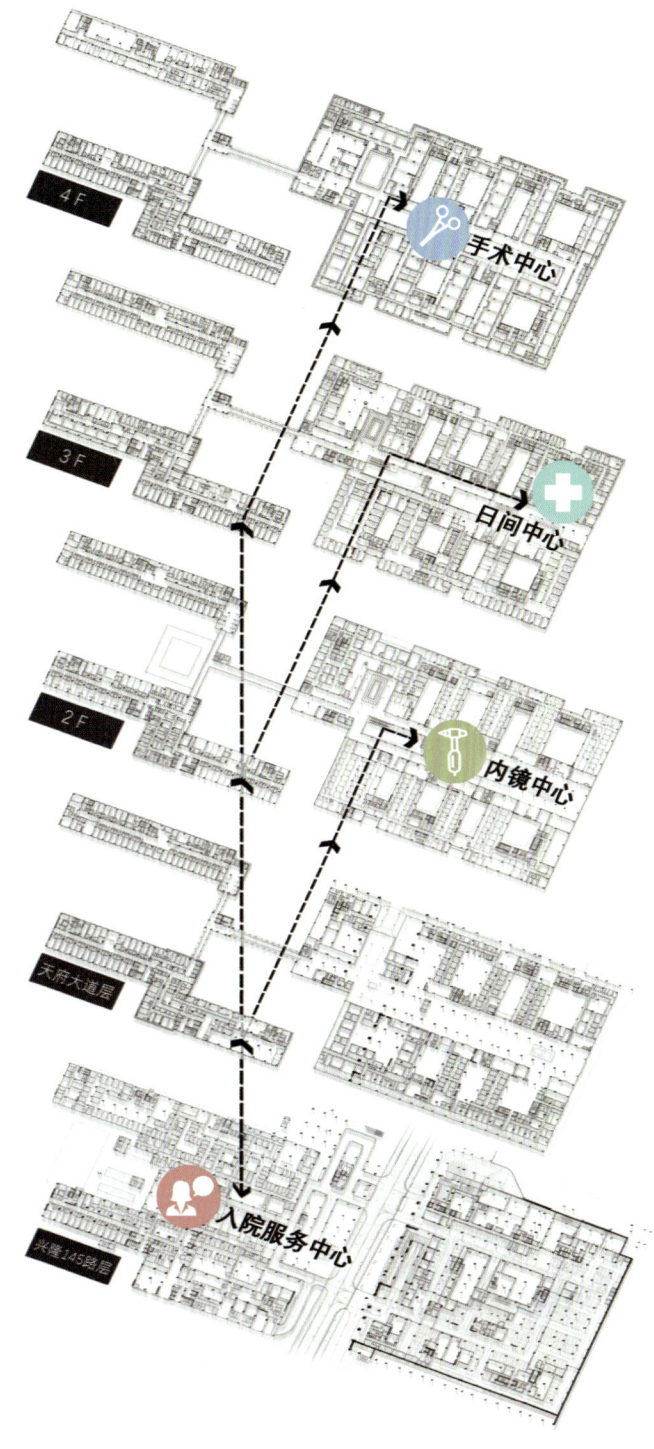

图 5-2-8

图 5-2-8 入院服务中心

### 3 日间医疗体系的设置

项目除关注如手术室、ICU 等核心医疗体系外，同时构建现代医院日间医疗体系，配置包含 14 间日间手术室（设置于中心手术部内）、60 床日间病房以及日间伤口治疗中心。日间医疗体系是对传统医疗流程的改进，通过最大限度地契合患者需求，从而提高患者满意度（如图 5-2-9）。

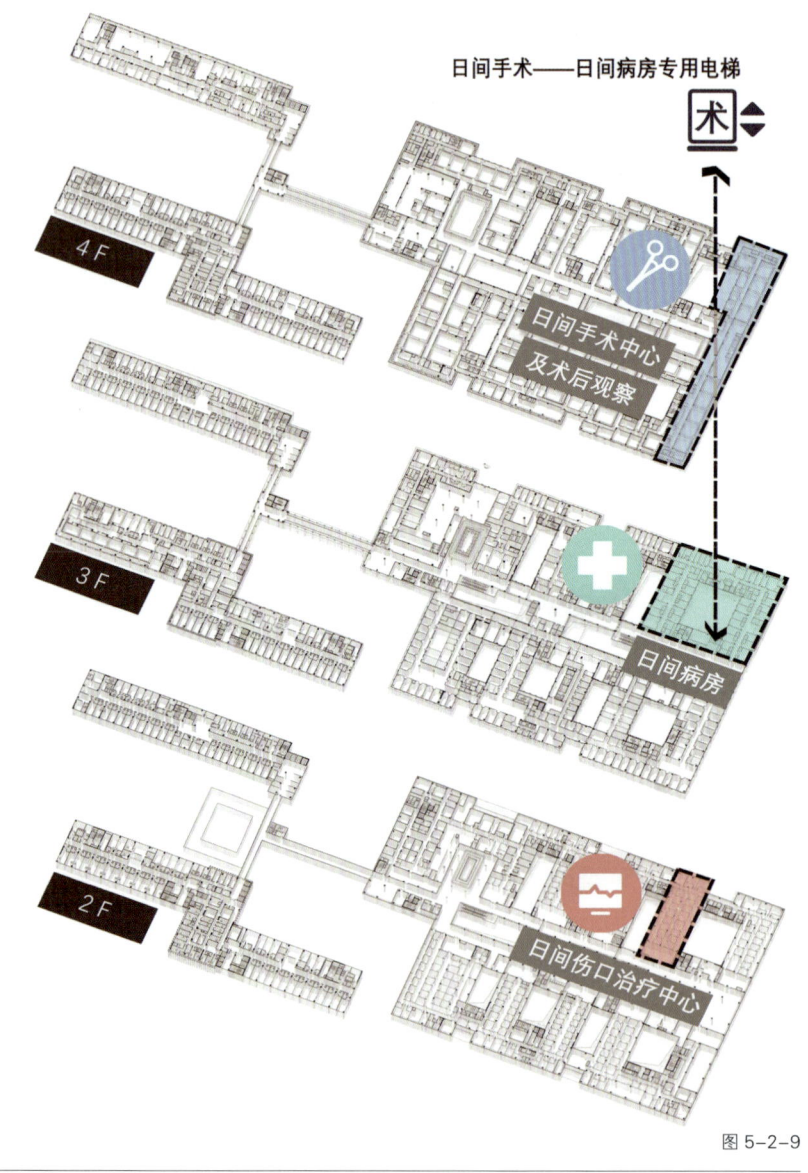

图 5-2-9　日间医疗体系

## 四、项目重点技术应对

设计深化阶段,以医疗工艺为主线,控制工程中所有专业的技术设计和实施。除常规主体专业外,还包含了室内精装修、幕墙、景观等专业的配合实施。同时对特殊技术问题应对也起到关键控制作用。

**1 兴隆 145 路减隔振设计**

为解决交通组织问题,兴隆 145 路的车流穿行对上层医疗功能用房可能造成振动影响,通过分析,将道路交通环境振动对医院的影响减至控制范围之内,结构采取了道路下方设置钢弹簧浮置隔振装置和在对振动敏感的房间预留浮置隔振地板的双保险措施(如图 5-2-10、图 5-2-11)。

**2 核心中庭效果设计**

医疗轴的核心空间的"水""光"庭,采用顶悬挂体系,避免中庭和周边楼板需与结构梁相连接,而失去了方案构想的轻盈效果。采光顶连接于桁架之上,立面玻璃主龙骨则通过拉杆吊挂于桁架下方。整体结构轻盈简洁,现代感十足,从而达到通透的效果(如图 5-2-12)。

图 5-2-10

图 5-2-10 兴隆 145 路的隔振措施示意

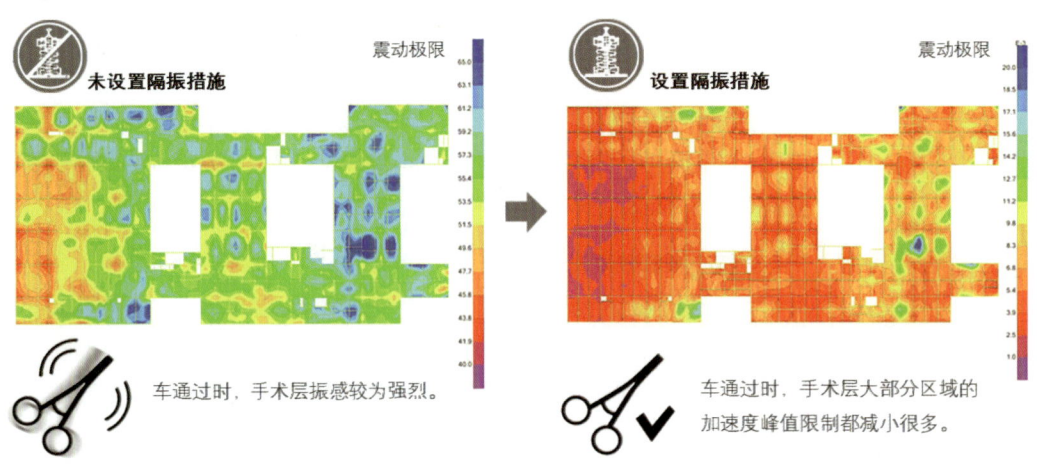

图 5-2-11　兴隆 145 路的振动分析
来源：《四川大学华西天府医院项目公路交通环境震动预测分析报告》

**3 立面砌筑效果专项设计**

外立面主要采用陶板材质，以幕墙手法来实现砌筑肌理，幕墙专项设计通过节点和构造控制。将竖龙骨隐藏于错缝位置，并省去部分横向龙骨，最大限度地实现设计构想（如图 5-2-13）。

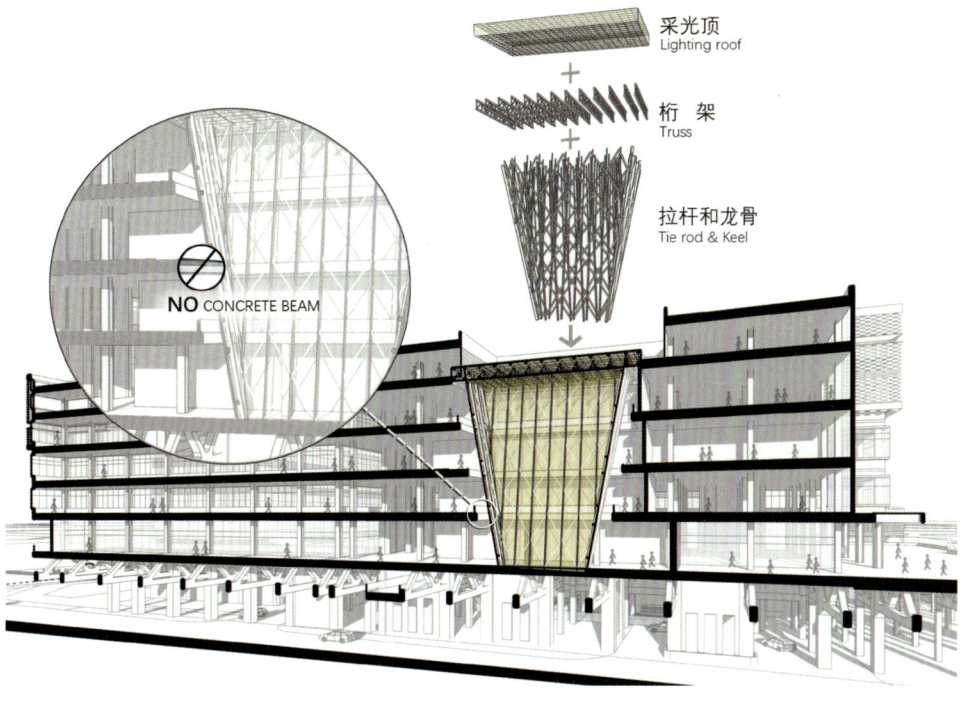

图 5-2-12

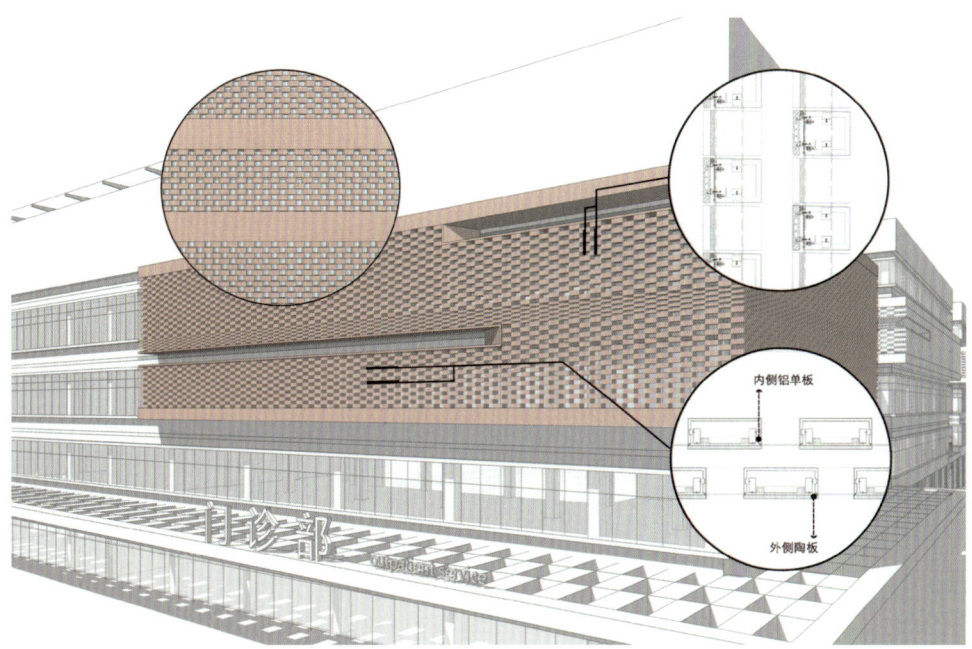

图 5-2-13

图 5-2-12　光庭的悬挂结构体系示意
图 5-2-13　立面幕墙砌筑效果

**4 物流系统地下空间连接通道设计**

兴隆 145 路地下埋深 4 米设置有一条市政管廊，管廊宽 8 米、高 6 米，使得项目的两层地下室无法连贯东西用地，设计采用气动、箱式物流及生活垃圾被服回收管道系统，通过多种物流系统在地下空间进行连接，并设置专用的物流管廊联系东西用地的物流系统，整合院区物流体系，保证医院后勤供应系统高效运作。同时考虑物流系统管道尺寸较大，且经地下室汇集至污物处置中心、库房及后勤楼等，因地下室设备管网复杂，通过管综控制等方式确保充足的空间净高及顺畅的系统管路设置，并保证大型垃圾车的回转半径及专用污物通道净高（如图 5-2-14）。

**5 通过可靠网络、设备物联打造智慧化医院**

项目为保障信息化系统安全高效运行，机房工程采用一体化机房配置，降低设备能耗，提高管理效率，优化机房环境。并采用 IP 化医用系统建设，结合无线技术应用，项目同时运用 WIFI 和 RFID 技术，提升设备物联化程度。结合绿色建筑设备管理系统、IBMS 集成系统、能耗管理与计量系统综合运用，实现大楼设备高效管理，能耗动态监测和分析，最终实现最优化运行（如图 5-2-15）。

**6 全过程造价控制**

项目采用工程总承包模式，全过程造价控制是项目实施的核心部分。基于技术标准的造价切分，在估算、概算和清单等不同阶段，及时分项核对造价控制点并适时进行调整。造价的切分控制，最终落实在技术标准和各专业技术图纸及文件的对应调整上。

第五章　创作与思考　| **139**

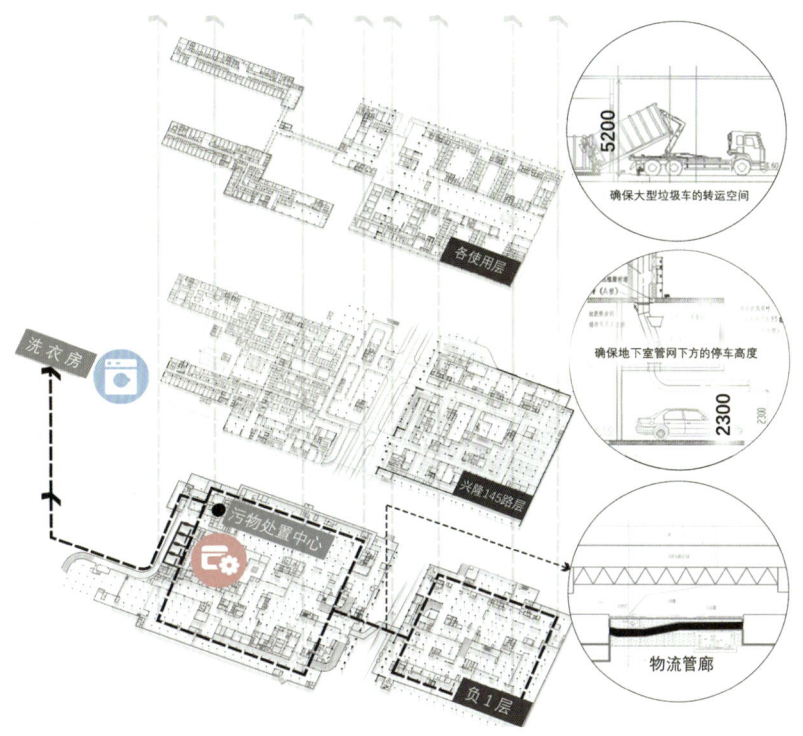

图 5-2-14

**无线技术应用**

医护和患者均可以通过手机端、ipad一站式搞定所需信息服务。

图 5-2-15

图 5-2-14　物流系统地下空间连接通道示意
图 5-2-15　智慧医院无线技术应用

## 五、看得见云朵，听得到花开

基于项目现代医学中心的定位和医院百年文化历史，建筑整体从华西传统建筑提取红、青、灰三种基础色调，加以现代手法诠释演绎，呼应华西老院区形象，体现现代化医院的形象特征。室内空间设计有"水、光、树"三大主题中庭，旨在营造鸟语花香的既抽象又自然的院内诊疗空间。

室外景观以"建设美丽宜居公园城市"的城市发展目标为指引，深入研究公园城市理论内涵，打造符合新发展理念的现代医院景观体系，并结合华西医院的历史和传承，重点打造华西主题文化公园、生态康复花园等特色景观。从心理学的角度思考问题，"设计情感化"，通过景观的媒介整合，协调建筑与场地、建筑与人、场地与人、文化与人的多维度空间关系。在满足医院基本使用功能的前提下给病患、医护人员带来生理愉悦、社交愉悦、心理愉悦、思想愉悦四个层面的优质体验。建筑与景观相互渗透，在室内中庭空间及屋顶打造禅意观赏花园，有益于缓解医护人员和患者精神压力。通过雨水花园的形式来保护生态本底，展现大自然的自我修复力和生命力，带来一片生机盎然的景象（如图5-2-16）。

图 5-2-16

图 5-2-16　绿色医院措施应用

## 六、小结

四川大学华西天府医院项目设计伊始,由于城市空间形态、用地交通条件、内部公共空间形态等多重条件限制,与项目产生了巨大的矛盾点。如城市空间形态与医疗功能的完整性及后勤供应的高效性的矛盾,城市交通与医疗功能流程的矛盾,城市地域文化背景与现代医院形态之间的矛盾,等等。基于项目定位、功能等,通过一系列的创意构想,将矛盾点一一消解,甚至加以利用,以实现设计目标。

图 5-2-17

图 5-2-17 鸟瞰夜景效果图

图 5-2-18　鸟瞰日景效果图

第五章　创作与思考　| 143

图 5-2-19

图 5-2-19　门诊楼鸟瞰日景效果图

图 5-2-20　门诊楼主入口日景效果图

图 5-2-21

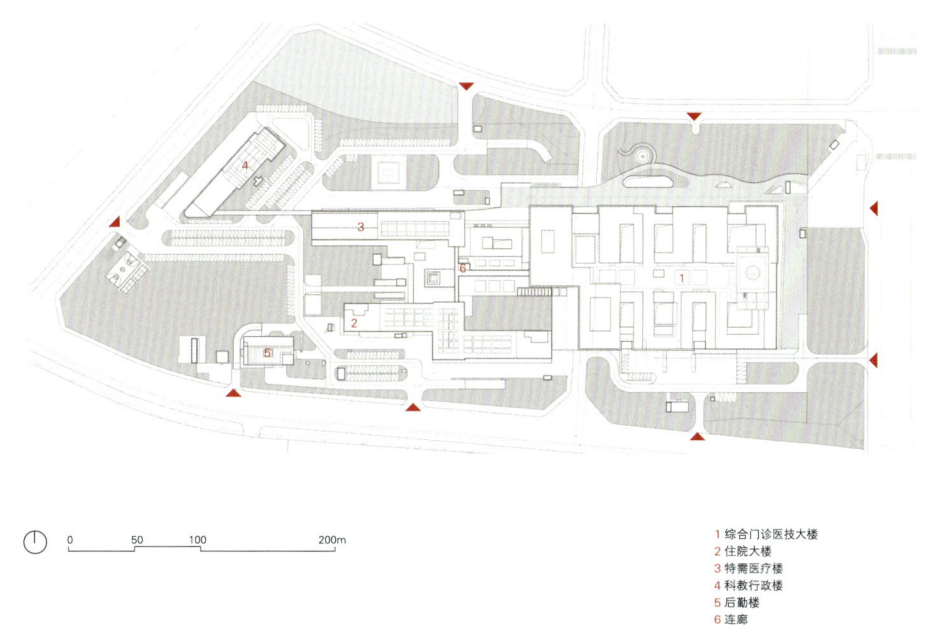

1 综合门诊医技大楼
2 住院大楼
3 特需医疗楼
4 科教行政楼
5 后勤楼
6 连廊

图 5-2-22

图 5-2-21　慢行景观平台效果图
图 5-2-22　总平面图

图 5-2-23

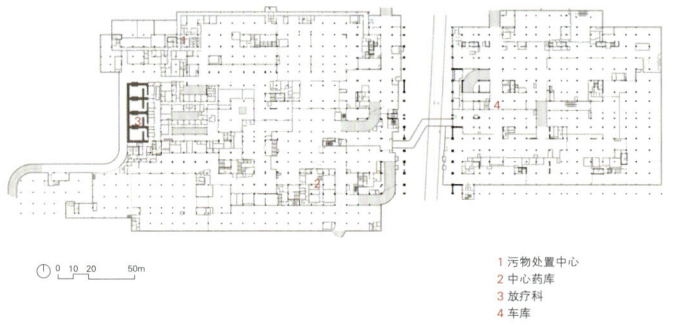

1 污物处置中心
2 中心药库
3 放疗科
4 车库

图 5-2-24

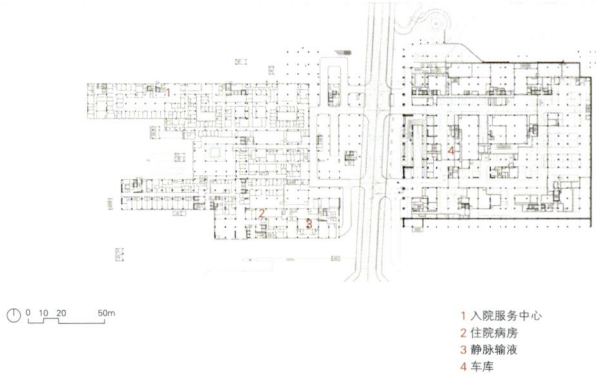

1 入院服务中心
2 住院病房
3 静脉输液
4 车库

图 5-2-25

图 5-2-23　水庭效果图

图 5-2-24　地下一层平面

图 5-2-25　兴隆 145 路平面图

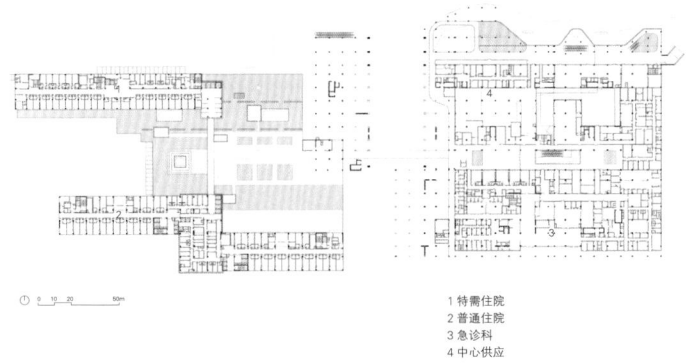

1 特需住院
2 普通住院
3 急诊科
4 中心供应

图 5-2-26

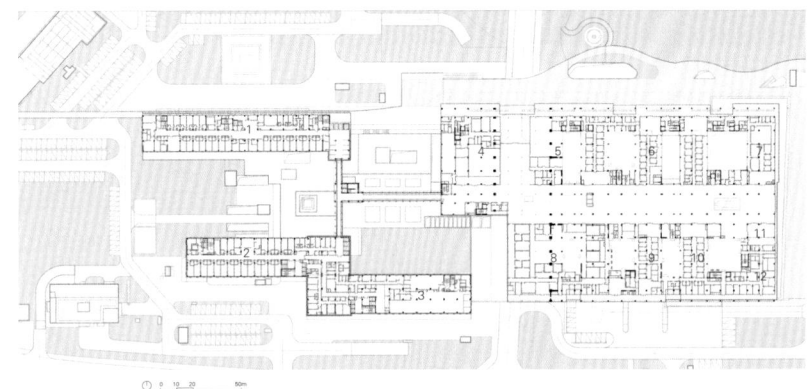

| 1 特需手术 | 5 病案科 | 9 骨科疼痛风湿诊区 |
| 2 肾内科病房 | 6 妇女儿童中心 | 10 神内神外诊区 |
| 3 血透中心 | 7 康复作业治疗部 | 11 挂号收费 |
| 4 门诊病房 | 8 放射影像科 | 12 门诊办公 |

图 5-2-27

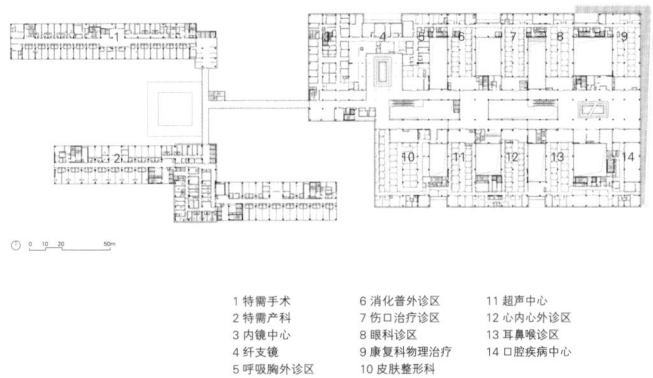

| 1 特需手术 | 6 消化普外诊区 | 11 超声中心 |
| 2 特需产科 | 7 伤口治疗诊区 | 12 心内心外诊区 |
| 3 内镜中心 | 8 眼科诊区 | 13 耳鼻喉诊区 |
| 4 纤支镜 | 9 康复科物理治疗 | 14 口腔疾病中心 |
| 5 呼吸胸外诊区 | 10 皮肤整形科 | |

图 5-2-28

图 5-2-26　地铁对接层平面图

图 5-2-27　天府大道入口平面图

图 5-2-28　二层平面图

图 5-2-29

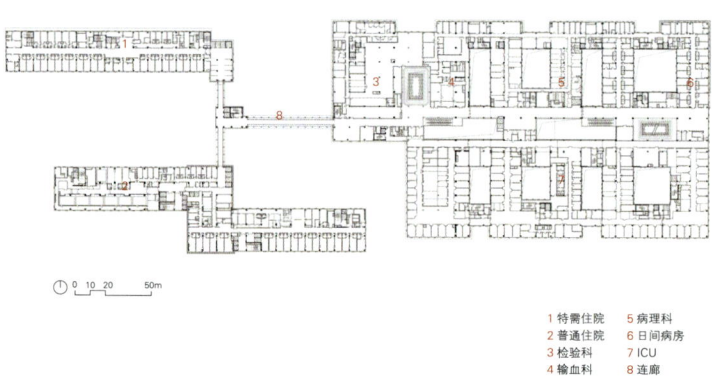

1 特需住院　　5 病理科
2 普通住院　　6 日间病房
3 检验科　　　7 ICU
4 输血科　　　8 连廊

图 5-2-30

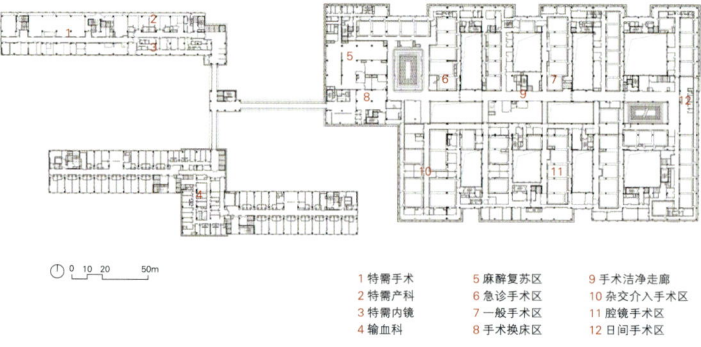

1 特需手术　　5 麻醉复苏区　　9 手术洁净走廊
2 特需产科　　6 急诊手术区　　10 杂交介入手术区
3 特需内镜　　7 一般手术区　　11 腔镜手术区
4 输血科　　　8 手术换床区　　12 日间手术区

图 5-2-31

图 5-2-29　光庭效果图
图 5-2-30　三层平面图
图 5-2-31　四层平面图

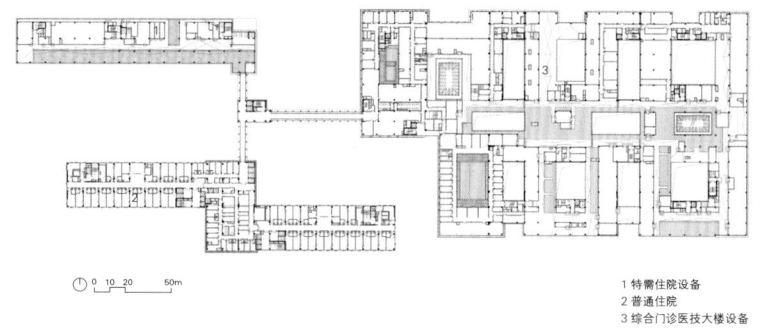

1 特需住院设备
2 普通住院
3 综合门诊医技大楼设备

图 5-2-32

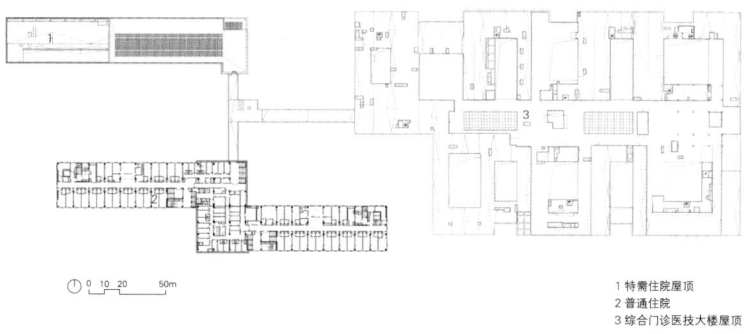

1 特需住院屋顶
2 普通住院
3 综合门诊医技大楼屋顶

图 5-2-33

图 5-2-32　设备层平面图
图 5-2-33　屋顶层平面图

## 项目团队

| | |
|---|---|
| 建　筑： | 张远平　黄　平　蔡琳玲　欧阳文麟　钟　鹏　匡金玲　夏志伟　张进华 |
| | 王光华　何　沅　周胤宏　卢义修　　佘海超　吴　帆　邓　鹤　李宗虎 |
| | 耿　创　韩艺文　黎　强　张溢韬　　赵　祺　罗　号　王诗旭　王龙波 |
| 结　构： | 周劲炜　吴小宾　周定松　熊耀清　　陈　强　徐新光　王　煜　蒋　宇 |
| | 姜孝勇 |
| 给排水： | 李　波　刘光胜　周　利　张玉静 |
| 暖　通： | 路　越　革　非　李　林　张国昊　　李立山　杨雪松　康诚祖　张传龙 |
| | 刘　宇 |
| 强弱电： | 徐建兵　李先进　郑　俊　马　磊 |
| 智能化： | 杜毅威　熊泽祝　余　强　刘　璐　　周海林　刘昕奇 |
| 装　饰： | 张国强　徐　进　王冰洁　肖　巍　　蒋　健　周弋帆　张乐弦　王翔雨 |
| | 徐　源　黄　媛　肖钰彤　方　瑞 |
| 幕　墙： | 董　彪　蔡红林　董兴斌　李　果　　郑　双　孟晓明 |
| 景　观： | 安　炜　慕朝辉　刘子扬　包　红　　朱桔林 |
| 绿　建： | 冯　雅　钟辉智　黄　佩　窦　枚　　刘东升　王　晓　罗俊枭 |
| 造　价： | 张廷学　张　庆　彭小芳　王艺洁　　宋晓薇　章　磊　冷再品　湛　珂 |
| | 彭　豪　林　强　张　婧　王　燕 |

**图片来源：**

中国建筑西南设计研究院有限公司

# 德阳市人民医院城北医院

03

| | |
|---|---|
| 设计范围 | 总体设计 |
| 医院类型 | 综合医院 |
| 医院等级 | 三级甲等 |
| 床位数 | 1400床 |
| 规模 | 280000平方米 |
| 完成时间 | 2019-09 |
| 项目阶段 | 方案设计 初步设计 |
| 建设单位 | 德阳市人民医院 |

| | |
|---|---|
| 定位 | 多学科诊疗模式（MDT）下的第五代国际化医学中心 |
| 特点 | 水平集约化 综合立体交通 建筑空间一体化 智慧医院 地域文脉表达 |

THE PEOPLE'S HOSPITAL OF DEYANG CITY, NORTH BRANCH

## 一、水平集约化的"第五代医学中心"

德阳市人民医院城北医院位于四川省德阳市泰山北路与钱塘江路交会处西北角，用地分为南北两个地块，北地块为德阳市妇女儿童中心（400床）、全科医生培训基地、教育培训中心及科研发展用地，南侧地块为新建城北医院。南北地块之间原为一条规划道路，通过优化论证，将道路取消，形成城市广场。南北院区通过连廊，紧密连接，形成功能互补、相互支撑的大医疗集群（如图5-3-1）。

### 1 "第五代医院"

"第五代医院"是法国医疗改革进程中，根据国家法律、医疗体制、医院运营、病人权利、建筑形态等方面全面改革的医院类型产物。"第五代医院"在当下大医疗环境中，从医疗效率、医院管理、病人体验、环境营造等方面都有着明显的优势。本项目力图以"第五代医院"理念为指导，对医疗、交通、形态、空间、物流组织等方面进行全新的梳理与思考。图5-3-2为德阳市人民医院总体规划布局。

### 2 水平集约化

建筑的水平集约化是"第五代医院"的一个重要特征。相比之下，以往医院往往受到城市用地的限制，形态向高层发展，功能叠加，无论是横向交通还是竖向交通压力都与日俱增，在一定程度上影响医院的运营效率与病人的就医体验。

第五章　创作与思考 | **153**

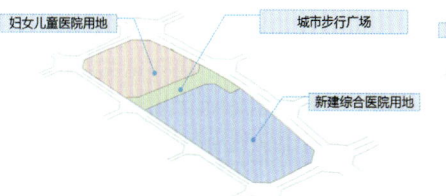
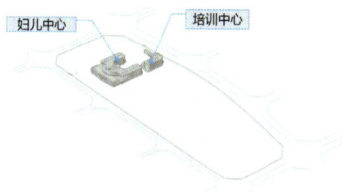

a.优化南北地块之间规划道路，形成步行城市广场

b.在建妇儿中心与培训中心呈独立医学中心

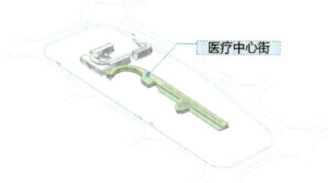

c.设置医疗主轴向的轴线，沿轴线形成以交通及人性化服务为主的医疗生活街

d.设置综合门诊医技平台，为整个医院提供医疗共享资源

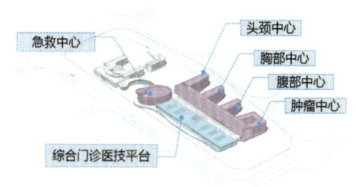
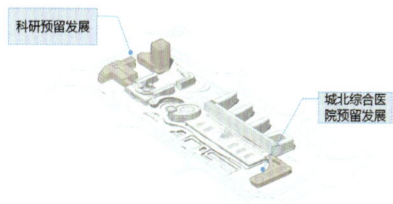

e.建筑水平展开，以门诊医技平台为核心，大医学中心呈鱼骨形态与其紧密联系

f.对医院远期规划，保留预留发展用地，保证医院可持续发展

图 5-3-1

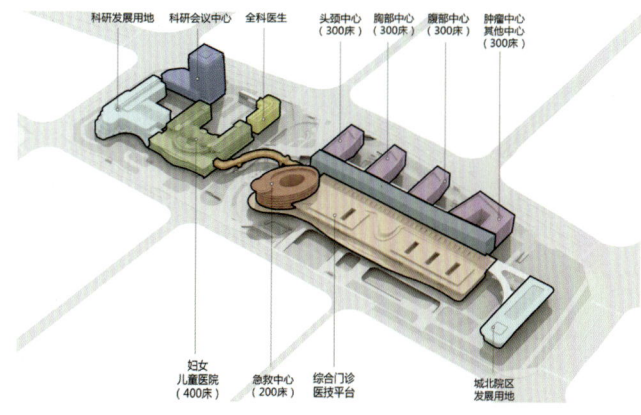

图 5-3-2

图 5-3-1　总体规划示意

图 5-3-2　德阳市人民医院城北医院总体布局

"第五代医院"的一个重要思路便是让建筑水平化、横向化发展，让医院"躺下来"，如图 5-3-3 所示。建筑以多层与中高层为主，以此实现医学中心的横向组合及建筑多出入口的交通组织，医疗功能与医疗生活街、服务大厅、景观中庭的多维组合，提升患者就医体验与医生的工作环境。

集约化是现代医院的重要特征，很大程度上是医疗资源共享与医疗效率的保证。本项目是以专科医学中心、急诊中心围绕门诊医技平台布置的集约化医院，门诊医技平台集合了多学科诊疗平台、核心医技平台、中心手术平台，最大限度实现核心医疗资源的集中化与共享化。

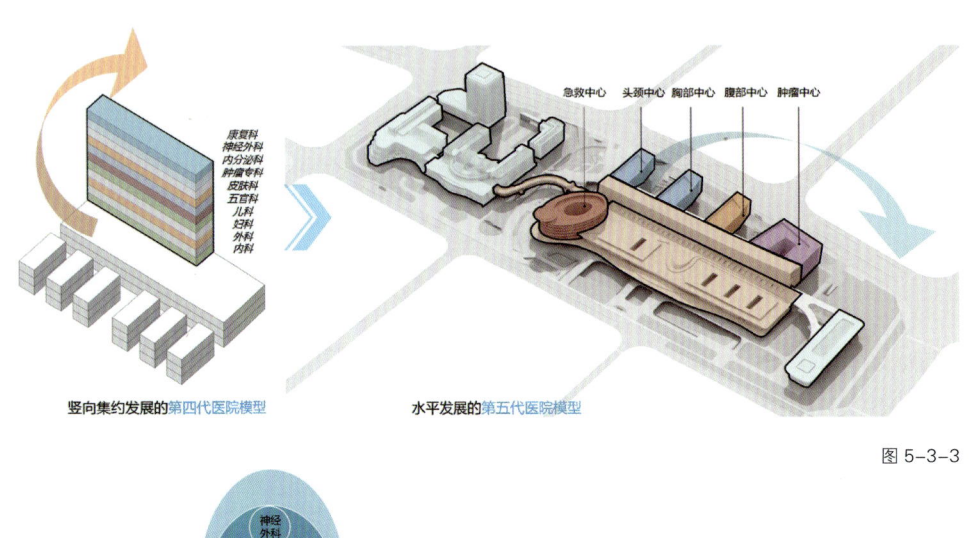

图 5-3-3

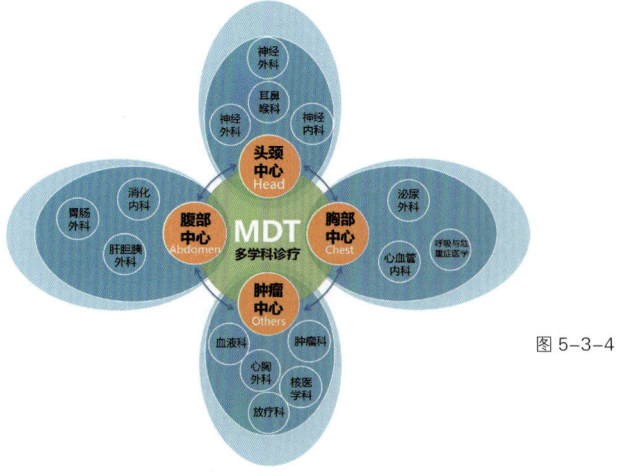

图 5-3-4

图 5-3-3  医院由垂直化向水平化的演变
图 5-3-4  MDT 为主导的"大科室"划分

### 3 MDT 医学中心

多学科会诊（Multi-Disciplinary Treatment，MDT），是由多学科医疗专家以共同讨论的方式，为患者制订个性化诊疗方案的过程。最大限度减少误诊与误治，缩短患者的治疗与等待时间，增加治疗方案的可选择性，制定最佳治疗手段。

"大科室"管理模式下的医学中心化是"第五代医院"在 MDT 理念下对医院科室的大幅度重组。本项目各医学中心基于人体部位进行科室整合，形成"头颈中心""胸部中心""腹部中心""肿瘤中心""急诊中心"等（如图 5-3-4）。患者进入医院，无须面对传统医院复杂难懂的科室类别，只需要判断疾病发生的身体部位，便可有针对性地寻医就诊，简化患者就诊流程，使患者在治疗前可得到所有相关学科专家组成诊疗团队的综合评估，制订科学、合理、规范的诊疗方案。

建筑形式呼应功能需求，水平展开，采用集约化布局形态，各医学中心以门诊医技平台为核心，大专科中心呈鱼骨形态与其紧密联系，并根据与医技的效率关系因素综合布局（如急诊中心布置在已建妇儿中心与综合院区之间，头颈中心、胸部中心、急诊中心靠近手术中心布置），打造资源整合，技术共享的综合技术集成体系。

综合医院专科医学中心化是对目前综合医院发展中心化与专科医院发展碎片化的一种弥补，既有综合医院的医疗资源与技术平台优势，又有专科医疗中心的专业化与良好就医体验。

## 二、衔接城市的立体交通体系

### 1 医院与城市交通的矛盾与融合

"道路拥挤""停车难""交通混乱""人车混杂"等似乎已经成为目前所有大型医院所面临的现实问题。医院是城市大交通体系中的重要环节，有着交通流量大、峰值固定集中的特点。不同规模、不同类型的医院交通特性不尽相同，作为整体规划的重点，交通规划必须全面系统地与城市相匹配，缓解城市区域交通压力。

本案用地（含妇儿）东西长约 800 米，南北长约 300 米，东侧泰山路为城市快速通道，西侧太行山路为城市次干道，德阳市主城区位于用地南向，为医院的主要车流来向，如图 5-3-5 所示。如医院车行入口位于泰山路，则南向主要车流需掉头或跨线入院；如车行入口设置在太行山路，则可避免上述问题，车辆顺行入院。因此，本案将车行主入口设置在城市次干道太行山路。

在医院交通管理层面，界定高峰时段太行山路为医院单一入口道路，泰山路为医院单一出口道路，形成单进单出的单循环顺行交通体系（如图5-3-6所示）。

妇儿院区与综合院区通过城市广场联系，纳入城市性的人文展示、景观休闲、商业服务等空间，并提供具有开放性的城市活动场所。城市广场也是两个院区联系的弹性空间，保证院区医疗功能的完整性。同时，城市广场也作为区域应急疏散通道，在特殊情况下与医院共同为城市提供安全避难场所（如图5-3-7所示）。

医院的内部交通是城市交通的延续，内部交通更多作为一种缓冲，缓解医院较大车流对城市交通的影响。门诊车行区、门诊步行区、急诊车行区、住院交通区、污物交通区等，各区出入口独立设置，形成互不影响的内部交通分区（如图5-3-8所示）。

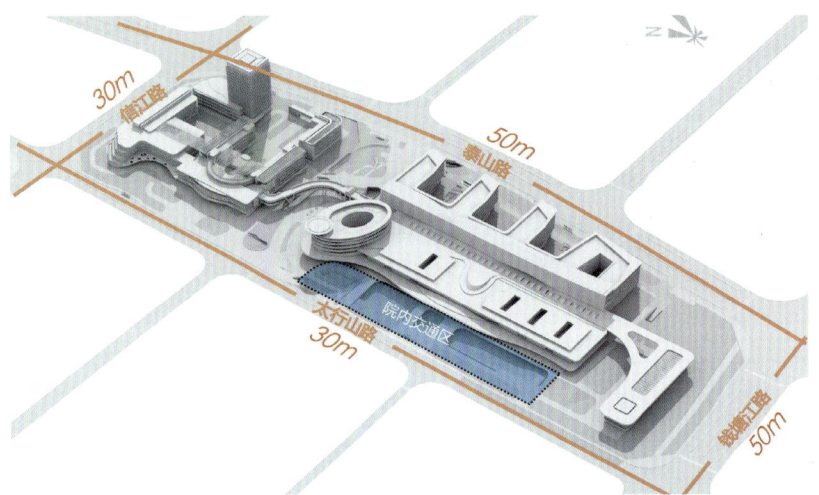

图 5-3-5

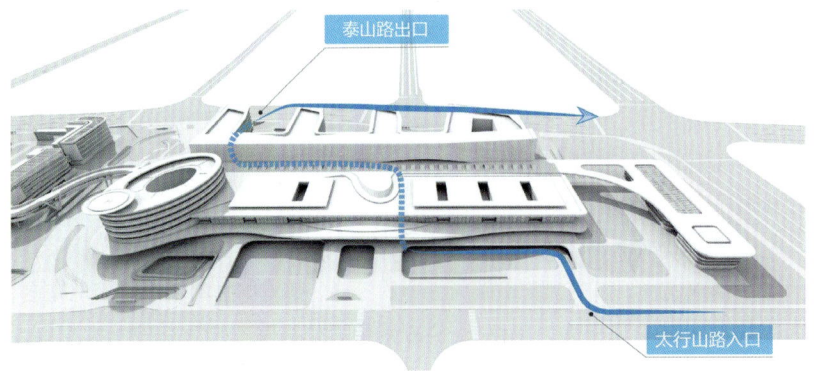

图 5-3-6

图 5-3-5　用地周边道路环境
图 5-3-6　单进单出的单循环顺行交通体系

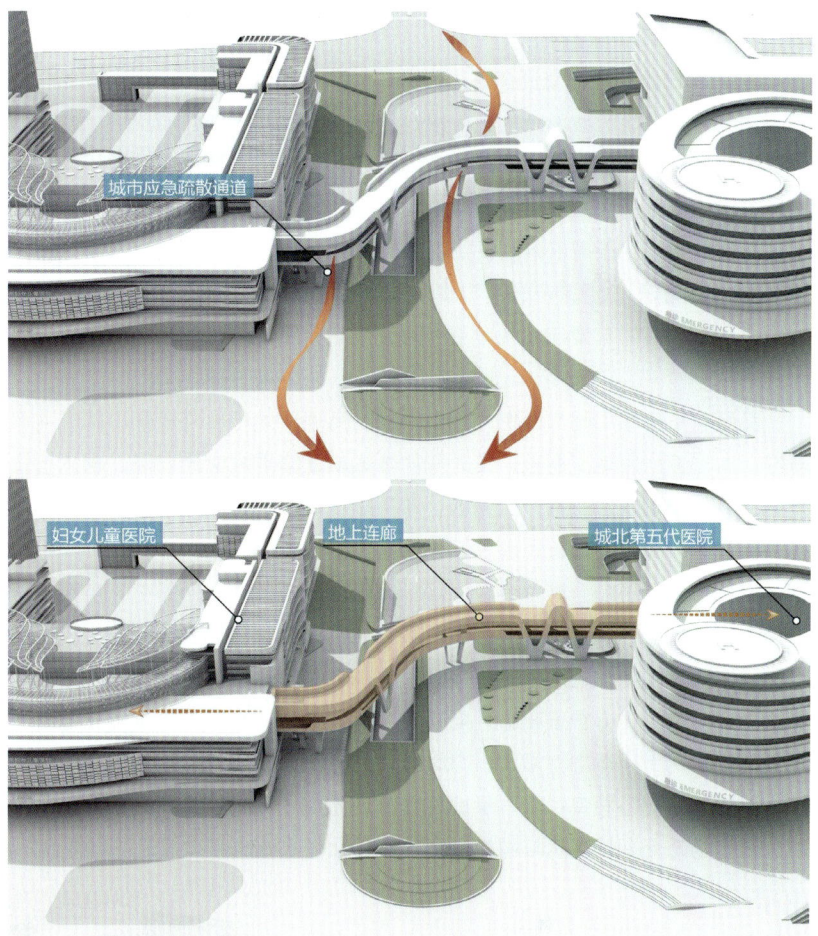

图 5-3-7

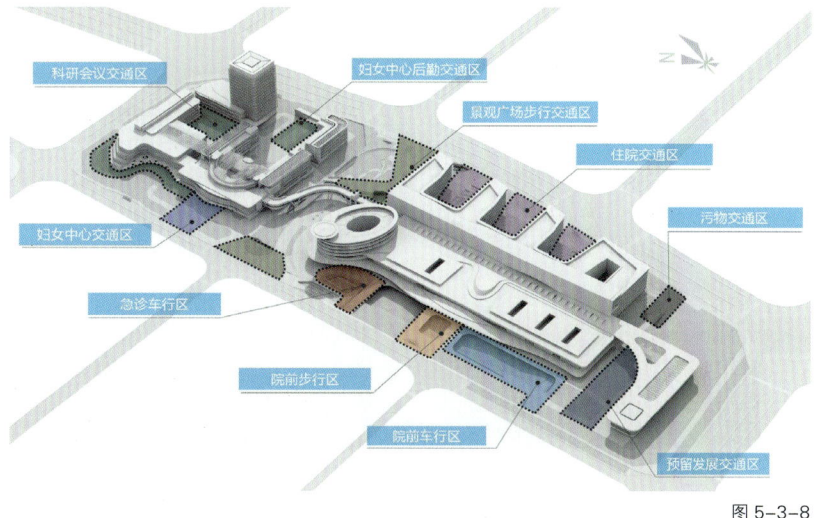

图 5-3-8

图 5-3-7 城市广场的复合功能
图 5-3-8 院内交通分区示意

### 2 人车分流的立体交通体系

医院作为功能流线复杂的城市建筑，与交通类建筑有着一定的共性特征，立体交通在交通类建筑中广泛使用，如机场的出发层与到达层分属不同的标高层次。本项目采用立体交通理念，利用场地内的自然地形高差，根据城市道路特征及建筑功能需求分区设置各交通区，形成院前立体景观交通广场（如图5-3-9所示）。沿城市道路设置各交通分区入口，沿院内匝道设置各门诊中心入口，临停车量与入院车量有序分流，分区、分时控制，综合疏导院区交通。

场地自东侧泰山路与西侧太行山路存在高差，太行山路较泰山路低4米左右。本项目利用地形高差，在医院前区形成立体景观交通广场。由太行山路向上缓坡，形成步行入口交通区，向下缓坡形成车行循环交通区。车辆入院后在院区内部形成较长匝道，在地面层形成临停循环交通区，病患下车后，直接抵达地面层平台，进入专科门诊中心（如图5-3-10所示）。车辆入院后在地下层形成下沉式循环交通区，较长的院内匝道使医院内部与城市交通得到缓冲。急诊车辆通过专用通道直接入院至抢救区域，完成进入式抢救，急诊中心与手术中心垂直布置，配合空中救援平台，形成多维度的抢救体系（如图5-3-11所示）。沿泰山路出入口高峰时间段仅作为院区出口，通过院区内部跨越丁字路口，汇入泰山路主干道（如图5-3-12所示）。立体景观交通广场无缝衔接医院与城市，形成宏观尺度的城市"大交通"体系。

第五章 创作与思考 | 159

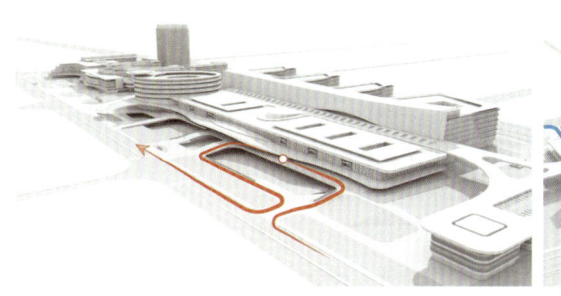

图 5-3-10

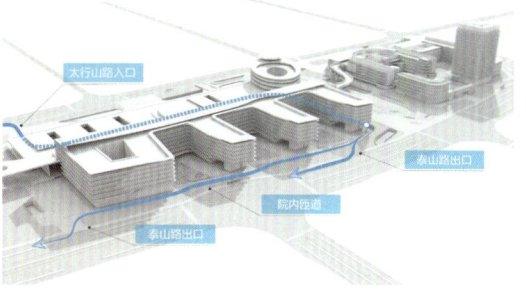

图 5-3-12

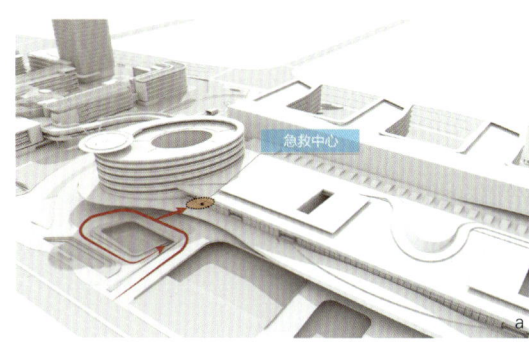

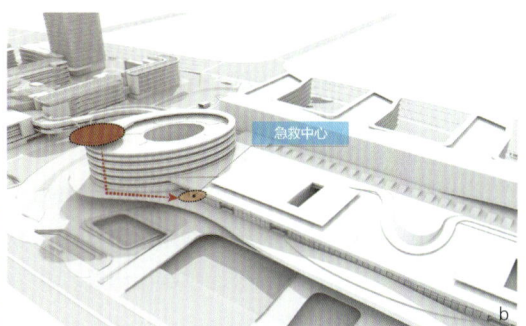

图 5-3-11

图 5-3-9

图 5-3-9　立体交通体系
图 5-3-10　地面层循环临停体系
图 5-3-11　多维度的抢救体系
图 5-3-12　院内匝道与城市干道的衔接

### 3 简洁明晰的内部交通组织

内部交通空间的简洁反映了建筑的效率，以门诊服务大厅为主要节点，以医疗生活街为主轴线，构成了建筑整体的横向交通体系。竖向楼梯、电梯体系分置两侧，扶梯系统与自动步道间隔设置，形成建筑整体的竖向交通体系。各医学中心门诊、医技、庭院与医疗生活街呈鱼骨状联系，交通主廊与辅廊相结合。医疗生活街地上与地下相连，医疗部分与商业部分相连，使医院与商业无缝衔接。各医学中心与门诊科室均设置医护专用通道，一方面大幅度提高医务人员工作效率，另一方面也为 AGV 自动导航机器人通道的规划做好前置条件。各门诊医技区，各护理单元设置独立的污物电梯，污物在地下进行集中收集与转运，与其他流线互不干扰。

## 三、建筑与空间的一体化语言表达

### 1 形式与功能的特征性表达

建筑形式的确定大多源于功能与环境的诉求，建筑设计达到形式与功能的统一，是现代主义设计手法的重要目标。本案建筑的基本形体由急诊中心、门诊医技平台、各医学住院中心组成。急诊中心与门诊医技平台集中布置，急诊中心位于在建的妇儿中心与城市广场一侧，为椭圆形形体，强调建筑的向心性，并为城市广场带来更为柔和的界面。门诊医技平台为多层建筑，模块化组合符合门诊单元的共性特征，天井的开设也使门诊单元可自然采光与通风。头颈中心、胸部中心、腹部中心等医学住院中心均为单护理单元，以效率优先，采用"一"字形双廊布局，端部底层架空，与泰山路一侧道路景观与内院景观形成弹性的城市景观界面。肿瘤医学住院中心采用"U"字形平面布局，为双护理单元，向内形成中庭，与其他医学住院中心形成富有节奏感的建筑布局变化。

### 2 空间与形态的统一性表达

内部空间与外部形态相统一，意味着内外空间形体设计逻辑的一致性。建筑形体暗示着内部空间形态，内部空间形式反应了外部建筑形态。建筑整体形体均衡，虚实空间有序协调，富有浓郁的形式感与强烈的辨识度。入口空间造型简洁，线条动感流畅，导向明确，形成引导性的内外过渡空间。室内人性化服务大厅以"交通岛"为中心，形式与采光玻璃顶相呼应，达到内部空间与外部形态的统一。医学中心住院单元横向连接，形成空中公共交往服务空间，附以"织物"表皮，轻盈灵动，以柔美的线条重塑德阳城市天际轮廓，形成延续且富有张力的立面形象。直升机停机坪作为建筑形体塑造的一部分，圆形轮廓与急诊中心相一致。

### 3 材料与色彩的逻辑性表达

赋予各医学中心具有辨识度的主题颜色体系，以颜色区分功能，增强建筑的可识别性与可达性。色彩体系同时纳入装饰、标识、AI 系统设计范畴，病患进入院区，根据标识所指示的颜色导视，便可便捷到达对应医学中心。建筑以丰富柔和的彩色界面沿城市展开，使建筑整体更具现代气息与浪漫主义色彩。

建筑表皮以复合铝板为主，以米白色为基色，以低饱和度有色铝板作为各医学中心的主题色。空中公共交往服务空间，以"织物"表皮塑造，材料透气并有一定的透光率，作为建筑西侧遮阳为主的装饰性表皮，降低建筑物能耗。

### 4 地域与文脉的在地性表达

以古蜀文化之源，追溯城市历史之文脉，塑造城市文化之脉动。城市中央广场以湿地景观象征古蜀文化之源，以历史展墙、雕塑装置，传达德阳城市精神，从古蜀文化之源，到重装智造之都，象征城市文脉的延续。

建筑内部展墙以医院的历史沿革为脉络，动态展示与静态装置相结合，传承"医术仁心，关爱生命"的德医精神。景观植被引入月季、香樟，凸显德阳地域性的城市景观，再现德阳地域文化与德医文脉的场所精神。

### 5 城市医疗综合体（Medical Mall）

城市医疗综合体是现代医院发展的趋势，大众对医疗环境的高要求和对增值医疗的需求也带来医院与商业结合的契机。可以看到，多元化商业元素与泛医疗服务产业大面积在医院出现，以满足病人甚至市民的个性化服务需求。医院与"Shopping Mall"结合，形成"Medical Mall"这一全新的医疗服务模式。医院不单是就医服务性载体，也承担了公共的综合服务功能。

本项目充分考虑医院中商业功能，在城市广场引入丰富多元的业态形式，纳入餐饮、零售、健身等综合服务内容，与横向的医疗服务街贯穿，形成具有商业活力的空间氛围，打造区域中央广场，激发城市活力，形成城市医疗综合体。住院部分护理单元通过横向的空中服务街连接，形成护理单元之间的共享空间，真正做到服务以病人为核心，管理以医务为核心，为病人创造温馨便捷的就医环境，为医务人员创造舒适高效的工作环境。门诊服务大厅则更多承担城市性的公共服务与展示活动，是医院形象与公共活动的主要场所，打造健康活力的城市客厅。

## 四、现代化医院复合物流模式

不同的物流模式，对医疗工艺的质量、效率、体验等综合品质影响差异较大。需要从配送时效、物品种类、自动化程度、信息化程度、可靠性等方面综合考虑。同时，需要考虑医疗工艺变化，技术的进步，服务模式、管理模式的提升，单一病种技术优化，临床路径的改变，医联体的协作模式以及通用基础技术升级等因素。本项目规划"气动物流+AGV自动导航机器人"的复合物流模式，弹性应对医院未来发展与升级需求。

### 1 以气动物流体系保证核心医疗效率

气动物流是指以压缩空气为动力，借助机电技术和计算机控制技术，通过网络管理和全程监控，将各科病区护士站、手术部、中心药房、检验科等数十个乃至数百个工作点，通过传输管道连为一体，在气流的推动下，借由专用管道实现药品、标本等各种可装入传输瓶的小型物品的站点间的智能双向点对点传输系统。

在业务能力方面，气动物流一般用于运输质量轻、体积小的物品，具有速度快、噪声小、运输距离长、使用频率高、占用空间小等优点。但气动物流由于承载容器小、载重量轻，本项目中气动物流主要作为医院的核心功能区间物流系统，保证核心医疗效率。

### 2 以AGV自动导航机器人为主导的物流体系规划

机器人物流网络构成上，个体可以单独完成物流任务的派送，群体物流车构成全院物流体系，可以弹性化、柔性化、智能化地适应物流的动态需要。同时，可以随医疗工艺变化动态优化，如临床门诊技术变化、科室服务流程变化、功能区的调整变化、管理方式变化等导致物流站点位置变更，灵活应对运量的调整、运送时效改变、安全要求升级，以及与第三方系统的信息化互联互通和自动化衔接。

在空间占用中，机器人物流和气动物流占用空间较少，选择机器人物流系统可以不再单独考虑建设污物被服、生活垃圾、医疗垃圾回收等系统。机器人物流定位解决零星、批量、中大型物品的中高速自动化配送，可全天工作，大幅度减少人力成本。机器人物流可以根据到位资金分阶段、按需建设，运力可以柔性化、弹性化、智能化配置。

本项目地下一层层高6米，规划AGV自动导航机器人夹层作为专用通道，与竖向专用电梯、污物电梯相连，实现全院区的机器人物流的连通。

## 五、小结

德阳市人民医院城北医院，以"第五代医院"理念为主导，从建筑设计出发组织医疗流程，综合规划内外交通，表达在地文化与地域特征，引入绿色智慧医院措施，致力于实现以外科、抢救、综合技术平台、大科室医学中心为主的集医疗服务体系、保障支撑体系、管理集成体系、技术集成体系为一体的MDT模式"第五代"综合性医学中心。

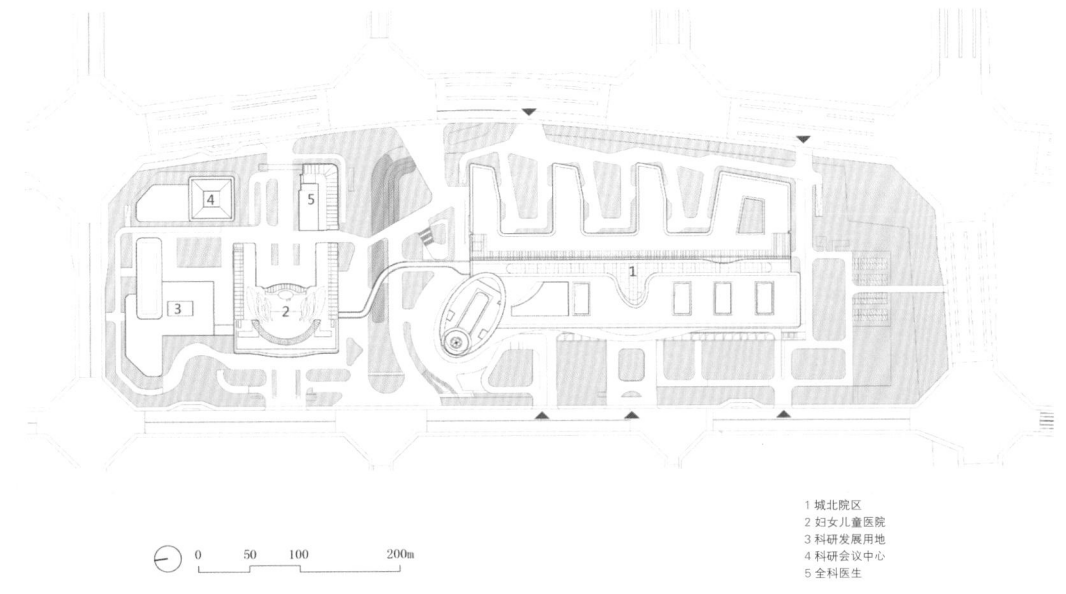

1
2
3
4
5
0　50　100　200m
1 城北院区
2 妇女儿童医院
3 科研发展用地
4 科研会议中心
5 全科医生

图 5-3-13

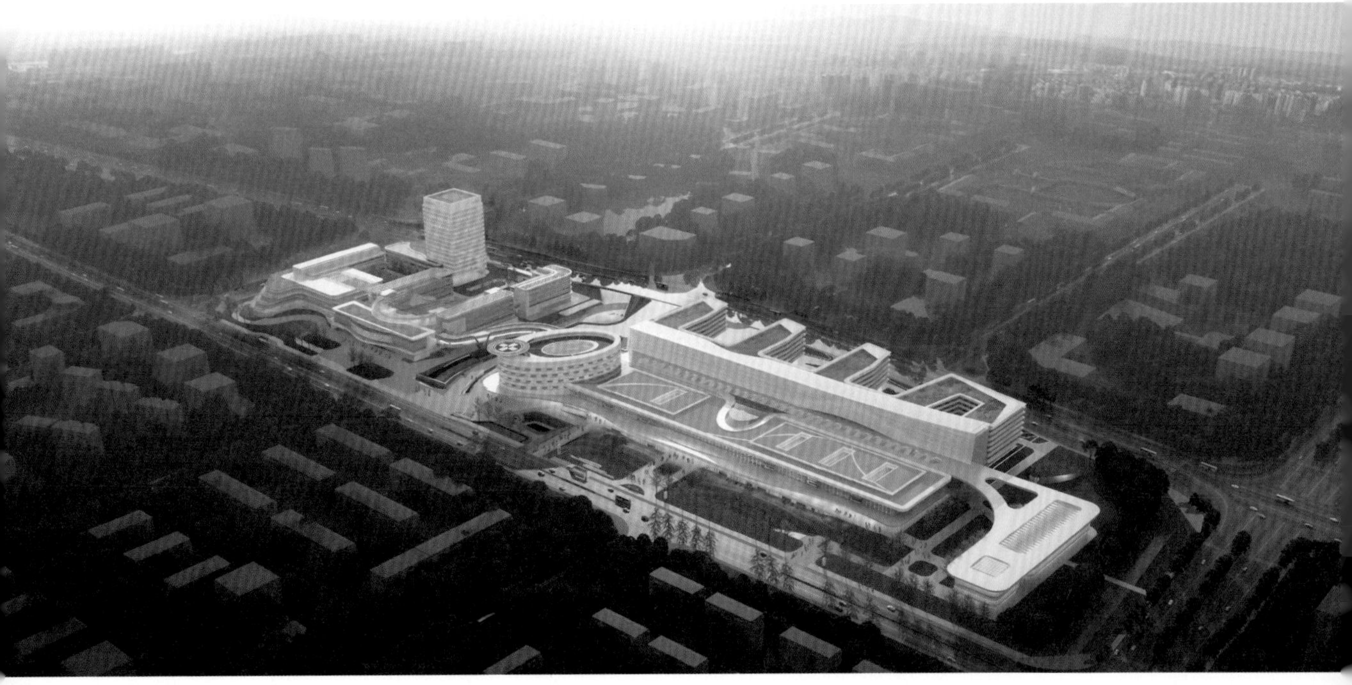

图 5-3-14

图 5-3-13　总平面图
图 5-3-14　整体鸟瞰图

图 5-3-15

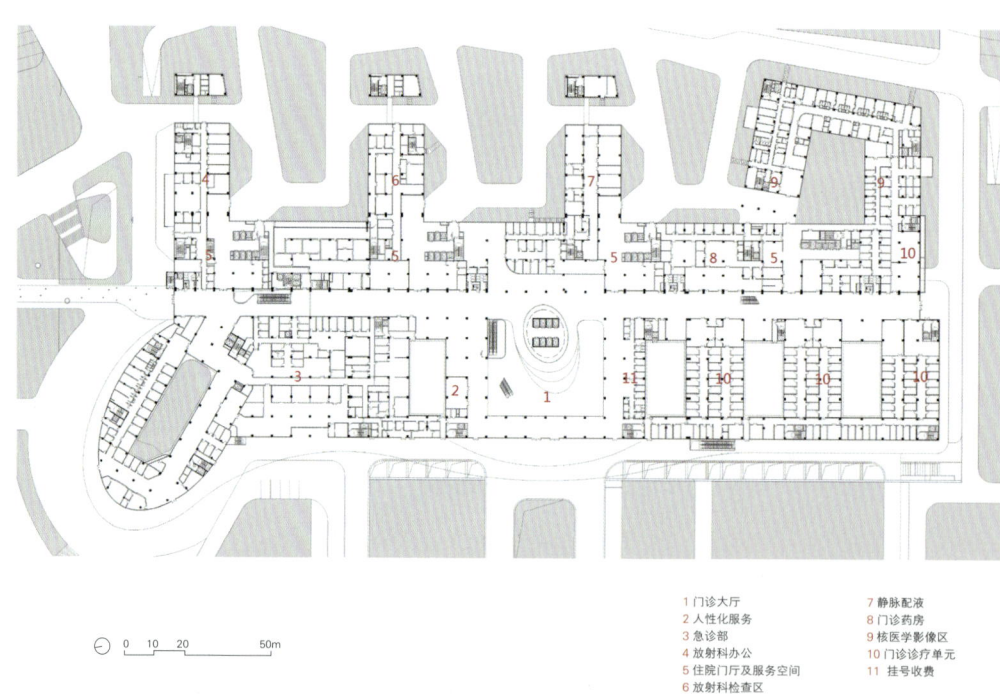

| 1 门诊大厅 | 7 静脉配液 |
| 2 人性化服务 | 8 门诊药房 |
| 3 急诊部 | 9 核医学影像区 |
| 4 放射科办公 | 10 门诊诊疗单元 |
| 5 住院门厅及服务空间 | 11 挂号收费 |
| 6 放射科检查区 | |

图 5-3-16

图 5-3-15　主入口交通广场效果图

图 5-3-16　一层平面图

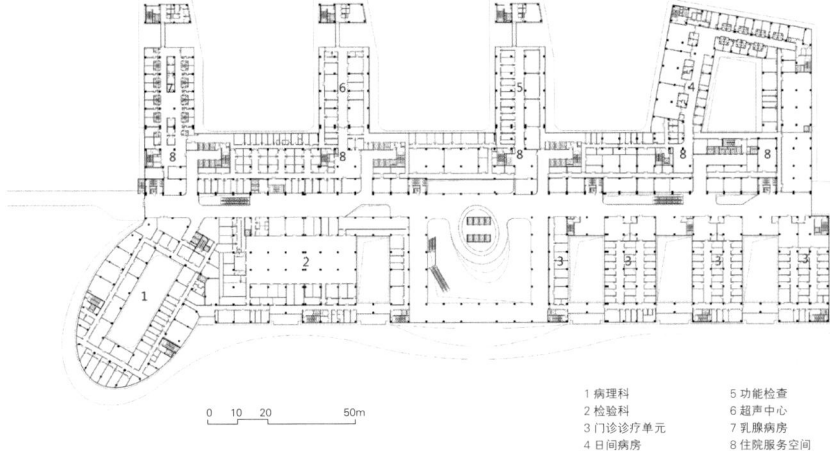

1 病理科　　　5 功能检查
2 检验科　　　6 超声中心
3 门诊诊疗单元　7 乳腺病房
4 日间病房　　8 住院服务空间

图 5-3-17

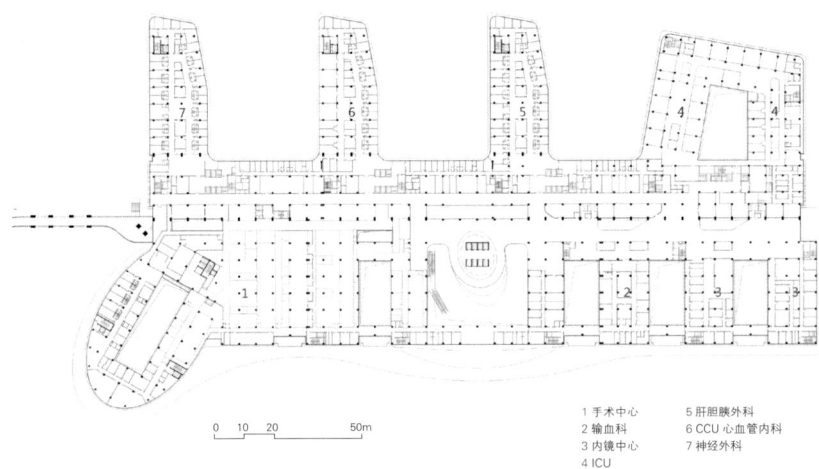

1 手术中心　　5 肝胆胰外科
2 输血科　　　6 CCU 心血管内科
3 内镜中心　　7 神经外科
4 ICU

图 5-3-18

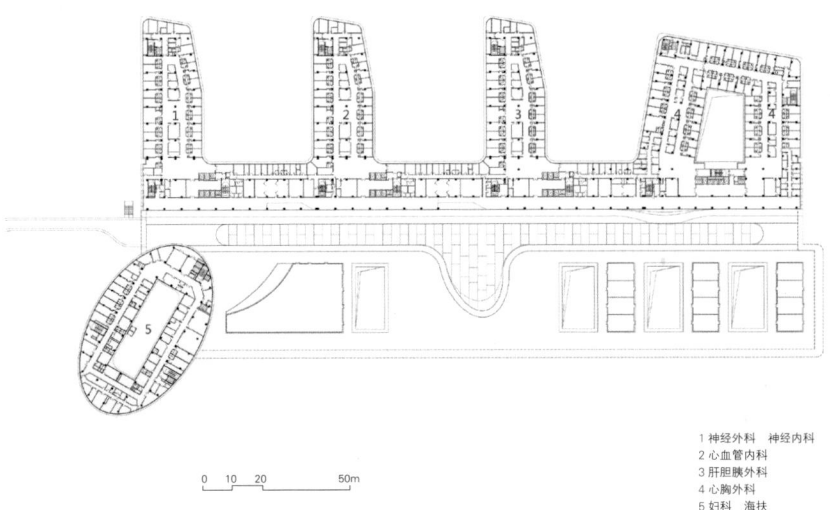

1 神经外科　神经内科
2 心血管内科
3 肝胆胰外科
4 心胸外科
5 妇科　海扶

图 5-3-19

图 5-3-17　二层平面图

图 5-3-18　三层平面图

图 5-3-19　四层平面图

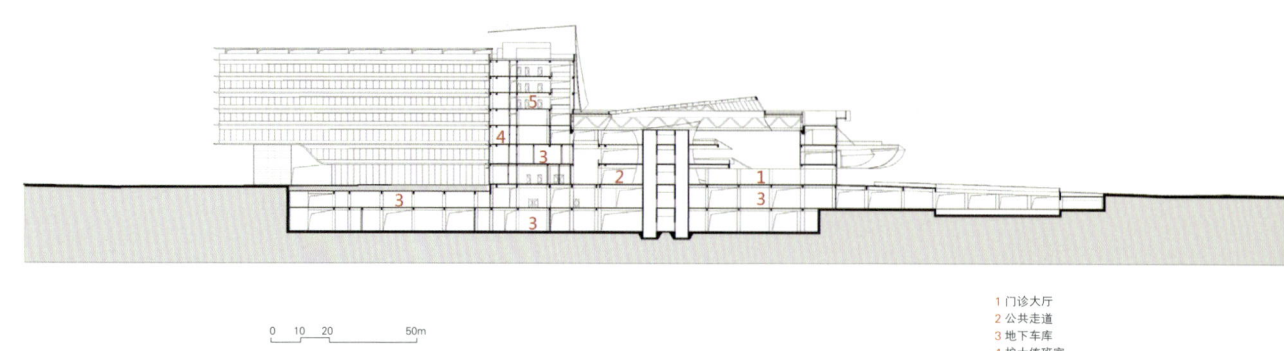

1 门诊大厅
2 公共走道
3 地下车库
4 护士值班室
5 综合服务用房

图 5-3-20

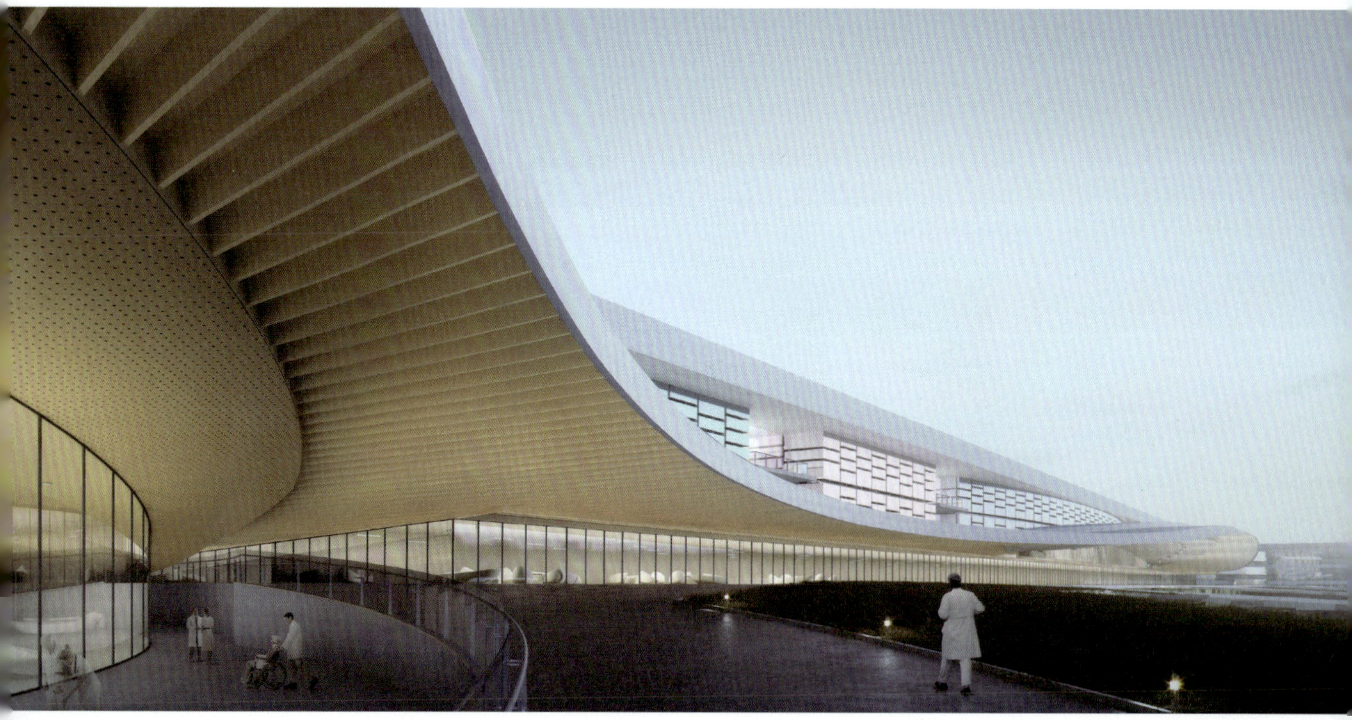

图 5-3-21

图 5-3-20　3-3 剖面图
图 5-3-21　入口空间效果图

第五章　创作与思考 | 167

图 5-3-22

图 5-3-23

图 5-3-22　沿泰山路鸟瞰效果图
图 5-3-23　城市广场效果图

图 5-3-24

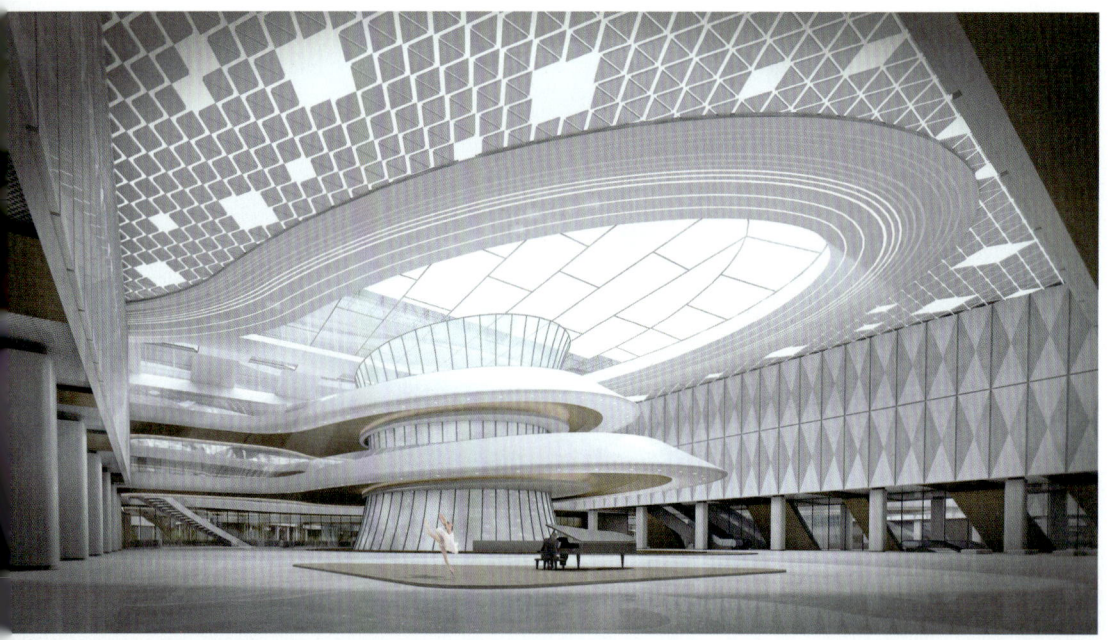

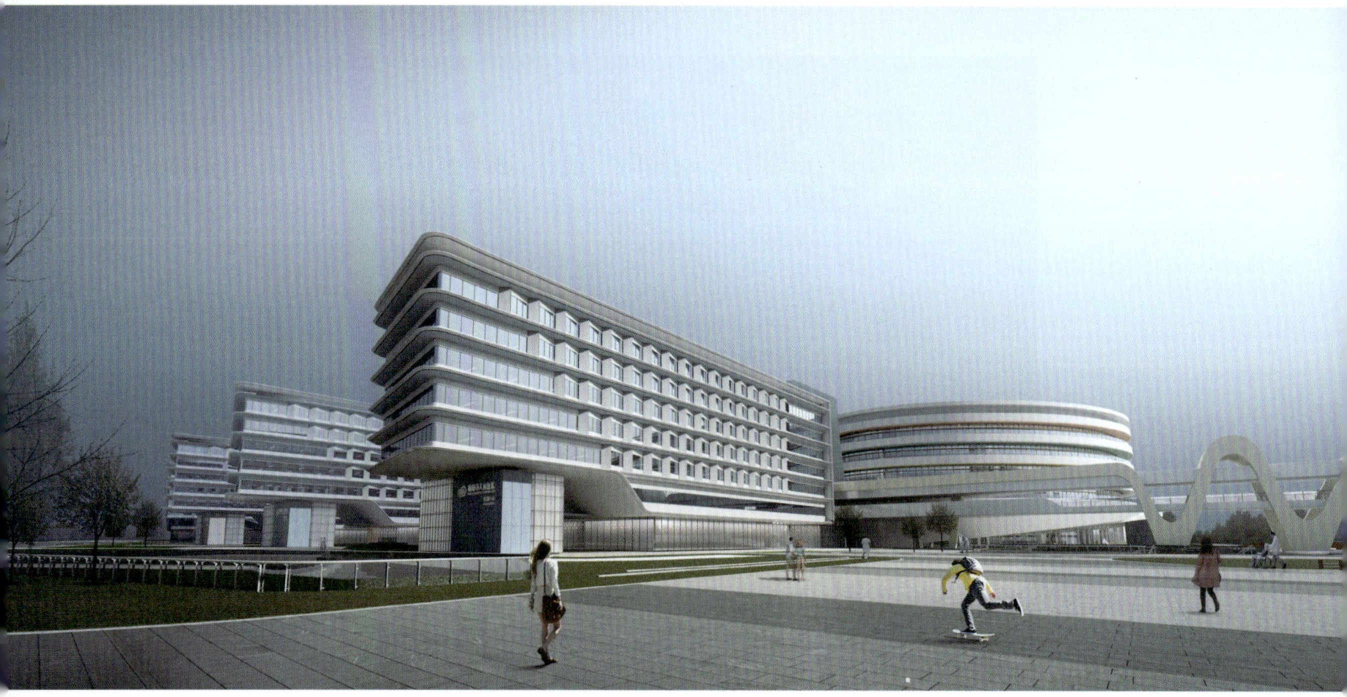

图 5-3-25

图 5-3-24　门诊服务大厅效果图

图 5-3-25　医学中心住院部效果图

图 5-3-26 建筑局部效果图

图 5-3-27

图 5-3-28

图 5-3-27　急救中心入口效果图
图 5-3-28　城市广场效果图
图 5-3-29　沿太行山路效果图

**图片来源：**

图 5-3-1~ 图 5-3-12：笔者自绘

图 5-3-13~ 图 5-3-29：中国建筑西南设计研究有限公司

图 5-3-29

## 项目团队

建　筑：张远平　黄　平　夏志伟　蔡琳玲　官　东　王龙波　庹　量　欧阳文麟
　　　　黄一夫　刘　量　钟　柳　王诗旭　韩　笑　丁越佳　李宗虎
结　构：周劲炜　毕　琼　冷利浩　付利兵　徐新光　蒋　宇　钟　强　廖　瑞
给排水：王　勇　刘光胜　李　波　蒋　龙　周　利　张玉静
暖　通：路　越　张国昊　方　宇　张鹏程　杨　洋　杨雪松　余　晨　张　宁
强　电：郑　俊　徐建兵　李先进　何　敏　吴廷松
弱　电：李先进　徐建兵　聂　琨　陈思吉　刘世杰
智能化：余　强　王　宁　熊泽祝　邓　洪　钟文豪　毛沁可
装　饰：张国强　蒋　伟　徐　进　肖　巍
幕　墙：罗建成　董　彪　殷兵利　张　强
绿　建：高庆龙　王　皎　王　晓　窦　枚
市　政：徐　勇　屈　健　曾春清　赵　哲　舒鹏宇
声　学：李慧群　刘东升

# 中国贵州茅台酒厂（集团）有限责任公司
## 贵州茅台医院

04

| | |
|---|---|
| 设计范围 | 总体设计 |
| 医院类型 | 综合医院 |
| 医院等级 | 三级甲等 |
| 床位数 | 1000床 |
| 规模 | 220000平方米 |
| 完成时间 | 2018-06 |
| 项目阶段 | 方案设计 初步设计 施工图设计 |
| 建设单位 | 中国贵州茅台酒厂（集团）有限责任公司 |
| | |
| 定位 | 打造一流国际医院，带动医疗流程及服务模式的创新 |
| 特点 | 城市山地医院建筑 集约式布局 立体交通 国际医疗 |

THE HOSPITAL OF KWEICHOW MOUTAI GROUP

## 一、融入山地环境，延续地域文脉

"天下之山，萃于云贵；连至万里，际天无极。"王阳明在《重修月谭寺公馆记》中生动地描绘了云贵地区的地理特征和磅礴气势。"山地文化"是贵州区域性文化的一个显著特征，从自然方面影响着贵州文化的发展。山体的天际轮廓是山地城市最自然的名片，由于城市山地环境特殊的自然和生态特征，设计者需要秉承尊重自然、重视生态、结合历史人文的设计理念，通过建筑设计提升城市山地建筑场所特征，如图 5-4-1 所示。

图 5-4-1

图 5-4-1 城市自然天际线与建筑形态

贵州茅台医院位于风光旖旎的赤水河流域，周围群山环绕，具有鲜明的地域文化特征。项目总体规划受两大用地条件限制：一是用地规模相对较小且呈不规则形状；二是用地内地形有较大高差，传统规整的医院布局形式难以与用地形态相契合。方案构思从融入山地城市的建筑空间形态着力思考，既整合利用了现有地形条件，又在总体规划布局与建筑形象中融入了地域文化特征，实现了功能与形态的完美统一，如图5-4-2所示。

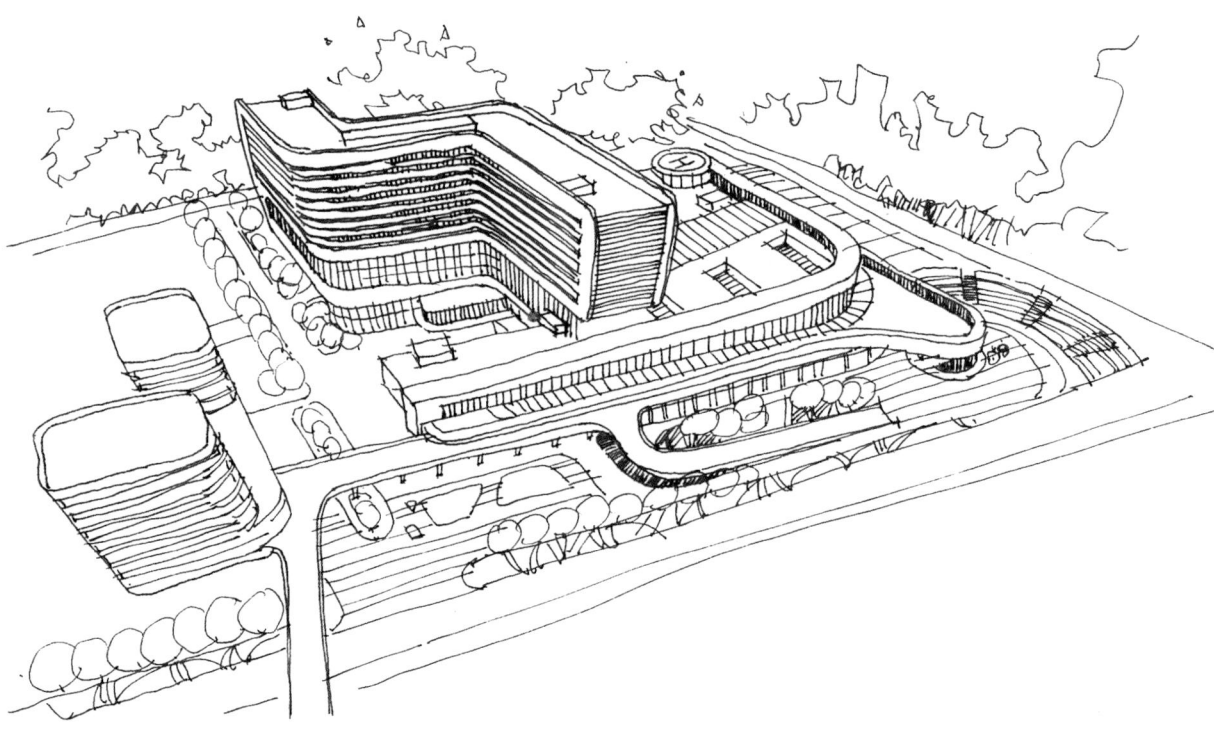

图 5-4-2

图 5-4-2　贵州茅台医院鸟瞰图

## 二、合理分台，地形整合

项目用地沿东侧玉液中路道路标高自北向南逐渐降低，最大高差约15米，通过坡度和坡向分析，形成相对完整的3个平台，医院主要功能建筑选择在用地北部较为平坦宽敞的部分，该区域与北侧道路中段标高基本相平，且高于东侧道路和其南侧的区域标高，有利于形成较强视觉效果的沿街立面。同时利用高差设计地下室，减少土石方量，地下形成通风和采光界面。用地内3个不同标高功能台地，依次对应门诊诊疗体系、住院及院内生活体系、后勤保障体系，保证了与城市道路便捷联系，如图5-4-3所示。

用地整合以经济为前提，山地环境中一般通过分层筑台的方式平整场地。区别于普通山地建筑相对自由的分台策略，医疗建筑由于内部功能复杂、流线较多、院感和无障碍设计要求严格，尽量避免过多分台带来的交通联系不便，需选择一个适宜的台地规模和尺寸对地形进行整合。

台地规模根据手术部等核心医疗功能进行确定。手术部作为医院核心功能单元，与其密切相关的科室包括ICU、病理科、输血科等。水平交通作为最便捷高效的交通组织形式，尽量将手术部相关科室功能在同一水平楼层完成，确保抢救效率。本项目手术部共设有25间手术室，手术部共计约6000平方米，其他相关科室及公共空间约4000平方米。因此，以10000平方米作为主体医疗功能对应台地是本项目最经济高效的规模，如图5-4-4所示。

## 三、三维的交通流线

### 1 分层入口

山地建筑有许多特有的对山地的适应性处理手法，如架空、错叠、错层、掉层等。其中分层入口是山地建筑最重要的手法之一。山地医院可结合地形和道路灵活在底层及其以上的任何适当层安排建筑出入口，以相对减少从外部进入后上下楼的层数，并使建筑内部垂直交通压力减小，一定程度上避免内部的穿行与互相干扰。

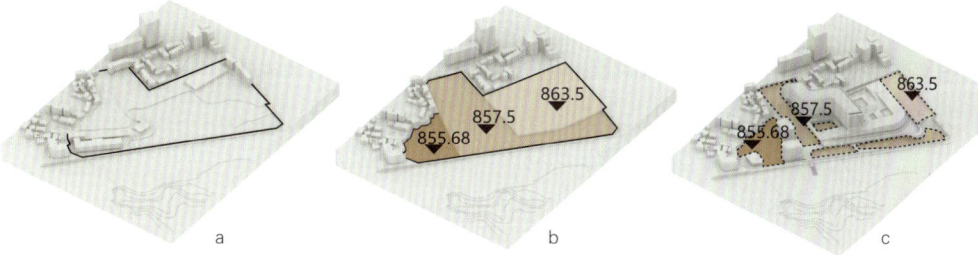

| 日间手术室统计 | | | | |
|---|---|---|---|---|
| 编号 | 数量 | 洁净度 | 面积(㎡) | 备注 |
| OR01 | 5 | 3级 | 34.31 | 日间手术 |
| OR02 | | 3级 | 31.22 | 日间手术 |
| OR03 | | 3级 | 31.22 | 日间手术 |
| OR04 | | 3级 | 31.22 | 日间手术 |
| OR05 | | 3级 | 31.22 | 日间手术 |

| 中心手术室统计 | | | | |
|---|---|---|---|---|
| 编号 | 数量 | 洁净度 | 面积(㎡) | 备注 |
| OR01 | 4 | Ⅰ级 | 96.57 | 介入手术,铅防护 |
| OR02 | | Ⅰ级 | 63.59 | 复合手术,铅防护 |
| OR03 | | Ⅰ级 | 63.59 | 复合手术,铅防护 |
| OR04 | | Ⅰ级 | 86.01 | 体外循环手术 |
| OR05 | 1 | Ⅲ级 | 34.87 | 隔离,正负压切换 |
| OR06 | 6 | Ⅲ级 | 69.51 | 铅防护手术 |
| OR07 | | Ⅲ级 | 57.33 | 铅防护手术 |
| OR08 | | Ⅲ级 | 60.74 | 铅防护手术 |
| OR09 | | Ⅲ级 | 70.04 | 铅防护手术 |
| OR10 | | Ⅲ级 | 60.74 | 铅防护手术 |
| OR11 | | Ⅲ级 | 85.16 | 铅防护手术 |
| OR12 | 10 | Ⅲ级 | 61.18 | — |
| OR13 | | Ⅲ级 | 69.51 | — |
| OR14 | | Ⅲ级 | 69.51 | — |
| OR15 | | Ⅲ级 | 31.77 | — |
| OR16 | | Ⅲ级 | 35.73 | — |
| OR17 | | Ⅲ级 | 36.47 | — |
| OR18 | | Ⅲ级 | 36.47 | — |
| OR19 | | Ⅲ级 | 36.47 | — |
| OR20 | | Ⅲ级 | 33.88 | — |
| OR21 | | Ⅲ级 | 33.88 | — |

图 5-4-3　用地高差及分台处理

图 5-4-4　手术部规模

用地北侧到南侧最大高差约 15 米，北侧和东侧道路相对高差约 6 米。因此本项目在两条道路上分层设置多个出入口，保证人车分流。北侧玉壶东路为城市主要交通道路，依次设置门诊主要出入口及急救专用入口。东侧为城市次要交通道路，依次设门诊车行出入口、住院出入口、后勤出入口及污物专用出口（其中污物出口位于南侧城市下风向）；西侧符阳路与用地局部联系，另设有国际诊疗专用入口，如图 5-4-5 所示。

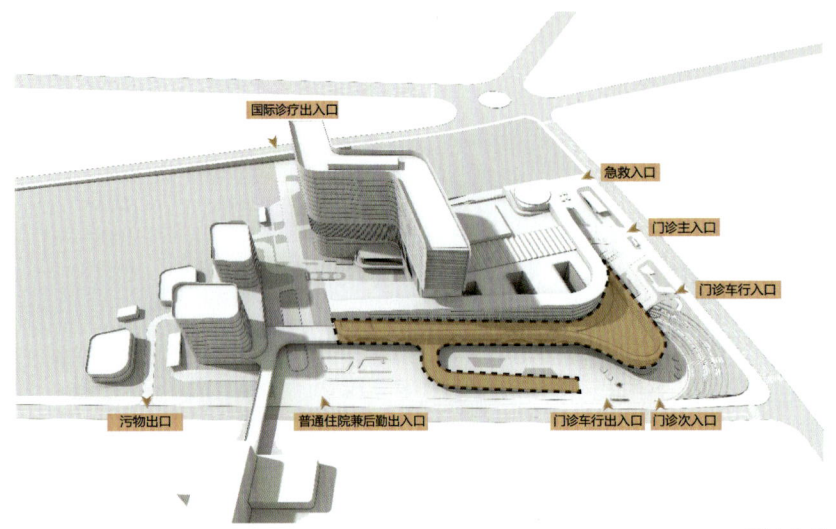

图 5-4-5

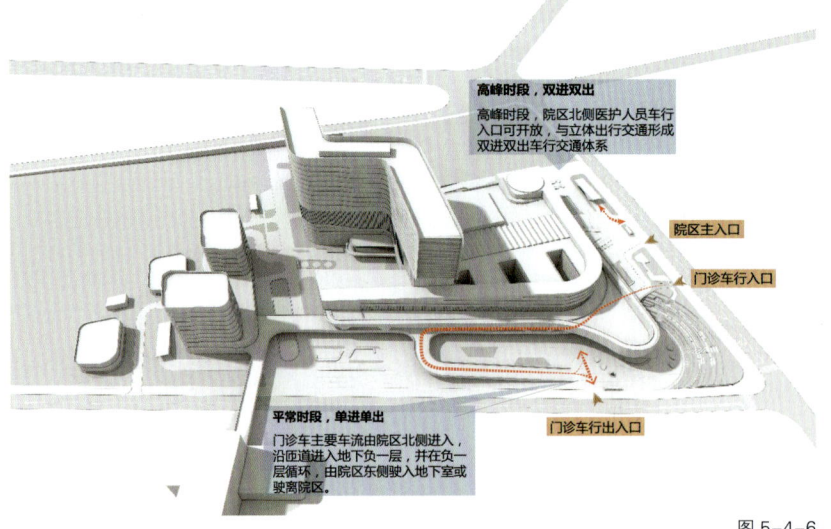

图 5-4-6

图 5-4-5　分层交通入口
图 5-4-6　立体车行匝道

**2 立体车行匝道**

为缓解城市交通压力，在两个不同标高门诊广场之间设置立体车行匝道，连接两条不同标高道路，采用交通分时分区管理模式。在城市交通高峰时段，门诊车辆从北侧道路进入院区后，可通过车行匝道直接到达不同诊疗单元，再通过匝道直接行驶至 -6 米标高的门诊广场进入地下车库，避免大量进入院区的车辆在城市道路上排队等候，造成交通拥堵。在城市交通非高峰时段，门诊车辆则可分别从两个不同标高广场直接进出地下车库，如图 5-4-6 所示。

**3 内部三维交通**

山地医院的内部交通体系具有强大的可变性与灵活性，需根据地形条件将水平交通和垂直交通相结合，灵活设计，形成混合式的三维交通体系。

（1）水平交通。

在水平交通体系中，厅空间和廊道空间是最基本、最重要的组成元素。厅空间作为整个交通空间体系上的组织骨架和核心，承载着人流的集散和公共交通系统间的衔接，具有较强的交通转换功能。而廊道作为一种线形空间，在交通空间中具有很强的指引性。茅台医院在贯穿南北的医疗主轴上设置多个功能门厅，通过医疗街进行串联，保证了水平交通体系的高效运行。

（2）垂直交通。

高层医院建筑的主要交通方式为电梯，功能的垂直组合使各种医疗流程都在垂直方向上展开，加重了垂直交通的压力。在山地医院设计中，通过对电梯的布局进行合理规划并根据功能进行分组设置的方式，来解决集约化布局形态下的垂直交通问题。

茅台医院根据项目定位及功能需求，利用垂直交通打造多个高效医疗体系，如急诊抢救体系、手术抢救体系、日间医疗服务体系、后勤供应体系、国际诊疗体系、分区明确的护理单元等。每个体系设置有独立的电梯群组，以确保所有体系的独立高效运行，如图 5-4-7 所示。

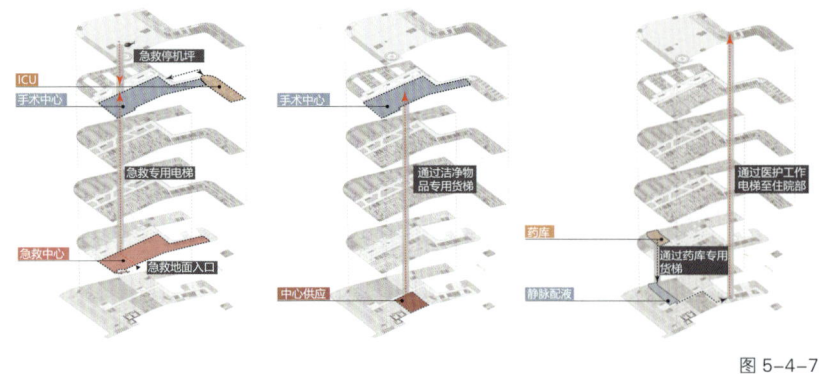

图 5-4-7

图 5-4-7　利用三维交通体系打造高效医疗服务体系

## 四、引入地域企业文化符号特征的空间效果

在建筑、景观、内装、标识系统等专项方案设计中，对地域文化元素进行大量提取并运用。通过对河流、丝带、高粱等文化符号进行抽象表达，在室内环境中进行运用，最终形成了灵动自然的空间效果（如图 5-4-8、图 5-4-9）。

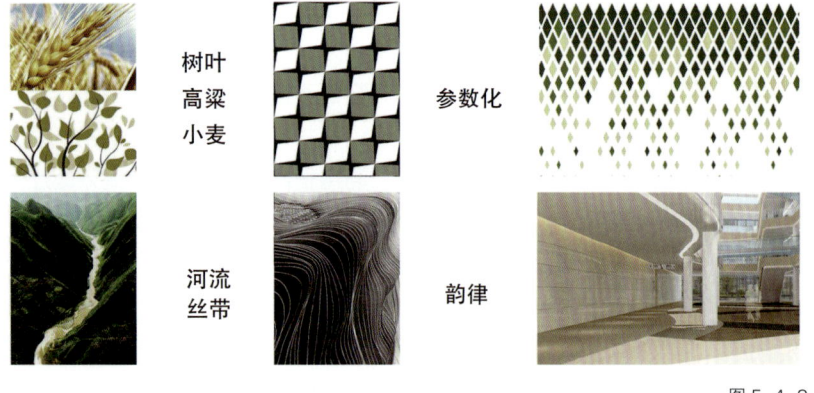

图 5-4-8

图 5-4-8　文化符号的抽象演变

图 5-4-9　融入地域文化的内部公共空间

## 五、立体化景观设计

　　景观设计充分考虑了山地环境的特殊性，结合山地坡度，建筑体量采用退台、架空、弱化转交等方式，弱化建筑与环境的界面，将绿化环境引入建筑内部，达到亲和自然的目的，同时利用地形高差形成分层广场，使建筑与环境彼此融合，在城市界面形成具有标志性的建筑形象。

　　此外，设计中对不同标高的分界面做了细致的处理，避免不同平台垂直堡坎的生硬对接。通过视线和行为分析，在不同标高的界面处形成退台式的特色景观，使不同标高平缓过度，舒缓视线关系，同时结合休闲设施，为病人打造一个人性化的康复休憩场所，既节约了用地，又丰富了空间效果，如图 5-4-10 所示。

图 5-4-10

图 5-4-10　应对山地地形的公共景观空间

## 六、针对山地建筑的特殊技术措施

山地建筑在水、电、结构等方面的技术处理上有一些特殊手段。例如，对于场地总平来说，建筑结构的处理难度较大。因此结合现有场地条件，利用现有地势设置抗滑桩等永久支护结构，使得场坪与现有地势错落结合，比较有效地降低了结构设计难度，同时做好场地内的地下水与地表水的疏导排放，保证地下室主体结构的防水性能达到需求目标。结构设计时尽量依靠自身压重来抵消地下水浮力，存在两层地下室的区域设置抗浮锚杆。并让结构主体的嵌固端尽量靠近基础，使得主体结构满足受力要求的同时也较好地与现有场地条件相结合，满足建筑的功能需求，较好地控制了投资成本。

山地建筑的排水系统常常会出现很大的高差，因此可能会用到跌水井，或者通过管道的缓坡来解决重力排水的问题。平地上的建筑排水系统一般按照 1%~2% 的坡度做排坡，而山地有高差，如果高达几米，重力式排水的冲击力会很大，这就需要采取一些特殊的应对措施进行消能，或者设置跌水井。本项目地形通过台地整合后，场地平均坡度约 2%，局部道路坡度最大处约 7%，高差相对较小。因此，采用室外排水管网结合场地地形布置，在不超过最大流速的情况下，管道坡度尽量与道路一致，既可减小管网埋深，也可减小管道管径，节省投资。

总而言之，山地医院建筑设计是一个需要多专业协调配合，多学科共同应对的建筑类型，很多技术手法如果运用得当，可能会给空间的变化带来意想不到的功能与艺术效果，如图 5-4-11 所示。

图 5-4-11

图 5-4-11 贵州茅台医院沿街透视图

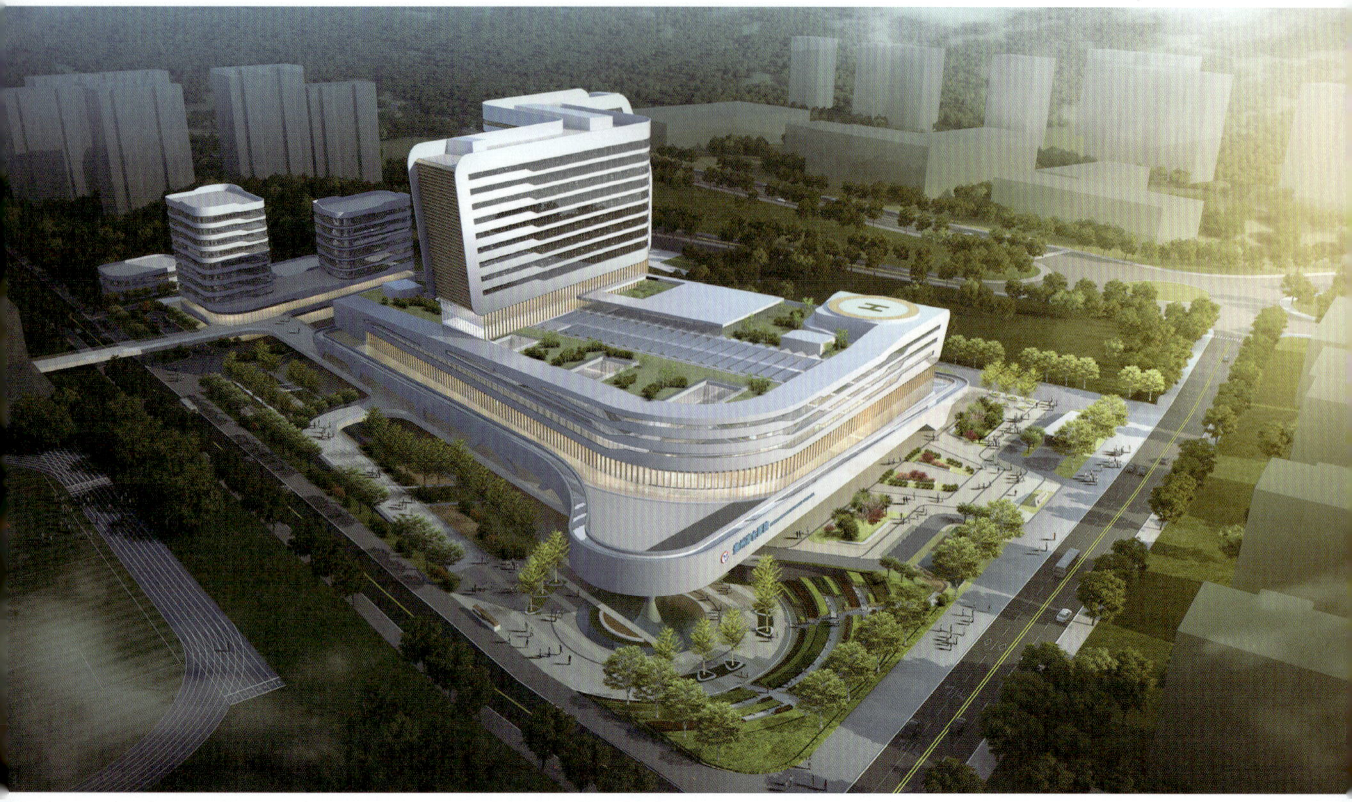

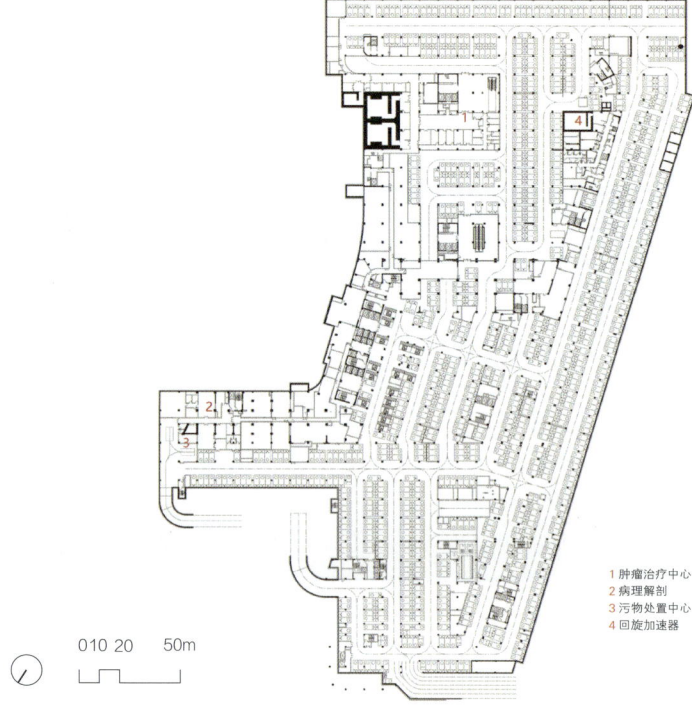

图 5-4-12

1
2
3
4
1 肿瘤治疗中心
2 病理解剖
3 污物处置中心
4 回旋加速器
0 10 20 50m

图 5-4-13

图 5-4-12　整体鸟瞰效果图

图 5-4-13　负一层平面图

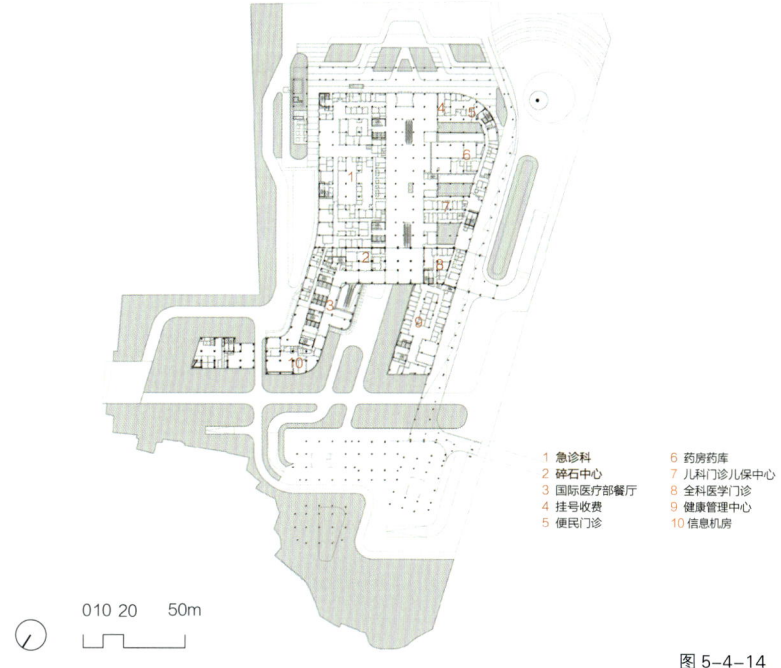

1 急诊科　　　　6 药房药库
2 碎石中心　　　7 儿科门诊儿保中心
3 国际医疗部餐厅　8 全科医学门诊
4 挂号收费　　　9 健康管理中心
5 便民门诊　　　10 信息机房

图 5-4-14

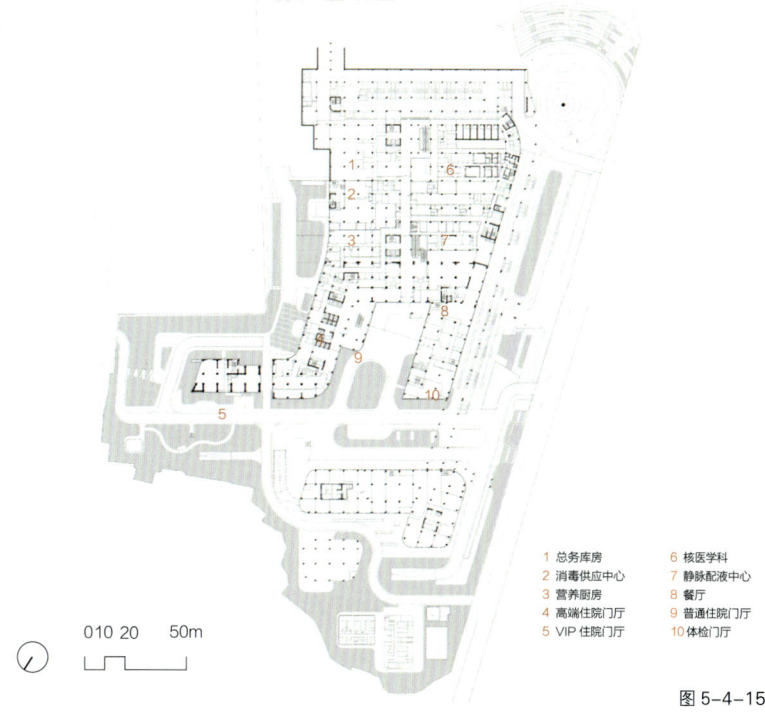

1 总务库房　　　6 核医学科
2 消毒供应中心　7 静脉配液中心
3 营养厨房　　　8 餐厅
4 高端住院门厅　9 普通住院门厅
5 VIP 住院门厅　10 体检门厅

图 5-4-15

图 5-4-14　玉壶东路入口处平面图
图 5-4-15　玉液中路入口层平面图

1 检验科
2 影像科
3 VIP门诊
4 外科一
5 外科二
6 内科一
7 内科二
8 健康管理中心

图 5-4-16

1 内镜中心
2 功能检查科
3 血透中心
4 妇科
5 产科
6 耳鼻喉科
7 眼科
8 中医科
9 口腔科

图 5-4-17

图 5-4-16　二层平面图
图 5-4-17　三层平面图

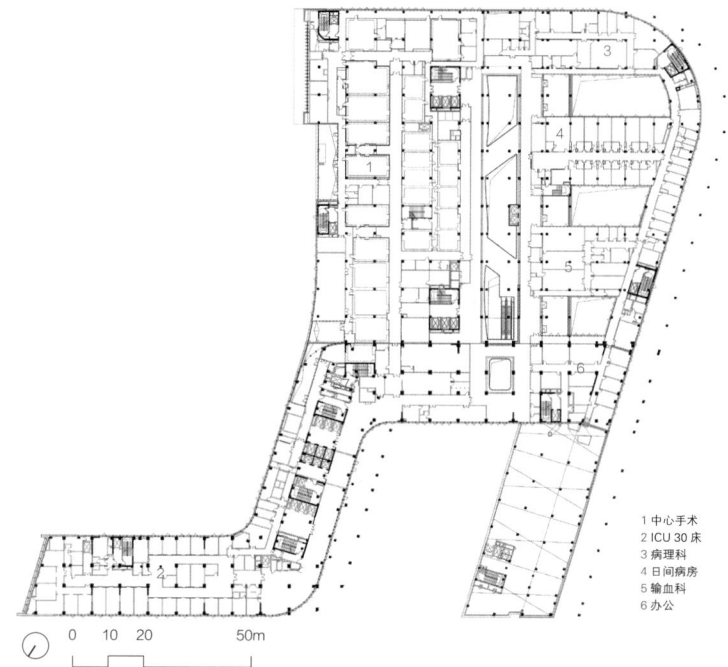

1 中心手术
2 ICU 30床
3 病理科
4 日间病房
5 输血科
6 办公

图 5-4-18

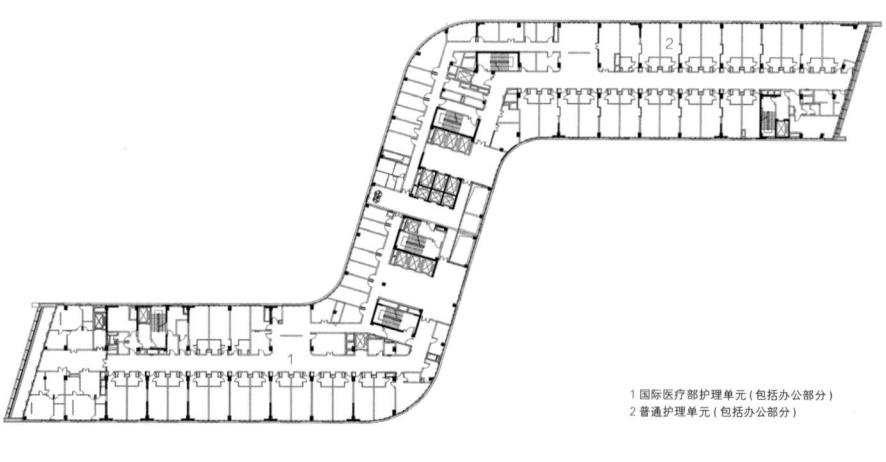

1 国际医疗部护理单元（包括办公部分）
2 普通护理单元（包括办公部分）

图 5-4-19

图 5-4-18　四层平面图
图 5-4-19　标准层平面图

图 5-4-20　夜景鸟瞰图

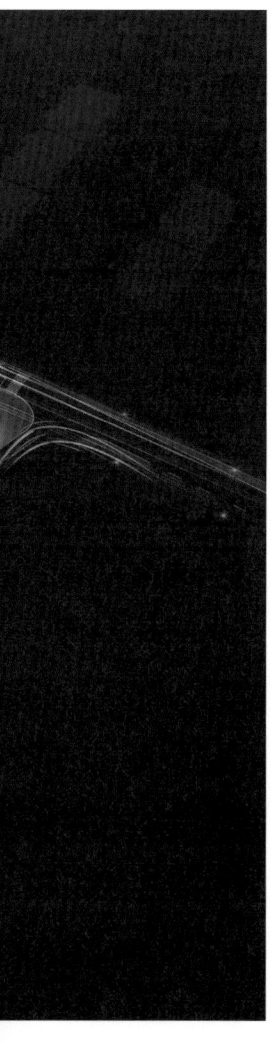

## 项目团队

**建　筑：** 张远平　黄　平　徐卫红　夏志伟　陈　楠　李海默　庹　量　张曲魂
　　　　　罗　典　杨建蓉　耿　创　佘海超　徐　亮　黄一夫　周　娅　刘进颖
　　　　　秦志鹏　杨　迅　周　华　汪永源　张梦驰　谯　骢　吉正文

**结　构：** 唐思民　王立维　肖克艰　刘晓英　杨现东　朱　翀　马燕杰　张志军
　　　　　郭宏印　胡　洲　陈　敏　刘晓舟

**给排水：** 杨久洲　刘　帅　陈　垚　李　佳　沈冰洁　王建军　李　波

**暖　通：** 张　宁　革　非　莫　斌　文　玲　刘卓典　王　斌　魏明华　董丽娟
　　　　　蒋志祥　雷智勇　刘伯万

**强　电：** 李　慧　郑　宇　徐建兵　张　滔　张家平　李俊男　薛　飞　朱　彬
　　　　　张　伟　赵乾丞　赵军伟　杨祝涛

**弱　电：** 吴　寰　邱　玉　李　慧　薛　飞　赵子文　徐建兵　张家平

**装　饰：** 张国强　徐　进　周弋帆　肖　巍　王冰洁　李　竹　李汶奇　张乐弦
　　　　　蒋永才　蒋　伟　涂　强

**幕　墙：** 陈恩莉　殷兵利　董　彪　向　宇　刘贤军　罗建成　莫红梅

**景　观：** 汪永源　尹　昕　史笑微

**建筑物理：** 冯　雅　高庆龙　钟辉智　陈　俊　刘东升

**动　力：** 方　宇　革　非　王继伟　张　宁

**造　价：** 张廷学　张　庆　陈世银　杨艾科　牟蔺平

**图片来源：**

图 5-4-1、图 5-4-2：笔者自绘
图 5-4-3~图 5-4-20：中国建筑西南设计研究院有限公司

# 四川省肿瘤诊疗中心

## 05

| | |
|---|---|
| 设计范围 | 总体设计 |
| 医院类型 | 专科医院 |
| 医院等级 | 三级甲等 |
| 床位数 | 1300床 |
| 规模 | 332358平方米 |
| 完成时间 | 2018-08 |
| 项目阶段 | 方案设计 初步设计 施工图设计 |
| 建设单位 | 四川省肿瘤医院 |

| | |
|---|---|
| 定位 | 肿瘤专科为特色，集预防、医疗、教学、科研、康复为一体的肿瘤专科治疗中心 |
| 特点 | MDT多学科诊疗模式 质子治疗 重离子治疗 大型肿瘤治疗集群 |

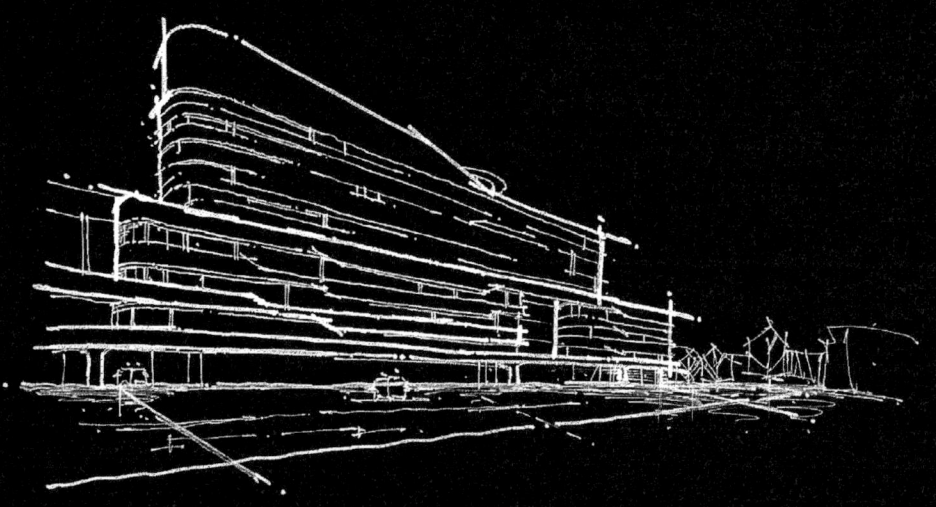

## 一、MDT 模式下的医疗空间布局

多学科联合诊疗模式（Multiple Disciplinary Team，MDT）作为一种新型诊疗模式，在肿瘤专科领域，比传统诊疗模式有明显的优势。传统诊疗模式中，肿瘤患者从诊断到治疗可能需要经历多个科室，每到一个科室要重新制订适合本科室的治疗方案。比如患者确诊肿瘤并在外科完成手术后，下一步才会考虑化疗还是放疗，而后转到相应科室重新制订治疗方案，无形中增加了时间成本和人力成本。而在 MDT 模式中，患者会在治疗前得到外科、化疗科、放疗科、病理科、介入科、影像科的医生做出的综合评估，确定是做手术前化疗或者放化疗结合，还是手术后进行放疗或化疗，并且制订出放化疗具体方案，术后直接在手术科室进行治疗，无须转科。最终患者得到的是连续的治疗，减少了等待时间，如图 5-5-1 所示。

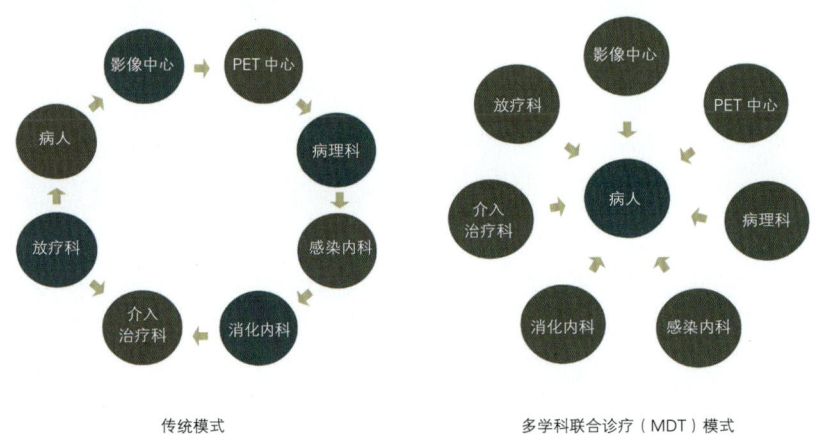

传统模式　　　　　　　　　多学科联合诊疗（MDT）模式

图 5-5-1

图 5-5-1　肿瘤专科医院 MDT 模式

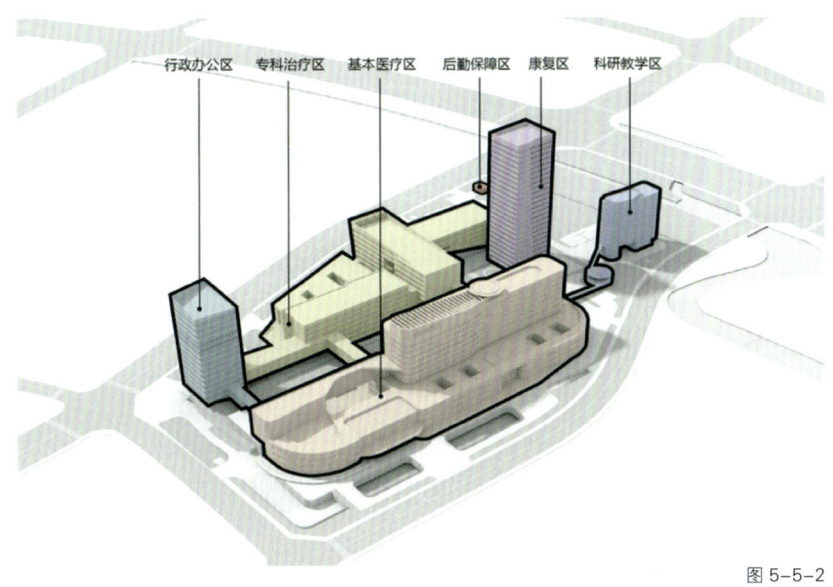

图 5-5-2

图 5-5-2 总体功能布局

四川省肿瘤诊疗中心项目位于四川省成都市天府新区，项目基于 MDT 模式打造国内一流肿瘤专科治疗中心，总体规划根据学科功能分为五大功能区：基本医疗区、专科治疗区、康复区、科研教学区、后勤保障区。基本医疗区位于院区主入口处，整体呈矩形布置，包括 MDT 学科门诊、住院、医技，布局紧凑。专业医疗区包括以质子治疗及重离子治疗为核心的肿瘤治疗集群、专科门诊住院等功能，大型医疗设备均布置在地下空间，避免对地上医疗服务空间造成干扰，为地上提供更多的室外康复及人性化空间。专科门诊住院沿南侧道路布置，可形成独立的交通出入口。地下室整体与基本医疗区联系，实现大型医疗设备的资源共享。地上则通过景观连廊便捷联系。在用地中部靠西南侧独立设置康复医疗区，利用园区内中心花园及城市绿化公园，形成安静舒适的康复环境。教学科研区位于用地西北角，为一栋教学科研综合楼，远期另规划有独立行政楼，同时临近基本医疗区及专科医疗区满足医院管理需求。后勤保障区独立设置于用地西南侧，包括液氧站、垃圾转运站、污水处理站等，并预留一定后勤用地，保证后期医院后勤服务体系的扩展需求，如图 5-5-2、图 5-5-3 所示。

图 5-5-3

图 5-5-3 四川省肿瘤诊疗中心鸟瞰图

平面布局按照 MDT 模式进行科室划分，其中门诊科室根据肿瘤发病部位分为头颈中心、胸部中心、腹部中心，并结合医院自身特色及需求设置急救中心、健康管理中心、心理治疗中心、康复理疗中心等。各中心沿北侧城市道路及南侧医疗街展开布置，在城市广场处可设置多个独立中心出入口，患者可通过分中心出入口直接到达对应中心，十分便捷。充分考虑各医疗动线的便捷性，将各医技中心分层布置于急诊中心之上、住院部之下，同时邻近各门诊医学中心，便于快捷使用，如图 5-5-4 所示。

院区规划充分考虑了周边城市景观与院区内部景观的有效衔接，各功能区围合成多个院内中心花园，保证各功能房间均拥有良好的景观朝向，为患者打造了一个舒适的康复环境。通过整体的景观设计思路，将内外的景观资源有效整合，不仅展现了现代园林式医院的良好形象，也为城市增添了一丝活力。院前立体车型交通的下沉庭院，为广场提供了良好的立体空间景观，在改善就医环境的同时提升了建筑的空间形象。

二层平面图　0　10　20　50m

1 医技平台
2 头颈中心
3 胸部中心
4 腹部中心

图 5-5-4

图 5-5-4　肿瘤专科中心

## 二、以质子治疗及重离子治疗为核心的肿瘤治疗集群

质子和重离子束治疗肿瘤，是当今国际社会公认的最尖端放疗技术。质子和重离子都是带电粒子，与 X 射线、γ 射线、电子线等常规射线不同，具有一定能量的质子和重离子在入射人体组织后存在集中沉淀能量的布拉格峰。在治疗肿瘤时，可以通过调节质子（或重离子）的能量，使射线作用于不同深度和大小的肿瘤，实现对肿瘤靶区的高剂量多野辐照，同时使肿瘤周围正常组织受到尽可能小的辐射损伤。

四川省肿瘤诊疗中心规划引入国内外先进的质子治疗及重离子治疗设备，建设质子治疗中心和重离子治疗中心。两大中心规划于用地南侧，沿南侧道路布置，独立设置中心出入口。质子及重离子加速器主要设备用房位于地下室，与放疗中心、放射影像中心、核医学中心、放免实验室等相关科室便捷联系。两大中心地上设门诊医技住院等配套医疗用房，保证中心独立、高效运行。质子加速器设备治疗区平面尺寸为 55 米 x32 米，高 13.9 米，由加速器系统、能量选择系统、束流传输系统、旋转机架治疗室、固定束治疗室等组成。重离子加速器设备治疗区平面尺寸为 76 米 x39 米，高 10.6 米，由加速器系统、束流传输系统、治疗终端系统（旋转机架、治疗头、治疗床）和治疗计划系统（TPS）组成。如图 5-5-5、图 5-5-6 所示。

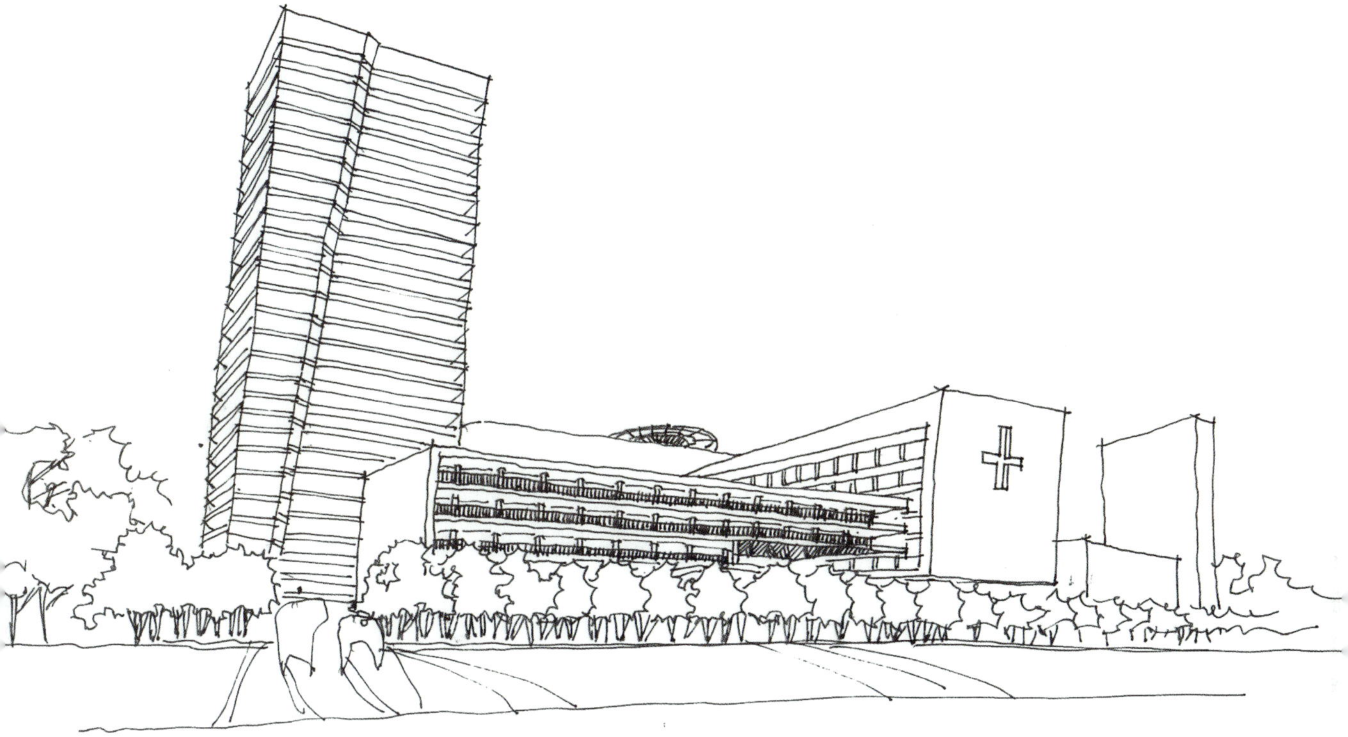

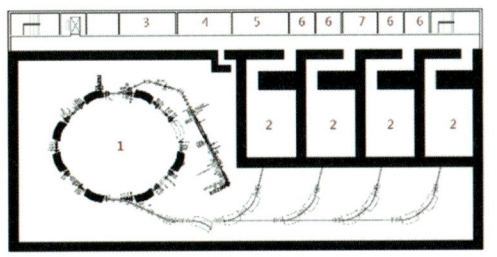

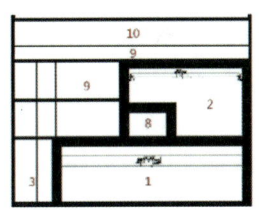

图 5-5-5

1 加速器大厅
2 治疗室
3 中央控制室
4 物理计划
5 等候区
6 治疗控制室
7 QA 设备储藏间
8 功率间
9 直线电源间
10 高低压配电

图 5-5-6

图 5-5-5　四川省肿瘤诊疗中心重离子中心透视图

图 5-5-6　重离子中心治疗区平面与剖面示意

1 车库　　　6 放免实验室
2 餐厅　　　7 采光天井
3 下沉庭院　8 放射影像中心
4 核医学中心　9 放疗中心
5 医疗街　　10 车库

图 5-5-7

图 5-5-8

图 5-5-7　地下大型肿瘤治疗设备集群
图 5-5-8　地下采光中庭

项目以质子治疗及重离子治疗为核心打造大规模肿瘤治疗集群，包括肿瘤放疗中心、放射影像中心、核医学中心、放免实验室等肿瘤治疗相关的大型诊疗设备。其中放疗中心共设 9 台直线加速器、2 台 MR 模拟定位、2 台 CT 模拟定位、2 台常规模拟定位；放射影像中心设 3 台 MR、3 台 CT、1 台 DR、1 台乳腺机、1 台胃肠机；核医学中心设 1 台 PET-CT/PET-MR、1 台 SPECT、回旋加速器等。建设完成后，将成为西部地区乃至全国设备最为完备先进的肿瘤专科治疗中心之一，如图 5-5-7 所示。

除质子治疗中心及重离子治疗中心部分诊疗及服务用房位于地上，肿瘤治疗集群主要大型设备用房均位于地下室。其中放疗中心、放射影像中心、核医学中心、放免实验室等位于地下一层，通过地下医疗主街联系门急诊、住院主要竖向交通体。医疗街联系各中心等候空间处，设置有多个下沉庭院，既能使主要公共空间自然通风采光，改善传统地下诊疗空间阴暗压抑的空间感受，也为病人及家属提供了更多的人性化休闲空间，如图 5-5-8 所示。

项目用地地形北高南低，南北城市道路高差约 3 米。地下空间利用地形自然高差，在地下室南侧设置有采光廊，保证南侧地下一层各功能用房自然采光通风。采光廊未来将作为联系重离子治疗中心及远期医疗用房的通道，为未来构建全院区地下交通畅通体系预留了条件。

### 三、合理分期，有序发展

根据医院总体功能定位及未来发展需要，项目共分为三期建设，如图5-5-9所示。

一期建设基本医疗区，包括门急诊医技楼、第一住院楼、污水处理、液氧站等。门急诊医技楼位于用地北侧主入口处，整体呈矩形布置，整合布置门急诊、医技、住院功能，布局紧凑，为后期建设发展预留更多空间，如图5-5-10所示。基本医疗区地下室共两层，地下一层除车库及设备用房外，另设有餐厅、污物转运等功能用房，在南侧外墙整体预留连接二期地下室条件，可实现一、二期地下室功能无缝扩展连接。地下二层设置专用污物转运通道，联系门急诊医技及住院全部污物电梯，各科室污物可通过污物电梯及地下污物通道直接运至污物转运中心或地上生活垃圾暂存处，避免污物在地上建筑及车库内转运影响其他功能及流线。同时，通道预留二期地下室连接

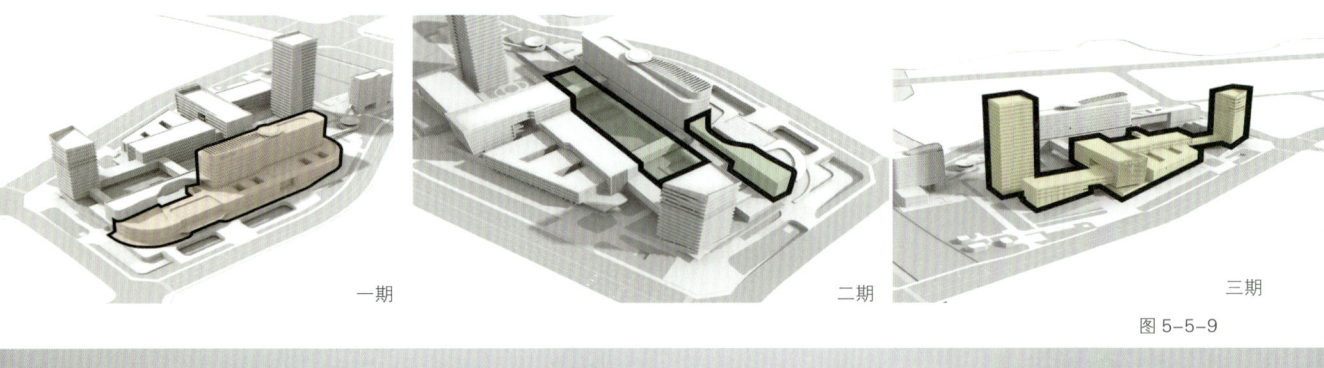

图 5-5-9

图 5-5-10

图 5-5-9　分期建设示意图
图 5-5-10　一二期建设示意图

口，未来全院区范围内污物整体在专用污物通道中转运，真正实现洁污分流。该通道空间净尺寸按照 AGV 物流机器人通行空间尺寸要求设计，医院未来可引入智能物流机器人系统，为打造高效便捷的智能化现代医院奠定了基础，如图 5-5-11 所示。

二期在一期的基础上扩建门急诊医技楼及地下室。扩建门急诊医技楼功能包括部分门诊医技、健康管理、信息中心、行政办公等。地下室扩建功能包括放疗、核医学科及放免实验室、放射科等大型设备医技平台。另外，用地西北侧独立设置科研教学综合楼，通过景观连廊与门急诊医技楼便捷联系。二期规划方案与一期同步设计、先后实施，最终可实现同时竣工交付使用，形成功能系统完善的肿瘤专科诊疗中心，如图 5-5-12 所示。

三期规划建设特色医疗区，包括质子治疗中心、重离子治疗中心及相关服务设施，并根据未来医院发展需要预留专科医疗、康复医疗、科研教学行政等功能区。由于未来医学技术及行业发展的不确定性，远期规划一方面充分考虑了与一、二期之间的功能联系，同时兼顾未来可引入"院中院"、医疗综合体等多种医疗模式的可能性，为医院持续发展注入新的动力，如图 5-5-13 所示。

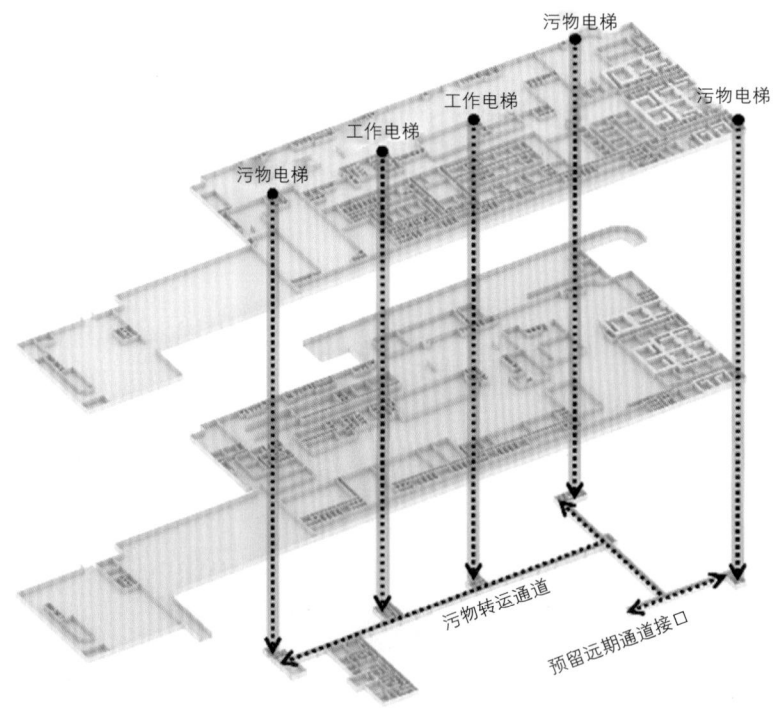

图 5-5-11

图 5-5-11　地下污物转运通道

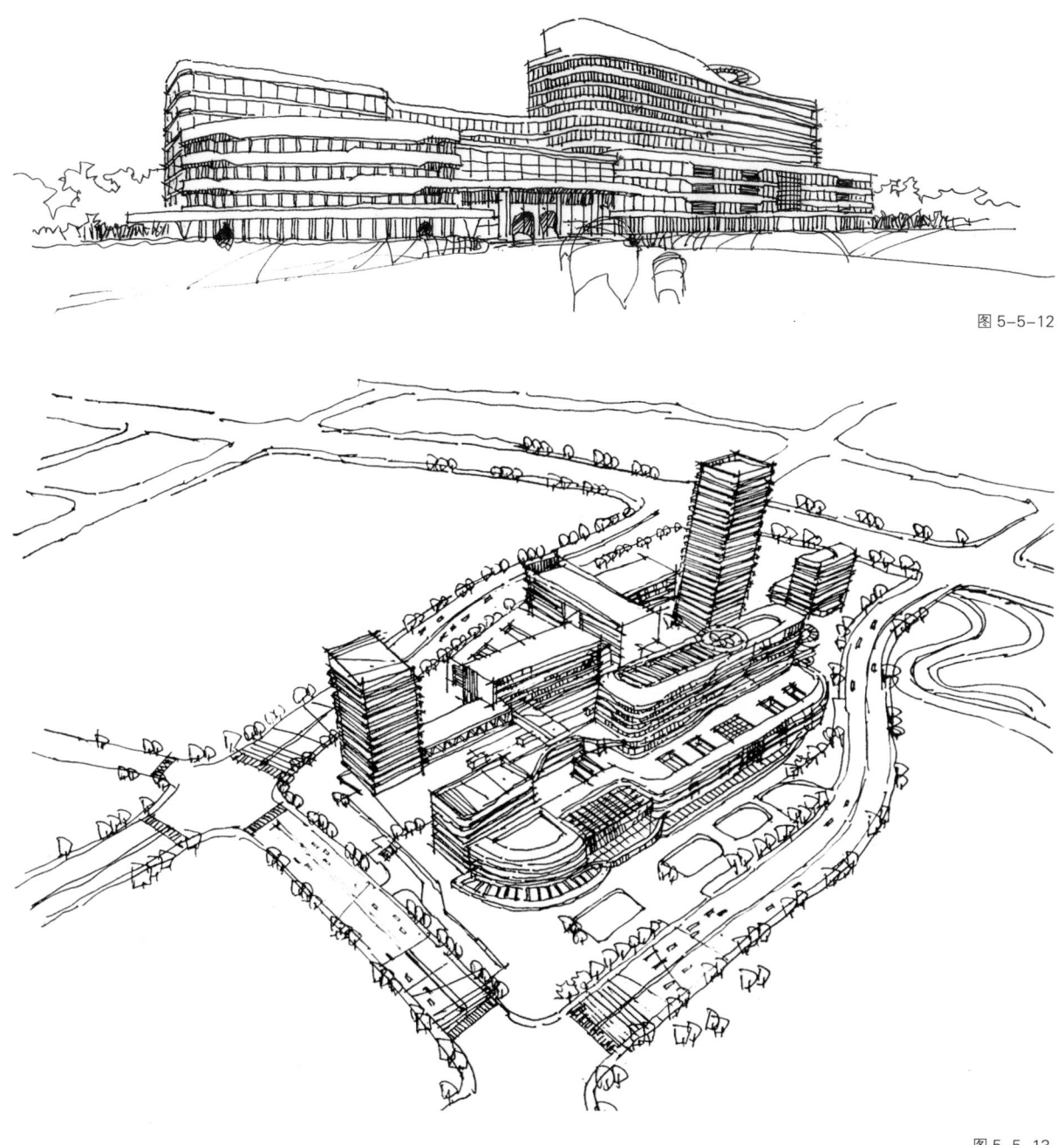

图 5-5-12

图 5-5-13

图 5-5-12 一、二期建筑透视图
图 5-5-13 四川省肿瘤诊疗中心鸟瞰图

图 5-5-14

图 5-5-15

图 5-5-14 一期建筑透视图
图 5-5-15 四川省肿瘤诊疗中心效果图

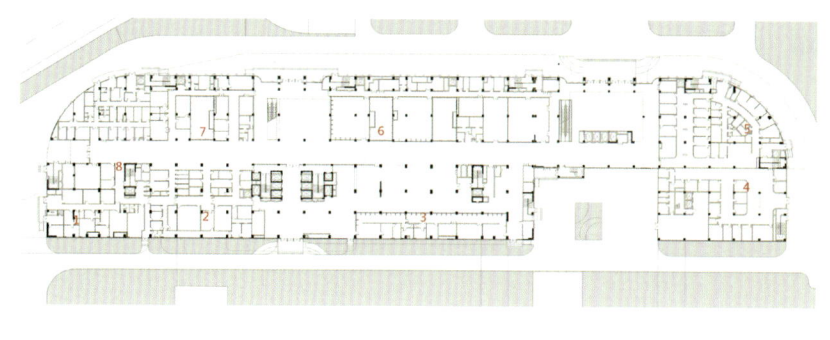

| | |
|---|---|
| 1 心理辅导 | 5 口腔科 |
| 2 非物理治疗 | 6 药剂科 |
| 3 综合服务中心 | 7 物理治疗 |
| 4 体检中心 | 8 急诊 |

图 5-5-16

1 医技平台
2 头颈中心
3 胸部中心
4 腹部中心

图 5-5-17

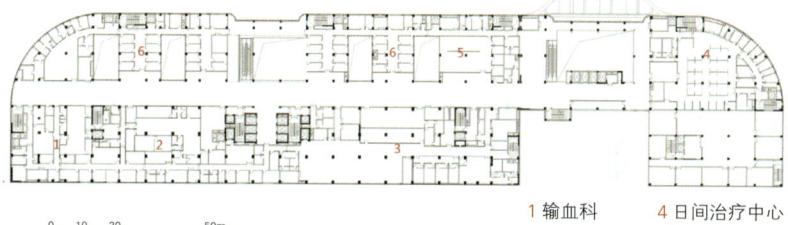

| | |
|---|---|
| 1 输血科 | 4 日间治疗中心 |
| 2 静脉配液 | 5 中医康复门诊 |
| 3 检验中心 | 6 肿瘤诊区 |

图 5-5-18

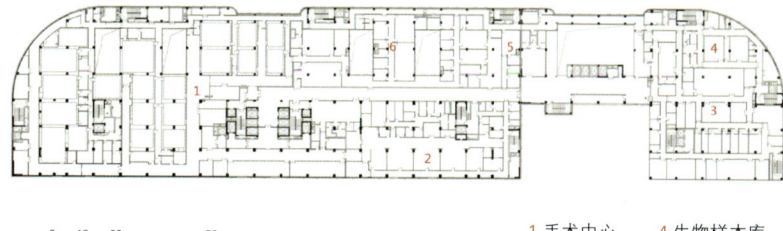

| | |
|---|---|
| 1 手术中心 | 4 生物样本库 |
| 2 ICU | 5 细胞穿刺 |
| 3 病理科 | 6 手术中心 |

图 5-5-19

图 5-5-16　一层平面图

图 5-5-17　二层平面图

图 5-5-18　三层平面图

图 5-5-19　四层平面图

图 5-5-20

图 5-5-20 四川省肿瘤诊疗中心鸟瞰图

## 项目团队

| | |
|---|---|
| 建　　筑： | 张远平　黄　平　夏志伟　高雅兰　庹　量　欧阳文麟　何　沅<br>王光华　彭　魁　张梦嫒　黄一夫　郭天翔　吴　帆　戴嘉豪<br>侯　伟　彭竟瑜　袁　涓　彭　迪　曾　超 |
| 结　　构： | 肖克艰　谭　毅　邓开国　易　勇　付　敏　谢雪梅　朱小莉 |
| 给排水： | 李　波　孙　钢　楼培苗　黄河鱼　王利超　杨佳露　蒲贤臣<br>马腾飞　曹　强　康　茜　杨蒙晰 |
| 暖　　通： | 革　非　王继永　蒲尧锦　许　杨　任　坤　吴　尊　康　宁<br>刘明非 |
| 电　　气： | 徐建兵　何海波　张家富　杜毅威　江绍冬　龚华彬　彭国珊<br>陈　林　陈　斌 |
| 强　　电： | 徐建兵　孟　和　张家富　杜毅威　葛远东　曾　畅　陆海龙 |
| 智能化： | 熊泽祝　李江涛　刘　璐　刘昕奇 |
| 装　　饰： | 张国强　涂　强　周　楠　刘　元　付小青　王　丹　李　竹<br>熊丽君　蒋　伟 |
| 幕　　墙： | 董　彪　殷兵利　罗建成　苗　旺 |
| 建筑物理： | 王　皎　冯　雅　高庆龙　刘双胜　窦　枚 |
| 造　　价： | 张迪璇　王　慧　曾长友　叶晨曦　刘　江　周　奕 |

**图片来源：**

图 5-5-1~ 图 5-5-4、图 5-5-6~ 图 5-5-11、图 5-5-14~ 图 5-5-20：中国建筑西南设计研究院有限公司

图 5-5-5、图 5-5-12、图 5-5-13：笔者自绘

# 西昌市人民医院

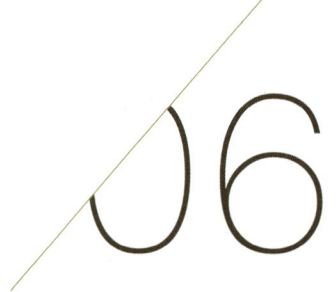

| | |
|---|---|
| 设计范围 | 总体设计 |
| 医院类型 | 综合医院 |
| 医院等级 | 三级甲等 |
| 床位数 | 1000床 |
| 规模 | 170899平方米 |
| 完成时间 | 2019-10 |
| 项目阶段 | 方案设计 初步设计 施工图设计 |
| 建设单位 | 西昌市人民医院 |

| | |
|---|---|
| 定位 | 统一规划新老建筑的医疗流程和功能配置，以形成分区差异化发展的高效医疗流程<br>集综合医疗、妇儿特色医疗、教学科研区三位一体的三级甲等综合医院 |
| 特点 | 全国首座高烈度地区的全钢构高层医院建筑 |

## 一、高烈度地区医院建筑抗震设计具有重要意义

地震是人类面临的最严峻的自然灾害之一，每一次强烈地震都会带来重大的破坏和伤亡损失，因此，建筑的抗震设计尤为重要。特别是位于高烈度地区的抗震重点设防类医院建筑，要求采用比普通建筑设防烈度更高的抗震措施；受特殊复杂的功能限制并保证地震发生时不丧失功能，承担抗震救灾、应急使用等职责，这些要求都使得设计（特别是结构设计）更加困难。

## 二、钢结构是公认的抗震性能最优的结构形式

钢材凭借其良好的材料性能，使钢结构体系成为公认的抗震性能最优的结构形式之一，但受功能、造价成本、技术难度等影响，运用于高层医院类建筑的案例屈指可数。西昌市人民医院改扩建工程项目，其所在地区的抗震设防烈度高达 9 度，建成后将成为全国位于 9 度区、采用全钢结构、建筑高度最高的医院建筑。

## 三、项目概况

项目位于四川省西昌市顺河街，选址背靠东河，面向泸山，规划用地面积约 61.9 亩，分为东西 2 个地块。总建筑规模约 17 万平方米，新建建筑面积约 14.2 万平方米，保留建筑面积约 2.8 万平方米。总床位数 1000 床，新建床位数 800 床，保留床位数 200 床。整个院区将形成集综合医疗、特色医疗、教学科研区三位一体的三级甲等综合医院（如图 5-6-1）。

场地用地紧张，且院区包含新建及保留建筑，因此重塑新老建筑的医疗流程，统一规划新老建筑的医疗功能配置，以形成分区差异化发展的高效医疗流程是本项目设计的构思重点。建成后，东院区将以综合医疗（500 床）为核心，西院区包括特色妇儿中心（300 床）及保留医疗区（200 床）（如图 5-6-2）。联系三大医疗板块区的空中连廊是贯穿东西院区的交通主线，有利于实现医疗资源的最大化利用（如图 5-6-3）。

第五章 创作与思考 | **209**

图 5-6-1

图 5-6-1 鸟瞰效果图

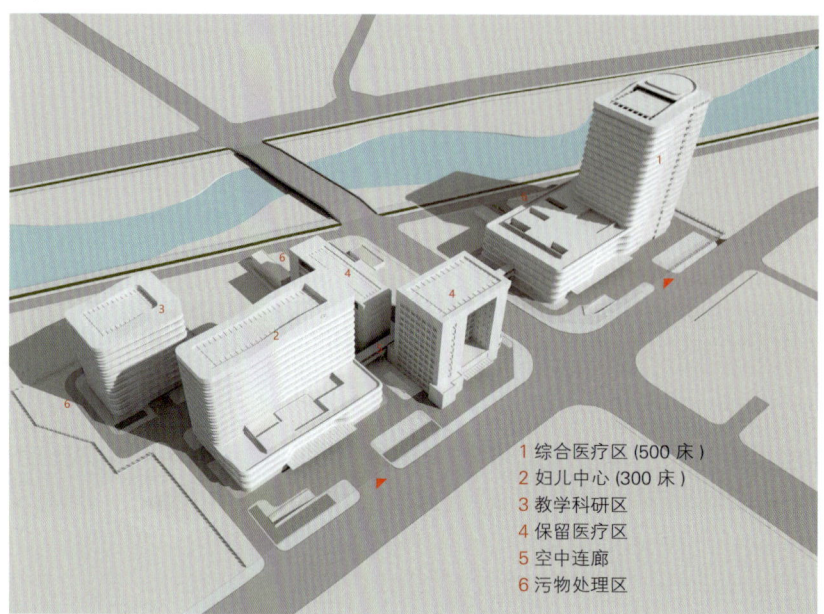

1 综合医疗区 (500 床)
2 妇儿中心 (300 床)
3 教学科研区
4 保留医疗区
5 空中连廊
6 污物处理区

图 5-6-2

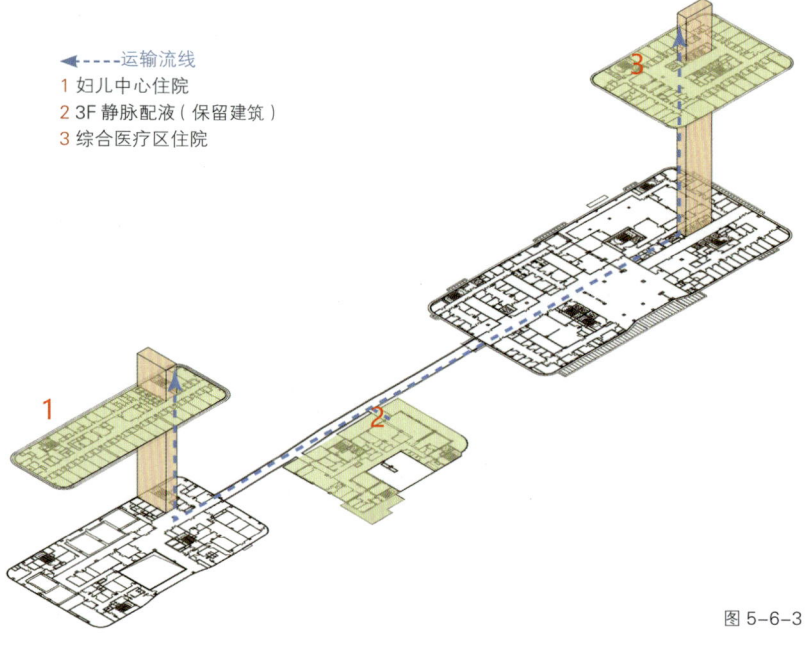

◄----- 运输流线
1 妇儿中心住院
2 3F 静脉配液（保留建筑）
3 综合医疗区住院

图 5-6-3

图 5-6-2　功能分析图
图 5-6-3　通过连廊实现静脉配液中心与住院部的联系

## 四、结构设计难点与创新

西昌市地震设防烈度为 9 度,为我国烈度区划中少数最高烈度区域之一。在距市区不远处存在活动的地震断裂带,受此断裂带的影响,地震作用较普通的 9 度区还要再提高 1.5 倍,根据建设部 1989 年 9 月 12 日颁发的地震基本烈度 10 度区建筑抗震设防暂行规定,相当于处于 10 度区。

在这样的高烈度地区,要面临地震波的各种考验。地震波中包含有纵波和横波,9 度区的纵波带来强大的水平地震作用,横波则带来更为不利的竖向振动。强大的竖向振动,使结构就如同自由落体一般,从上至下撞击着全部的构件。对于需要承担重要救护功能的医疗建筑,必须采用比设防烈度更高的抗震措施来提高其抗震性能。那么如何让这么高的医院建筑克服巨大的水平向及竖向的地震力,将成为本项目结构设计上最大的挑战。

场地内最高的建筑为门急诊医技综合楼,高 80 米,地上 19 层,地下 3 层。标准层为 49.2 米 x36.9 米矩形平面,柱距为 8.1 米,裙房部分的功能为门急诊医技,标准层层高为 3.9 米,主要为住院部,平面中部设有电梯及楼梯井筒。

### 1 结构体系的选型

本项目地上部分如果采用混凝土结构体系,结构高度将超过规范限值,属于超限建筑。混凝土结构自重大,产生的地震力也很大,结构设计难度剧增。那就需要在混凝土结构的根部引入隔震支座,即采用隔震结构,但即便将地震作用降低 1 度,地震影响依然十分巨大,特别是隔震结构无法隔绝竖向地震,为缓解竖向地震影响,还需要加入阻尼装置;结构的复杂度会越来越高;经试算研究,采用混凝土隔震结构并不是最优方案。

为减轻质量产生的地震力,设计师将目光放在了轻质、高强、容许变形能力强的钢结构上。为进一步减轻重量,采用轻质墙体作为填充墙。对于钢结构体系,可以选择"框架 – 支撑结构"或"框架 – 核心筒"结构体系。钢结构筒体一般由密布的小钢柱与其间的钢支撑组成,对于本项目筒体支撑的位置将会与医院复杂设备系统的管井及功能用房的门洞难以协调,筒体的钢柱也会占据电梯净宽而拉大电梯井筒的间距,医院的电梯数量多,对平面空间的浪费偏大,所以最终放弃了钢支撑筒体的方案,采用了"钢框架 – 支撑"的形式。

当决定采用钢结构体系后,在容许的最大截面下,经过计算发现结构在地震作用下的变形值仍超出规范限值,这时可通过选择增加隔震支座或选择阻尼器来控制变形。隔震支座通过拉长自己的振动周期,使支座的周期明显高出主体结构的周期,从而将地震能量吸收在隔震支座上。对于高层钢结构,其周期已较长,那么隔震支座的周期就需要更长才能满足降低地震作用的要求,就需要减小隔震支座的尺寸,但较小的隔震支座难以承担自由落体式的竖向地震重击。经过分析最终排除了钢结构与隔震支座的组合应用。阻尼器,特别是采用混合耗能机制的阻尼器,可稳定地提供从小震到大震、从水平地震到竖向地震的阻尼耗能,始终提供结构保护。当结构的变形越大,这种保护的效应就越强(如图5-6-4)。

本项目属于原址拆除后重建,医院需要快速恢复医疗的产能,因此建设周期要求比较短,采用钢结构,通过在工厂进行构件生产,可以有效缩短现场的工作时间。阻尼器为定型产品,在主体结构完成后进行安装,与装修可交叉施工。采用这套体系也得到了医院建设方的高度认可。

据地勘资料可知场地下层有较厚的软土层,通过采用钢结构减轻结构重量,也恰好避免了地基处理,有效地节约了地基费用,并缩短了基础施工的周期。

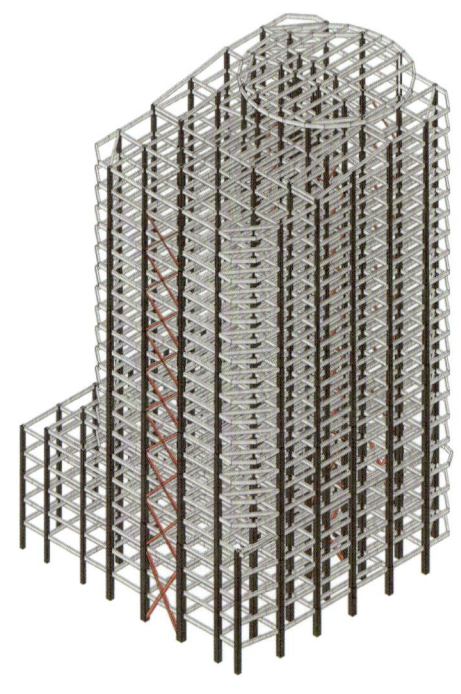

图 5-6-4

图 5-6-4　结构模型

原计划在地下室范围内也采用全钢结构，但地下室部分区域为人防区，人防等级为甲级，核六、常六级，具有医疗掩蔽所功能。因人防等级较高，现行的人防规范尚未有钢结构体系的分析方法，最终未能在地下室范围内全部采用钢结构。

**2 支撑与阻尼**

西昌市人民医院位于 9 度地震区，地震作用巨大；在选定了支撑位置进行试算后发现结构刚度还稍显不足，即在地震作用下，结构的位移还不能满足规范的要求。为此决定增加消能减震装置——粘滞阻尼器，增加综合楼的抗震性能及安全性。粘滞阻尼器提供地震耗能，提高结构的阻尼耗能能力，并具有不明显改变结构的静力刚度的特性，计算后也印证了减震效果明显的特点。

在对各种阻尼器布置方案进行对比分析后，发现在 3~14 层，采用单斜杆形式，双向共布置了 48 个速度型粘滞阻尼器，其减震效率最优，最终选定的阻尼器型号为 VFD-NLx1000x100。这些粘滞阻尼器的使用等于给建筑装上了"安全气囊"，在地震来临时，粘滞阻尼器在运动过程中能吸收和消耗地震对建筑结构的冲击能量，从而减轻地震作用，缓解地震对建筑结构造成的冲击和破坏，也能减少医院附属结构、设备、仪器仪表等第二系统的振动，保护医院附属结构。

**3 柱截面的选择**

结构钢柱从受力上看圆钢管柱在承担压力时受力效率最高，与其他类型的截面比，其用料经济，所以最初选用了圆钢管柱。但进一步分析后发现，圆钢管柱很难适应平面梁的偏心定位，使得定位困难；内灌的混凝土产生的地震力巨大，产生的地震力弯矩很大，抵消了抗压承载力的有利作用，对结构反而有不利影响；圆柱在施工时很难将其表面的防火涂料刮涂成理想的圆形，不便于和各类墙体材料相接，所以最终采用了不灌混凝土的纯钢结构方钢管柱。为了有效改善钢结构的经济性，钢柱采用的钢材强度比梁提高两级即，达到了 Q420 级，如此与后续进行的"强柱弱梁"抗震验算的理念不谋而合。

对于地上纯钢结构柱，在伸入地下室后与周边混凝土结构连接则需过渡为型钢混凝土柱。根据 JGJ 138-2016《组合结构设计规范》的规定，将方钢管柱逐步过渡为十字型钢柱，如图 5-6-5、图 5-6-6 所示。外包的混凝土利于钢结构防腐及防火，没有特别限制条件时，优先采用这种形式的钢柱。

在地下室主楼核心筒附近，部分钢柱由于紧贴电梯井、楼梯间，若钢柱进入地下室后外包一层混凝土，将会占用电梯井道和楼梯尺寸，影响电梯设备的安装及楼梯的疏散宽度。因此在这些部位采用内充混凝土的方钢管柱，如图 5-6-7 所示。混凝土方钢管柱的外套钢管能兼做模板，可省去支模和拆模的工作。

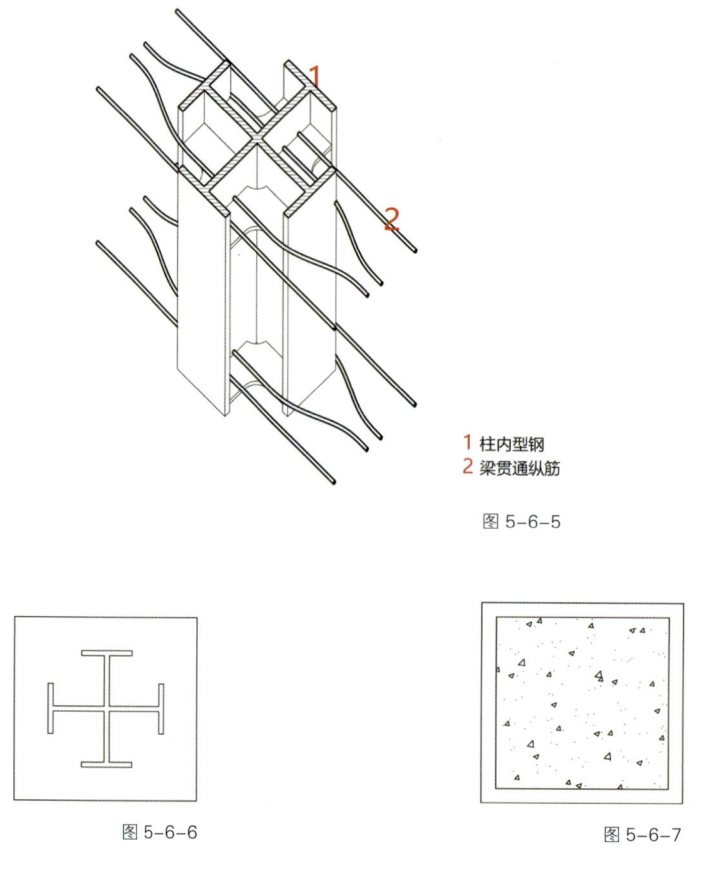

1 柱内型钢
2 梁贯通纵筋

图 5-6-5

图 5-6-6　　　　　　　　图 5-6-7

---

图 5-6-5　十字型钢柱梁纵筋贯穿十字型钢柱示意
图 5-6-6　十字型钢柱断面示意
图 5-6-7　内充砼的方钢管柱断面示意

## 五、高烈度地区高层钢结构医疗建筑技术集成

医院设计是一个系统化的工程,需要全专业的协同设计。

### 1 大型设备部位的细部构造措施

综合医院的大型设备检查间(如 CT、CR、MRI、DSA、X 光、牙片等)一般均具有设备尺寸大、搬运要求高、降板深度大、荷载大,且需具有 X 光射线屏蔽或核磁屏蔽等特点。在设计阶段,需充分研究其运输(吊装)路径、降板走线、防护屏蔽等空间性能要求,各专业进行协调统筹考虑。

受钢结构自身的特点影响,如不允许受力后再进行焊接,对辐射及磁性具有传导记忆能力,在磁场下会产生磁力,钢梁破坏屏蔽完整性等,使其不如混凝土结构设计那样自由,因此需要借助混凝土的包裹作用避开其不利影响。如图 5-6-8 所示,在工字钢梁处,存在破坏屏蔽完整性的现象,绝大部分采用偏心梁的方式避让,局部次梁用混凝土包裹,以保证防护的连续性及完整性。

针对钢结构对辐射传导或记忆作用的影响,应注意其细部构造避免通过钢结构构件将辐射带出控制范围,不可避免时则外包混凝土。

对核磁设备 MRI,如果钢结构发生位移或移动会对造影产生不利的影响。因此除严格控制钢结构的变形挠度值外,必要时还要考虑钢结构用混凝土进行包裹,使钢能避开磁力线影响范围,同时也避免了通过钢材传导的核磁对

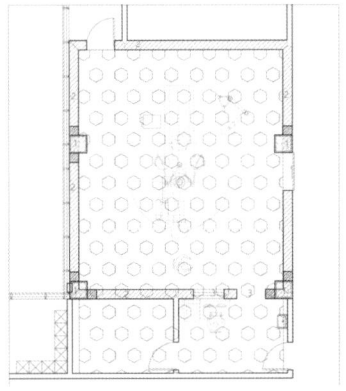
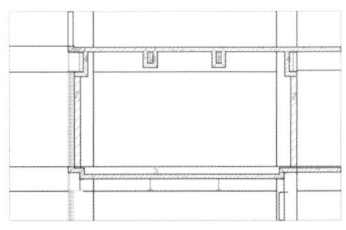

1 钢柱内灌混凝土
2 实心页岩砖或铅板墙
3 防辐射铅门窗
4 钢梁外包混凝土
5 降板以备电缆沟及设备安装

图 5-6-8

图 5-6-8 大型设备部位的防辐射措施细部构造示意

周边环境的不利影响。

### 2 轻质隔墙的选择

医疗建筑应根据建筑的使用需求和结构的安全需求来选用合适的轻质隔墙系统。一般建筑常用的轻质隔墙有：加气混凝土砌块墙体、轻钢龙骨石膏板隔墙（预制装配式）、轻质条板内隔墙（预制装配式）、中空内模金属网水泥隔墙等。钢结构可选用的隔墙类型虽然丰富，但大多数限定在 8 度区以内使用，9 度区可选用的材料并不多。

轻质隔墙系统在医疗建筑中的适用性应从以下几个方面进行控制：（1）隔声性能，根据现行的 GB 50118-2010《民用建筑隔声设计规范》的相关要求进行选用；（2）防火性能，根据现行的 GB 50016-2014（2018 年版）《建筑设计防火规范》的相关要求进行选用；（3）抗震性能，根据现行的 GB 50011-2010《建筑抗震设计规范》(2016 年版) 的相关要求对墙体以及墙体与主体结构的连接件进行抗震计算。由于墙体的重量是影响地震力的关键因素，选择自重较轻的材料，可获得更好的抗震性能。最终本项目结合建设使用经验，选择了中空内模金属网水泥隔墙（如图 5-6-9）。

### 3 利用支撑作为装饰元素

为减少地震的破坏，在平面局部位置需增加支撑和阻尼，建筑、结构、装饰三方协调，在适当的位置采用明露的手法，将其作为一个重要的装饰元素展示，展示钢结构体系的结构之美（如图 5-6-10）。

图 5-6-9

图 5-6-9　中空内模金属网水泥隔墙

图 5-6-10 综合医疗区大厅内装效果图

**4 防雷引向线**

针对钢结构体系的民用建筑物，考虑利用其钢梁、钢柱及幕墙的金属立柱作为防雷引下线，其各部件之间均应连成良好的电气通路。需要注意的是作为防雷引下线的钢柱等金属构件截面须满足国家防雷规范中对引下线的材料、结构与最小截面的要求。作为引下线且外表裸露，人员易接触到的钢柱等金属构件，最好通过增加钢柱引下线的数量、减少钢柱引下线间距等措施来分散雷电流，并在钢柱表面涂刷绝缘材料，使分流后的微弱雷电流与人员不会发生接触。

钢柱与钢筋混凝土基础的连接须做到可靠的电气贯通，以便使由屋面防雷设施接闪后的雷电电流，经钢柱或其他金属构件的防雷引下线，以最快时间、最短路径引至建筑物的基础钢筋接地网，从而散流到大地当中。

**5 钢梁利于预留洞口穿管**

在相同层高的情况下，使用净高越高，舒适度也就越高，使用净高主要由设备管线所占厚度确定，可考虑设备管线穿越结构梁来达到减少占用高度的目的。对于混凝土建筑而言，混凝土梁开洞受诸多条件限制，开孔处加强措施复杂，故较少采用设备管线穿混凝土梁的做法。钢梁开洞处的加强措施较混凝土更易实现，且采用工厂预制加工、现场组装的施工方法，更利于预留洞口来穿管（如图 5-6-11）。

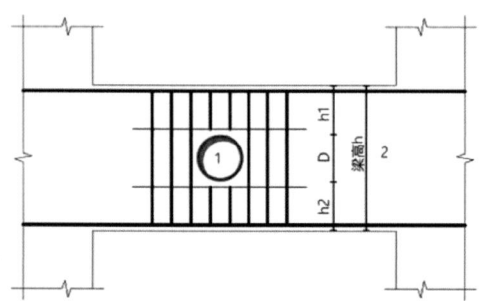
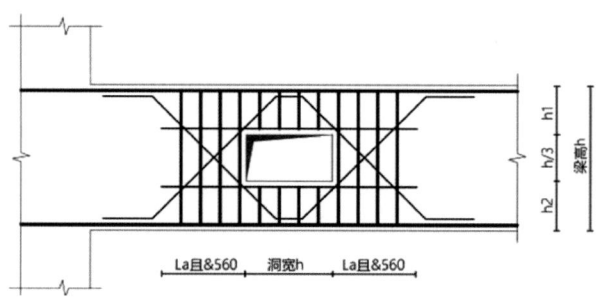

图 5-6-11

图 5-6-11 钢梁开洞处的加强措施举例

## 六、结语

　　随着技术难点被不断攻克、生产加工工艺被不断完善,相信钢结构体系将会广泛运用于高烈度地区高层医院建筑。面对这样的项目,应以医疗流程为基础,围绕结构技术难点,全专业协同配合,从可实施性、造价、工期等方面全面分析设计的合理性、可能性、实用性。

图 5-6-12

图 5-6-12　西昌市人民医院沿河效果图

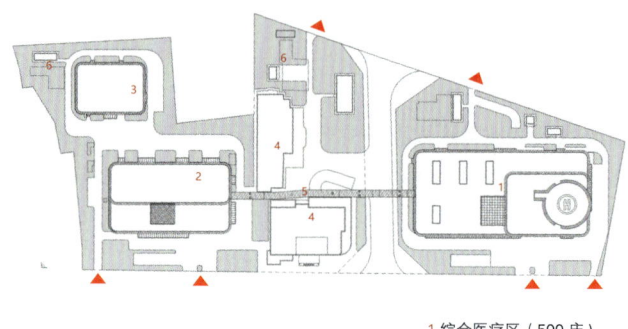

1 综合医疗区（500 床）
2 妇儿中心（300 床）
3 教学科研区
4 保留医疗区
5 空中连廊
6 污物处理区

图 5-6-13

1 办公
2 病房
3 中心药房
4 住院大厅
5 急诊科
6 放射科
7 门诊诊区
8 美容科门诊

图 5-6-14

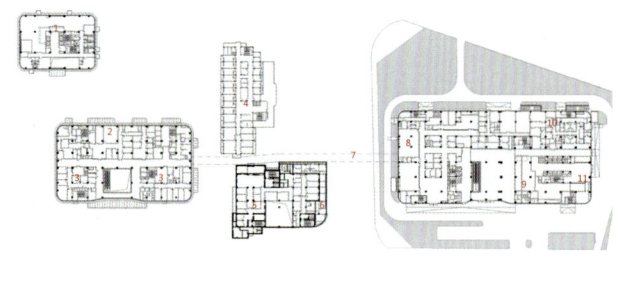

1 办公　　　　7 连廊架空部分
2 妇产科　　　8 急诊科
3 门诊诊区　　9 中心病房
4 病房　　　　10 特殊门诊
5 药剂科　　　11 住院大厅
6 病理科

图 5-6-15

图 5-6-13　总平面图
图 5-6-14　一层平面图
图 5-6-15　二层平面图

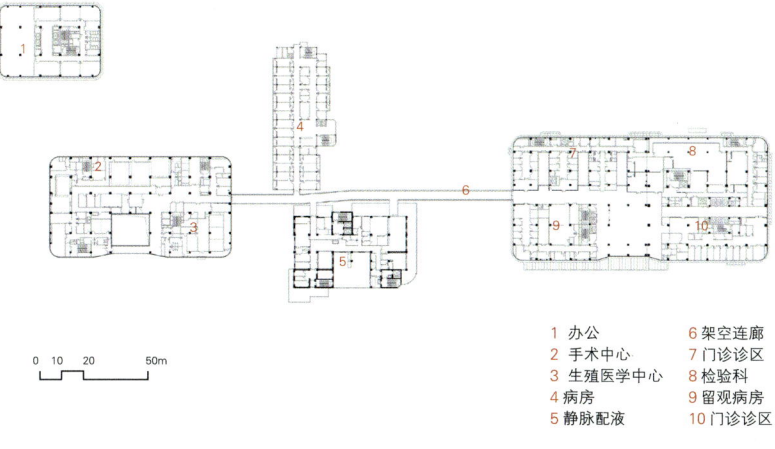

| 1 办公 | 6 架空连廊 |
| 2 手术中心 | 7 门诊诊区 |
| 3 生殖医学中心 | 8 检验科 |
| 4 病房 | 9 留观病房 |
| 5 静脉配液 | 10 门诊诊区 |

图 5-6-16

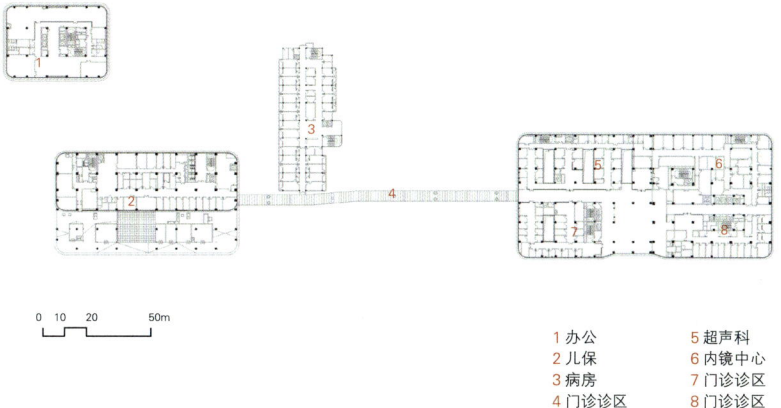

| 1 办公 | 5 超声科 |
| 2 儿保 | 6 内镜中心 |
| 3 病房 | 7 门诊诊区 |
| 4 门诊诊区 | 8 门诊诊区 |

图 5-6-17

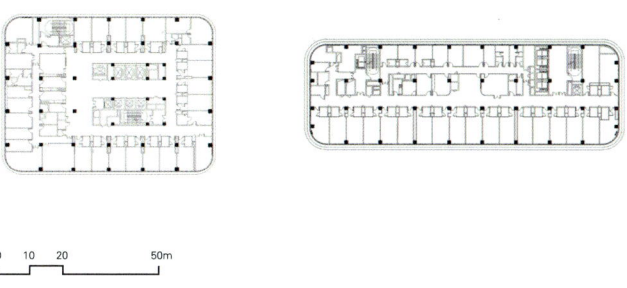

图 5-6-18

图 5-6-16　三层平面图

图 5-6-17　四层平面图

图 5-6-18　标准层平面图

图 5-6-19　西昌市人民医院顺河街效果图

## 项目团队

| | |
|---|---|
| 建　　筑： | 张远平　黄　平　夏志伟　王光华　李欣原　庹　量　徐　亮<br>辜铂钧　任佃霄　郭天翔　黄雨蓓　耿　创 |
| 结　　构： | 吴小宾　李常虹　周　佳　罗　昱　凌　静　彭志桢　邢银行<br>张旭东　王剑虎　蒋　波　江　丹 |
| 给排水： | 石永涛　黄河鱼　田林莉　姚　正　刘康康　周　羽　左　娟<br>徐彬铭　周　游　冯露瑶　陈自清 |
| 暖　　通： | 方　宇　蔡　静　李林方　王继伟　娄　君　孙　鹏　彭金焘<br>袁　伟　吕小亮　黄友超 |
| 强　　电： | 徐建兵　刘　敏　徐金栋　刘胜华　谢光泺　孙　林　王雨声<br>彭露茜　谢亚林　袁弘倩　张　雨　郑祖雷　陈　峰 |
| 弱　　电： | 邓　洪　熊　俊　毛志朋　雷　林 |
| 智能化： | 熊泽祝　唐　伟　杨　昪　余　强　余海威　周海林 |
| 装　　饰： | 张国强　徐　进　刘　元　王翔雨　张乐弦　黄　媛　肖钰彤<br>邓婷月 |
| 幕　　墙： | 董　彪　殷兵利　蔡红林　罗建成　张国庆　李　果 |
| 绿　　建： | 于晓敏 |
| 市　　政： | 徐　勇　屈　健　袁崇伟　尹慧中　曾春清 |
| 建筑物理： | 于晓敏 |
| 照　　明： | 程　珂　叶东航　董太阳　孙　浩　杨彬彬 |
| 动　　力： | 方　宇　王继伟　吕小亮　黄友超 |
| 造　　价： | 张迪璇　文　龙 |

**图片来源：**

图 5-6-1~ 图 5-6-4、图 5-6-10、图 5-6-12~ 图 5-6-19：中国建筑西南设计研究院有限公司

图 5-6-5~ 图 5-6-8、图 5-6-11：笔者自绘

图 5-6-9：良固建筑工程（上海）有限公司

# 四川省人民医院温江院区
# 成都市温江区人民医院

07

| 设计范围 | 总体设计 |
|---|---|
| 医院类型 | 综合医院 |
| 医院等级 | 三级甲等 |
| 床位数 | 1033床 |
| 规模 | 143017平方米 |
| 完成时间 | 2017-05 |
| 项目阶段 | 改造方案设计 初步设计 施工图设计 |
| 建设单位 | 成都金态合投资有限公司 |
| 定位 | "西部领先、全国一流"的辐射成都外西南片区的区域性医疗中心 |
| 特点 | 既有建筑改造 医疗流程的再造 医疗环境空间的提升 |

THE PEOPLE'S HOSPITAL OF WENJIANG

# 一、既有建筑改造要点

**1 既有建筑改造更新对医院具有现实的意义**

随着中国社会经济的高速发展，掀起了新一轮的医院建设热潮。医院建设常因用地匮乏而受到制约；同时，许多城市区域的既有建筑因各种原因闲置或需转换用途，这使得针对医疗建筑的既有建筑改造更新逐渐成为被重视的一种建设模式。相对新建医院来说，既有建筑的建筑体量提供了容纳医疗功能的空间体系，缩短了医院建设的周期，节约土地和时间成本，往往能获得更好的区域位置。

**2 既有建筑改造更新为医院的类型分析和选址要点**

医院的更新改造按既有建筑功能，可分为改造既有医疗类建筑更新和既有非医疗类建筑改造两种类型。

（1）既有医疗类建筑。

既有医疗类建筑，有着总体布局、交通流线、设备安装、环境条件等先天优势。这一类型建筑的改造更新，可分为既有功能性的更新和接建两大类。

（2）既有非医疗类建筑。

既有非医疗类建筑改造为医院建筑，这类建筑原有的使用功能多样，包括文教、办公、商业、工业等几种基本类型。

对此类非医疗建筑所属场地而言，需更多关注改造前后建筑属性类型发生的变化，选址上严格的环评程序及要素，以及其对周边环境的影响，权衡是否存在安全隐患等，如需考量选址与周围托幼机构、中小学校、食品生产经营单位等布局关系，拟建医疗污水、污物、医用气体等的安全隔离距离。

既有医疗建筑、非医疗建筑在改造中各有侧重点，总结如表 5-7-1。

表 5-7-1 既有医疗建筑与非医疗建筑改造对比

| 类型 | 既有医疗建筑改造设计 | 既有非医疗建筑改造设计 |
| --- | --- | --- |
| 性质改造 | 重在优化性改造 | 重在再生性改造 |
| 功能改造 | 重在对原有功能的整合与优化 | 重在功能置换，改变原有功能属性，注入新功能 |
| 空间改造 | 利用原有空间形式，优化空间组织 | 改变原有空间组织，以符合医疗建筑流程 |

### 3 既有建筑改造更新为医院的要点分析

（1）应对行政审批制度。

在综合分析所在地区的人口、经济和社会发展，人群健康状况和相关疾病患病率，地区医疗资源分布情况以及医疗服务需求等要素后，需拟定改造后医疗机构的名称、功能、任务、服务半径等，向相关部门提出《医疗机构设置申请书》。

我国现有的建设工程行政审批制度包括：前期立项、用地审批、方案审批、招投标审批、初设审查和施工图审查等。既有建筑的改造更新，一般涉及面积、功能、造型等的变化，并不能单独地定义为装修工作，而是一个完整的建设过程，需要按要求逐步向上述各受理部门提出申请，获得批准后方可开展后续工作。

既有建筑为医疗类，其用地性质为医疗卫生用地，与改造更新后的用地性质一致。而对于非医疗类的既有建筑，其用地性质较为多样化，包含且不限于居住、文化设施、娱乐康体设施、工业用地等，与改造更新后的建筑所属的医疗卫生用地性质不一致。这就要求在项目前期，根据城市建设和经济发展的具体情况，在不违反城市规划用地布局基本原则的前提下，对局部地块使用性质进行调整，并报相关部门批准。

（2）满足现行规定规范。

既有建筑一般执行设计当年以及其所属类别的规定规范，随着时间的推移，规定规范存在更新替换的现象；部分还存在建筑属性的变化，如非医疗类建筑变为医疗类、专科医院更新为综合医院等。这就要求除必须满足现行的、普适类建筑规定规范（如《建筑设计防火规范》《建筑抗震设计规范》等）还需满足综合医院相关规范（《综合医院建设标准》《综合医院建筑设计规范》）以及其他专科医院及专项设计等的规范及标准（《医用气体工程技术规范》《传染病医院建筑设计规范》）等。

对于现行规定规范的满足，要求全专业、全方位覆盖。包括防火分区、疏散宽度及疏散距离等需核实；医院手术区等重要区域需满足不间断供电要求；污水需进行处理达标后才能排放至市政管网。

特别需要注意的是，结构专业的相关规范及要求。首先需根据实际情况，拟定既有建筑的后续使用年限作为最初的改造依据后，采取安全、经济、合理的加固措施等，保证结构安全、结构抗震设计要求。如中国建筑西南设计研究院有限公司旧办公楼，原建筑建成至改造设计时已超过50年的设计使用年限；受时代限制，原结构设计未考虑抗震设防，无构造柱及圈梁等基本抗震构造措施；且受"5.12 汶川地震"和"4.20 芦山地震"影响，震后有受损现象。经业主要求，对其进行改造为专科医院，并需继续使用该建筑30年。根据其后续使用年限、检测和鉴定结果，采取了整体加固（对原结构所有承重墙体采用钢筋混凝土板墙加固；增设构造柱、圈梁、水平支撑；采用轻质室内分隔墙体；加固补强有混凝土脱落、钢筋裸露锈蚀等缺陷部位）和局部措施（控制必要开洞的距离；及混凝土预制空心板的切割和开洞），来保证其结构安全性，延续其使用寿命。

（3）以医疗工艺为核心的医疗流程再造和医疗环境提升。

既有建筑改造更新为医院，其核心为以医疗工艺为核心的医疗流程再造和医疗环境提升。

在总体规划层面，需分析区域医疗网络资源的配置情况，根据实际医疗需求进行规模、类别设置，拆分7大医疗板块的各自占比，并划分合理的功能分区（包含且不限于门急诊区、住院区、科研教学区、后勤保障支撑等），改善区域交通，梳理场地内人、车、物流线，重塑景观小品等。在单体塑造时，需关注医疗科室调整重组和补充完善、水平和竖向流线的优化设计、既有公共空间的改善利用和增补等。在细部处理上，需本着以人为本的原则出发。

医院的更新改造是一个系统化的工程，需要全专业协同设计，各专业需根据医疗工艺的需求和任务书的要求，对医疗建筑专有的部分进行添加，对原有建筑不足的地方进行优化和改造，提供安全的就医环境。

## 二、四川省人民医院温江院区 成都市温江区人民医院项目概况

项目位于成都市温江区永宁镇芙蓉大道二段33号。项目涉及改造范围总建筑面积约149180平方米，其中地上建筑面积约108289平方米。既有建筑原名为成都国际医学城新居工程配套项目，定位为专科医院（如图5-7-1）。属于既有医疗类建筑改造，项目对应重新进行了报规，不涉及地块用地性质的调整。

改造更新设计前，项目主体已结构封顶。应建设方要求，将原项目部分楼栋（2#楼、3#楼、10#楼功能设置为门诊医技楼，7#楼、8#楼、9#楼设置为住院楼，以及联系各楼栋的连廊）功能重组，定位为1000床的综合医院；剩下楼栋留为他用（如图5-7-2）。

图 5-7-1

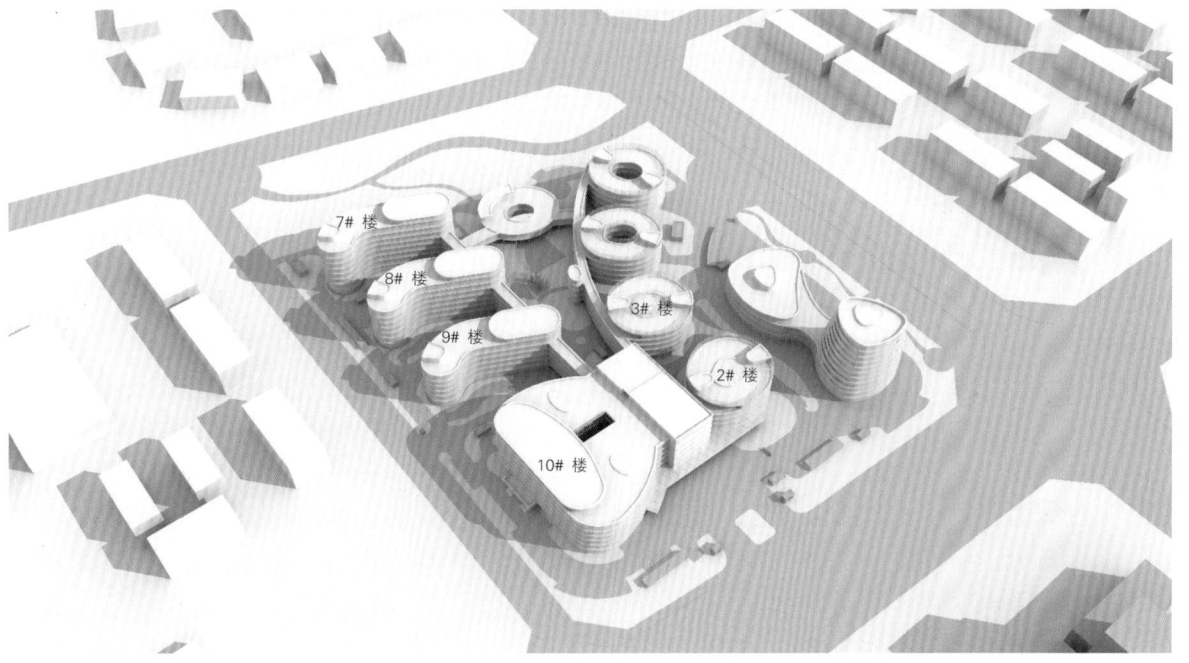

图 5-7-2

图 5-7-1　院区鸟瞰实景照片
图 5-7-2　院区功能示意

## 三、改造重点

**1 医疗流程的再造**

本项目既有建筑定位为专科医院,如何进行综合医院的流程再造是设计师考虑的重点。对此,应从以下几个方面进行梳理。

(1)强调医疗效率及合理性的医疗重组。

根据院方实际使用需求,结合未来的发展,10# 楼体量较大,集约化程度较高,定义为综合医院,2# 楼、3# 楼因建筑体量相对较小,定义为专科及后勤辅助区域。

根据综合医院 7 项指标测算,部分科室面积对应调整。10# 楼一层原规划急诊科面积较小。该急诊中心为全院区急诊部,按院区总建筑面积 3% 测算,面积约 3200 平方米,急诊科设置诊疗区、抢救区、观察区、输液区及办公值班区五大部分。

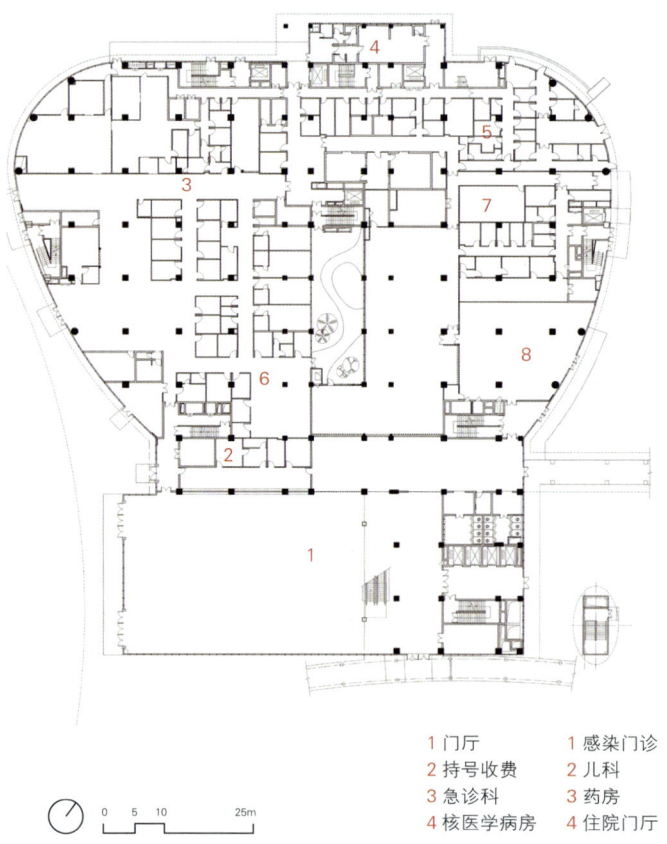

1 门厅　　　　5 感染门诊
2 挂号收费　　6 儿科
3 急诊科　　　7 药房
4 核医学病房　8 住院门厅

图 5-7-3

图 5-7-3　10# 楼一层功能分区示意

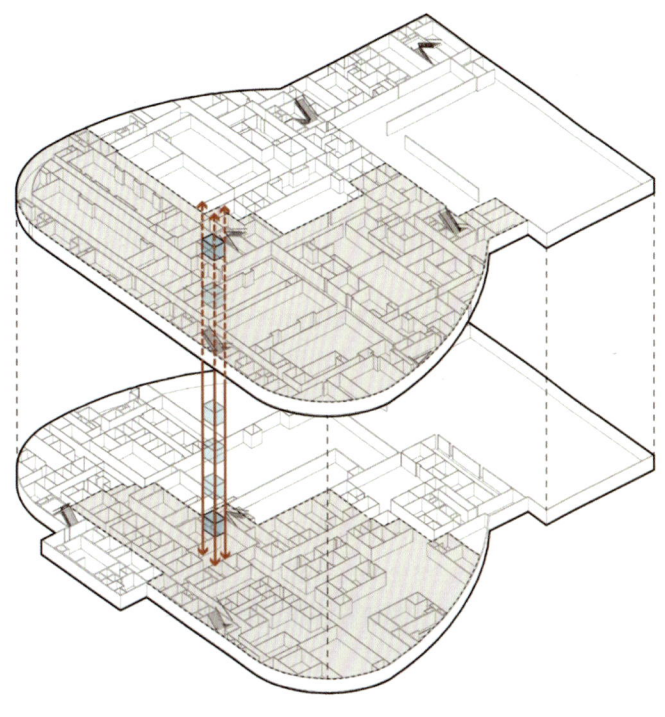

图 5-7-4

图 5-7-4　10# 楼一层与六层竖向电梯联系示意

院区内各楼栋各层同类功能通过连廊联系。以 10# 楼一层为例，原平面左侧为急诊科，右侧为放射科。现调整为以门厅为核心，布置急诊科、核医学病房、感染门诊、儿科等，可直接通往室外 ( 如图 5-7-3)。新科室设置在满足本楼栋需求的同时，亦需与其余楼栋协调。如因在 10# 楼二层设置了门诊科室，故将 2# 楼二层亦规划为门诊科室，不同楼栋间的门诊科室可通过连廊进行高效连接。

便捷抢救体系建立。以 10# 楼为例，一层急诊区有专用电梯直达六层手术区，满足综合医院医疗效率和抢救的医疗流程 ( 如图 5-7-4)。

（2）补充三级医院医疗流程的缺项。

按三级医院标准要求，原方案规划缺少核医学、衰变池、直线加速器等相关用房。

改造中于10#楼一层北侧增设核医学病房，患者从地下一层经专用电梯进入病房区，病房可自然采光通风；于10#楼外侧增设埋地式衰变池；于6#楼左侧（原地下室范围以外）增设1台直线加速器机房及相关附属用房（如图5-7-5），机房部分与原地下室连通，直线加速器冒出地面部分以绿化景观处理。

（3）弥补三级医院后勤支撑体系的不足。

原方案污水处理池位于总图上风向，不符合院感规范，改造中调整到用地东南角下风向，污水处理池上方设工作站房。并于8#楼和4#楼中部绿化带内增设液氧罐。

中心供应、静脉配液、库房区域作为医院整体物资物品供应部门，其高效的运输流程，将大大提高全院区的效率。原项目中欠缺了此部分内容，3#楼位于总体布局相对中心的位置，故在此栋布置了静脉配液和中心供应，设置快速有效的收、发流程，通过连廊得以与其余各栋联系起来（如图5-7-6）。

既有建筑院区采用分散式的布局方式，物流运输稍为不便。在改造设计中增设了物流小车，联系各楼栋的轨道设置于走廊吊顶下方，形成系统化的物流传送体系，大大提升了物流运输的效率。

## 2 在现有的前置条件下平面布局和功能的优化

（1）既有公共空间的改善利用。

对于既有建筑已存在的公共空间，根据现实情况，进行改善利用。如3#楼，原平面布局逻辑为沿不封顶的中庭形成内廊，通过内廊组织各功能空间，由于中庭不能起到遮风避雨的效果，故此公共空间使用效率低下。改造时通过结构加固，封闭4层底板，并用玻璃覆盖5层顶部，形成通高两层的公共中庭，将原属于室外的中庭空间变为体检科室的大厅区域，起到交通组织中心的作用，提高了空间使用效率及舒适度（如图5-7-7）。

（2）改善交通组织。

全面梳理楼栋的竖向及水平交通组织。对于竖向交通，在必要区域增补自动扶梯、电梯，并明确各扶、电梯的使用人群。如在10#楼中庭大厅处，增补了2组自动扶梯，缓解竖向人流压力。

在2#楼、3#楼，根据每层科室的实际使用要求，采用悬挑的方式增设内部环廊，缓解原平面水平交通压力，便于各种流线的组织（如图5-7-8）。

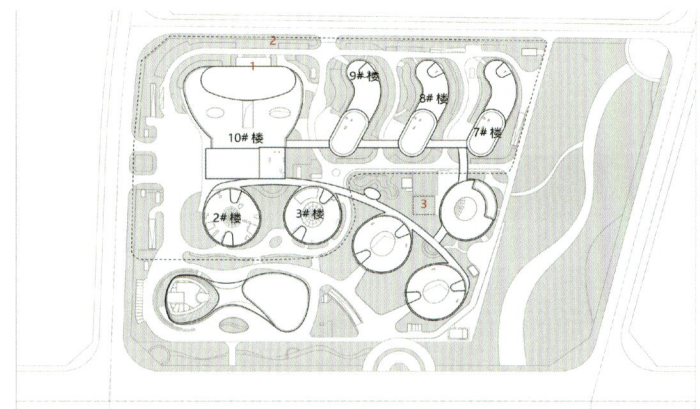

1 核医学病房
2 埋地式衰变池
3 直线加速器机房及相关附属房

图 5-7-5

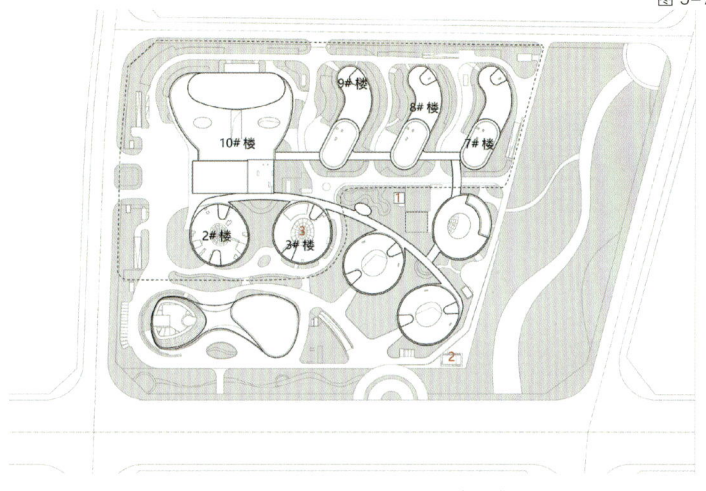

1 液氧罐
2 污水处理池
3 静脉配液和中心供应

图 5-7-6

图 5-7-7

图 5-7-8

图 5-7-5　补充三级医院医疗流程缺项的总平面示意

图 5-7-6　弥补三级医院后勤支撑体系不足的总平面示意

图 5-7-7　3# 楼中庭实景照片

图 5-7-8　2# 楼中庭实景照片

图 5-7-9

图 5-7-9　10#楼门诊大厅实景照片

（3）优化科室内部布局。

以住院楼标准层平面为例，医护工作区域功能房间缺乏，且部分房间有效面积不够，无法有效开展护理工作；污物处置处于医生工作区且离污梯距离过远；部分病房过于浪费；避难间不符合 GB 50016-2014（2018年版）《建筑设计防火规范》的要求；护理单元的公共卫生间未设置无障碍卫生间（如图 5-7-10）。

改造过程中，将原处于医护工作区的空调机房调整至较偏的隐蔽位置，梳理医护工作区功能房间进行整理再布置；将污物处置区调整至污梯附近；调整部分不经济的病房尺寸；在疏散楼梯附近设避难间；将公共卫生间改为无障碍卫生间。结构专业根据建筑使用功能调整，在结构改造加固过程中对于具体的不同实际情况选用了不同的加固方案，以期达到良好的工作性能，满足建筑使用功能需要（如图 5-7-11）。

（4）适当扩增面积。

对于使用面积较大的科室，采用封闭中庭、毗邻加建、悬挑等方式，以扩大科室使用面积。如 3# 楼通过梁接长、柱接长等进行构件延展，采用增大截面加固、外粘型钢加固、粘贴碳纤维加固等方法，封闭了 2~3 层中庭空间，改善了原有标准层面积较小的问题，更加利于科室布局。

### 3 医疗环境空间的提升

（1）室内空间。

室内装饰设计整体风格定位淡雅、简洁、温馨。通过对建筑外形线的元素提取，在室内空间中运用同样的线型设计手法，贯穿整个室内设计。10# 楼入口大厅是整个设计的亮点，裸露的原始钢结构刷白处理，中和木色栏板做底衬，让整个门诊医技大厅充满秩序感、力量感又不失温和与自然。地面与天棚的造型互相呼应，使室内空间曲线与建筑外形相辅相成，为空间增加律动氛围（如图 5-7-9）。

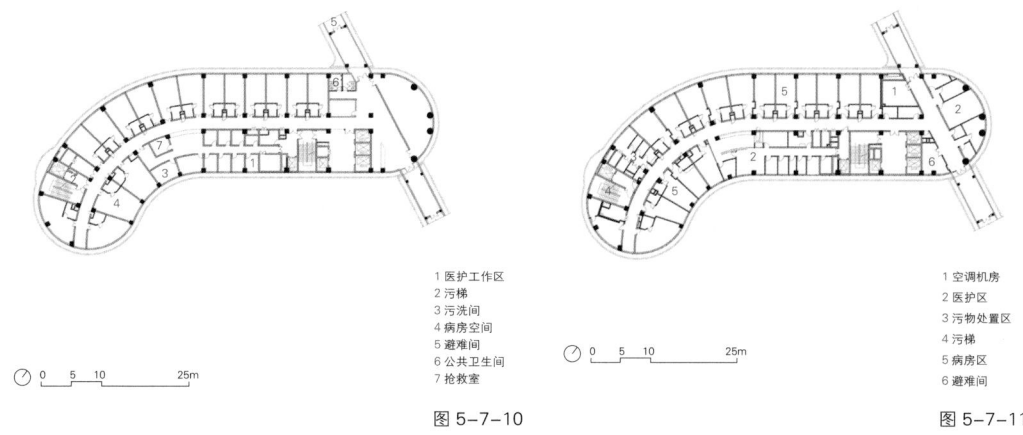

图 5-7-10

1 医护工作区
2 污梯
3 污洗间
4 病房空间
5 避难间
6 公共卫生间
7 抢救室

图 5-7-11

1 空调机房
2 医护区
3 污物处置区
4 污梯
5 病房区
6 避难间

图 5-7-10　7-9# 楼改造前标准层平面图
图 5-7-11　7-9# 楼改造后标准层平面图

住院楼室内装饰设计借助建筑本身不规则的圆形组团，曲线、圆形在整个项目室内空间设计中充分运用，让空间更灵动而具有亲和力（如图 5-7-12）。去医院化的设计理念，整体色调清爽，运用木色搭配，给人更自然的空间感受。利用木色局部点缀，引导患者平和的心理感受，色调温馨、惬意，自然的空间氛围给人以安全感。地面 PVC 减少环境中的噪声，为患者提供安静舒适的就医环境。

（2）室外环境。

景观设计结合建筑本身的形态，利用曲线进行总体构图，同时形成一个个丰富有趣的景观空间，满足不同病人及医护人员放松、休憩的观感需求。在不同的景观组团中，也针对医院的特性，特别规划了一些康复花园，或利用植物的芳疗，或利用设施的辅助，或利用不同材料本身的特性，等等，希望让病患在室外进行身体机能恢复。

在材料的选择上大量运用了透水混凝土这一生态环保材料，尽量减少使用坚硬的材料，在触感上更加亲人和柔软。不同深浅的流线型颜色搭配不仅呼应建筑形态的线条，同时也是针对患者及患者亲友的有效交通引导（如图 5-7-13、图 5-7-14）。

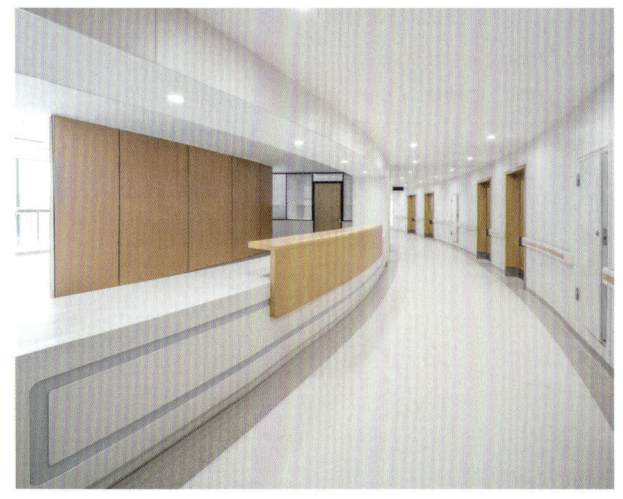 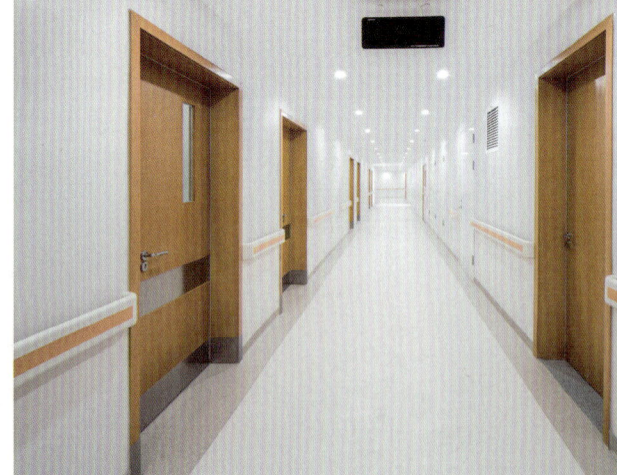

图 5-7-12

图 5-7-12　住院楼实景照片

图 5-7-13

图 5-7-14

图 5-7-13　院区环境实景照片
图 5-7-14　院区广场实景照片

## 四、结语

既有建筑改造更新为医院建筑,涉及现实问题较多,除必须满足高效率的医疗流程外,还需满足相关审批制度、法律法规等的管控要求,从合理性、可实施性等全面分析改造的可能性、实用性,着眼于医疗流程再造、医疗环境空间的提升,延长建筑使用寿命,体现建筑与环境的可持续发展关系。

图 5-7-15

图 5-7-15　院区鸟瞰实景照片

第五章　创作与思考 | **239**

图 5-7-16

图 5-7-17

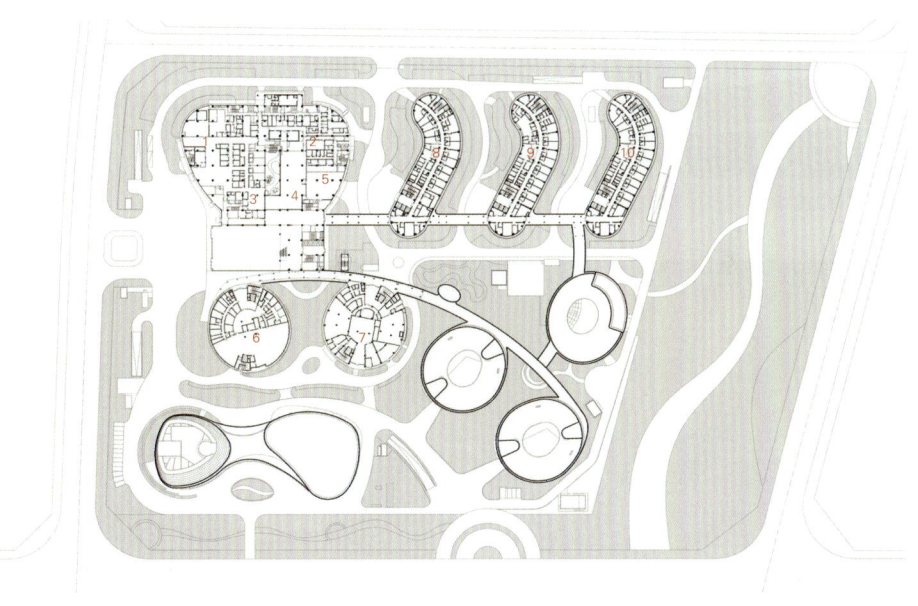

1 急诊急救科　　6 血透中心
2 发热、腹泻门诊　7 中心供应
3 儿科　　　　　8 泌尿外科病房
4 药房　　　　　9 儿科病房
5 住院大厅　　　10 心血管内科病房

图 5-7-18

---

图 5-7-16　住院楼区域航拍实景照片

图 5-7-17　住院楼室外环境实景照片

图 5-7-18　一层平面图

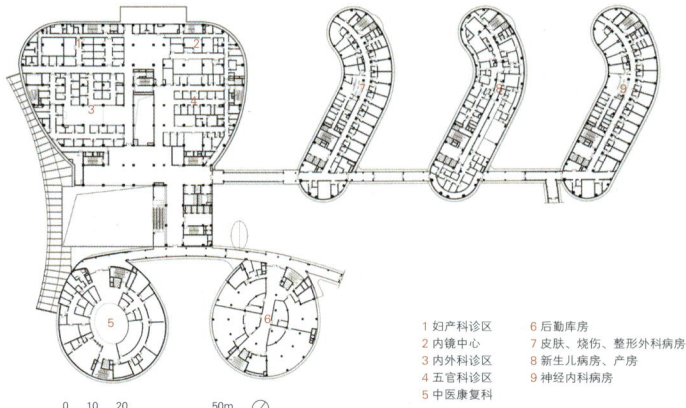

1 妇产科诊区　　6 后勤库房
2 内镜中心　　　7 皮肤、烧伤、整形外科病房
3 内外科诊区　　8 新生儿病房、产房
4 五官科诊区　　9 神经内科病房
5 中医康复科

图 5-7-19

图 5-7-20

图 5-7-21

图 5-7-19　二层平面图

图 5-7-20　院区主入口实景照片

图 5-7-21　院区室外环境实景照片

图 5-7-22

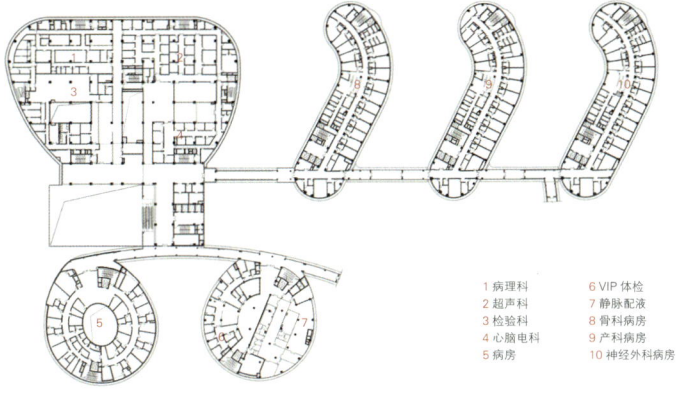

1 病理科　　6 VIP 体检
2 超声科　　7 静脉配液
3 检验科　　8 骨科病房
4 心脑电科　9 产科病房
5 病房　　　10 神经外科病房

图 5-7-23

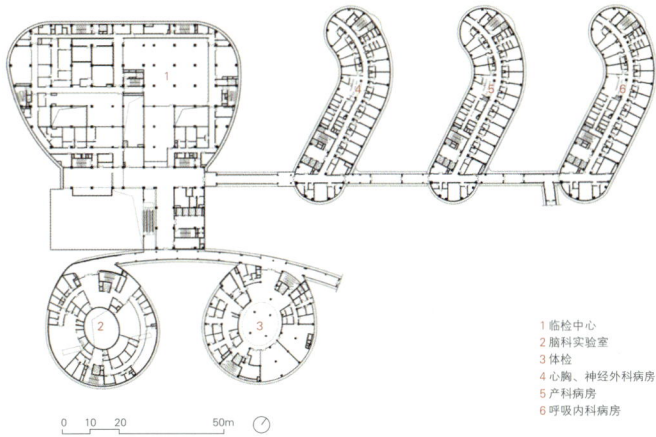

1 临检中心
2 脑科实验室
3 体检
4 心胸、神经外科病房
5 产科病房
6 呼吸内科病房

图 5-7-24

图 5-7-22　住院楼室外环境实景照片

图 5-7-23　三层平面图

图 5-7-24　四层平面图

图 5-7-25

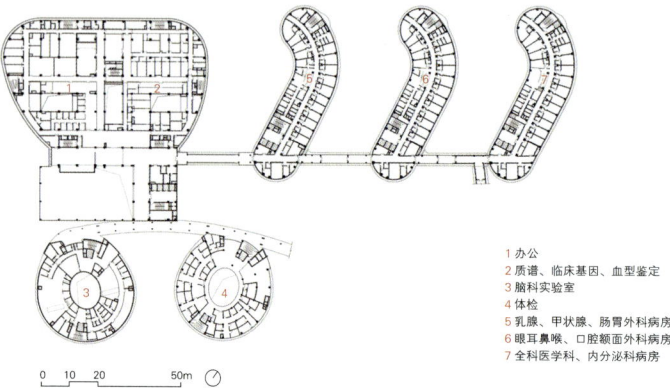

1 办公
2 质谱、临床基因、血型鉴定
3 脑科实验室
4 体检
5 乳腺、甲状腺、肠胃外科病房
6 眼耳鼻喉、口腔颌面外科病房
7 全科医学科、内分泌科病房

图 5-7-26

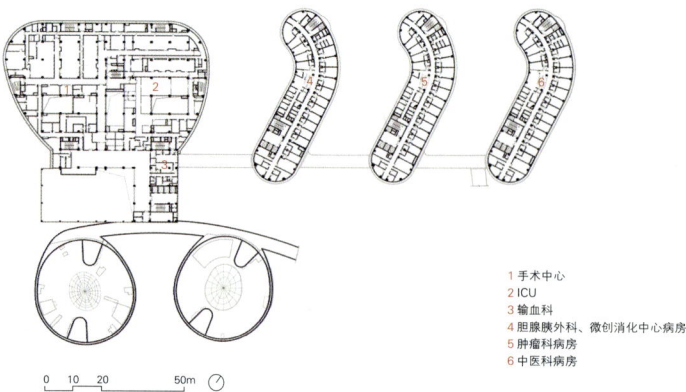

1 手术中心
2 ICU
3 输血科
4 胆腺胰外科、微创消化中心病房
5 肿瘤科病房
6 中医科病房

图 5-7-27

图 5-7-25　门急诊楼公共空间实景照片
图 5-7-26　五层平面图
图 5-7-27　六层平面图

图 5-7-28

图 5-7-29

图 5-7-30

图 5-7-28　3#楼中庭实景照片

图 5-7-29　门诊等候区实景照片

图 5-7-30　3#楼中庭服务台实景照片

图 5-7-31

图 5-7-31　2#楼中庭实景照片

**图表来源：**

表 5-7-1：笔者自绘
图 5-7-1、图 5-7-7～图 5-7-9、
图 5-7-12～图 5-7-17、图 5-7-20～图 5-7-22、
图 5-7-25、图 5-7-28～图 5-7-33：
卢俊江拍摄
图 5-7-2～图 5-7-6、图 5-7-10、
图 5-7-11、图 5-7-18、图 5-7-19、图 5-7-23、
图 5-7-24、图 5-7-26、图 5-7-27：
中国建筑西南设计研究院有限公司

图 5-7-32

图 5-7-33

图 5-7-32　10#楼中庭实景照片
图 5-7-33　2#楼中庭实景照片

## 项目团队

**建　　筑：** 张远平　黄　平　李海默　匡金玲　王光华　张进华
　　　　　何　沅　张溢韬　石　梅　周胤宏　蒲　伟
**结　　构：** 罗　磊　黄　亮　赵　敏　高永东　毕　琼　伍　庶
**给排水：** 刘光胜　李　波　安　斐　郑　颉　刘明月　李奕芯
**暖　　通：** 路　越　李　林　康诚祖　姜长亮　黄仁武　安　璐
　　　　　刘鑫民
**强　　电：** 刘　敏　何　敏　吴廷松　方雪皓　张廷建　张亚杰
　　　　　刘世杰　李先进　廖宏根
**弱　　电：** 刘　敏　马　磊　何　敏　张廷建　张亚杰　李先进
　　　　　廖宏根
**智能化：** 熊泽祝　杜毅威　唐　伟　周海林　吕大霖
**装　　饰：** 张国强　徐　进　蒋　伟　李　竹　周弋帆　李汶奇
　　　　　肖　巍　王冰洁　刘　佩
**幕　　墙：** 罗建成　董　彪　赵　鑫　刘贤军　陈　静
**建筑物理：** 冯　雅　钟辉智　南艳丽　窦　枚　王　皎

参考文献

[1] 全健儿. 近现代医疗建筑的发展初探：兼论发达国家医疗建筑发展对中国的影响 [D]. 上海：同济大学, 2008.

[2] 刘玉龙. 中国近现代医疗建筑的演进 [D]. 北京：清华大学, 2006.

[3] 张熙, 艾丽双. 从产业链角度分析健康城规划设计策略与实践 [J]. 工程建设与设计, 2017.

[4] Huang Xiqiu,A Methodology for Hospital Design in China Today [M]. Arenbergkasteel: Katholieke Universiteit Leuven, 1987.

[5] Richard L. Miller,J. Todd Robinson,Earl S. Swensson, Hospital and Healthcare Facility Design [J]. Ww Norton. 2012.

[6] Wang T, Li X, Liao P C, et al. Building energy efficiency for public hospitals and healthcare facilities in China: Barriers and drivers[J]. Energy, 2016, 103: 588-597.

[7] MacNaughton P, Cao X, Buonocore J, et al. Energy savings, emission reductions, and health co-benefits of the green building movement[J]. Journal of Exposure Science & Environmental Epidemiology, 2018, 28（4）: 307.

[8] Licina D, Bhangar S, Pyke C. Occupant health & well-being in green buildings: Trends and Future Directions[R]. 2019.

[9] 杨娇, 张群, 成辉, 梁锐. 美国 WELL 建筑标准与中国健康建筑评价标准比较分析 [J]. 建筑科学, 2018,34（08）:112-117+155.

[10] García-Sanz-Calcedo J, Al-Kassir A, Yusaf T. Economic and environmental impact of energy saving in healthcare buildings[J]. Applied Sciences, 2018, 8（3）: 440.

[11] Sagha Zadeh R, Xuan X, Shepley M M. Sustainable healthcare design: Existing challenges and future directions for an environmental, economic, and social approach to sustainability[J]. Facilities, 2016, 34（5/6）: 264-288.

[12] Chuck Eastman. BIM Handbook, Second Edition[M]. 2011.

[13] McGraw Hill Construction.2014 Business Value of BIM for Construction in Global Markets [R]. Design and Construction Intelligence. 2014.

[14] 张远平, 夏志伟, 王诗旭. 四川大学华西医院医技楼工程运用 BIM 实践 [J]. 中国医院建筑与装备, 2016.

[15] 中华人民共和国国家卫生部. 大型医用设备配置与使用管理办法 [Z]. 2005.

[16] 中华人民共和国国家卫生健康委员会. 大型医用设备配置许可管理目录 [Z]. 2018.

[17] 丁建，梅洪元，黄锡璆，等．建筑设计资料集（第 3 版）第 6 分册：体育·医疗·福利建筑 [M]．北京：中国建筑工业出版社，2017．

[18] 罗运湖．现代医院建筑设计（第 2 版）[M]．北京：建筑工业出版社，2010．

[19]（挪）诺伯舒兹，施植明，译．场所精神：迈向建筑现象学 [M]．武汉：华中科技大学出版社，2010．

[20] 沈崇德，朱希．医院建筑医疗工艺设计 [M]．北京：研究出版社，2018．

[21] 张远平，蔡琳玲．现代妇产儿医院的创新设计：四川大学华西第二医院锦江院区 [J]．中国医院建筑与装备，2018（11）．

[22] 张远平．山地医院建筑设计重点 [J]．中国医院建筑与装备，2015（01）．

[23] 夏志伟，张远平．贵州茅台医院设计要点——山地环境中的建筑设计实践 [J]．建筑知识，2016（09）:98．

[24] 龙灏．山地紧凑地形中的大型综合医院建筑设计［J］．中国医院建筑与装备，2015．(01)：27．

[25] 张远平，夏志伟，庹量．基于 MDT 模式的肿瘤医院设计：四川省肿瘤诊疗中心新建工程 [J]．中国医院建筑与装备，2017（11）:45．

[26] 陈晶，李志伟，张艳桥．MDT 在肿瘤领域的发展［J］．现代肿瘤医院，2019（05）:895．

[27] 杨小龙，陈惠贤，陈继朋，等．医用质子重离子加速器应用现状及发展趋势［J］．中国医疗器械杂志，2019（01）:37．

[28] JB 110-2008．综合医院建设标准 [S]．北京：中国计划出版社，2008．

[29] GB 51039-2014．综合医院建筑设计规范 [S]．北京：中国计划出版社，2014．

[30] JG J138-2016．组合结构设计规范 [S]．北京：中国建筑工业出版社，2016．

[31] GB 50118-2010．民用建筑隔声设计规范 [S]．北京：中国建筑工业出版社，2010．

[32] GB 50016-2014．建筑设计防火规范 [S]．北京：中国计划出版社，2018．

[33] GB 50011-2010．建筑抗震设计规范 [S]．北京：中国建筑工业出版社，2016．

[34] GB 50751-2012．医用气体工程技术规范 [S]．北京：中国计划出版社，2012．

[35] GB 50849-2014．传染病医院建筑设计规范 [S]．北京：中国计划出版社，2014．